技术丛书

Data Mining, Leading with Data Driven Practice

数据挖掘与数据化运营实战

思路、方法、技巧与应用

卢辉◎著

机械工业出版社
CHINA MACHINE PRESS

图书在版编目（CIP）数据

数据挖掘与数据化运营实战：思路、方法、技巧与应用 / 卢辉著. —北京：机械工业出版社，2013.6（2023.3重印）

（大数据技术丛书）

ISBN 978-7-111-42650-9

I. 数… II. 卢… III. 数据采集 IV. TP274

中国版本图书馆CIP数据核字（2013）第111479号

本书是目前有关数据挖掘在数据化运营实践领域比较全面和系统的著作，也是诸多数据挖掘书籍中为数不多的穿插大量真实的实践应用案例和场景的著作，更是创造性地针对数据化运营中不同分析挖掘课题类型，推出一一对应的分析思路集锦和相应的分析技巧集成，为读者提供“菜单化”实战锦囊的著作。作者结合自己数据化运营实践中大量的项目经验，用通俗易懂的“非技术”语言和大量活泼生动的案例，围绕数据分析挖掘中的思路、方法、技巧与应用，全方位整理、总结、分享，帮助读者深刻领会和掌握“以业务为核心，以思路为重点，以分析技术为辅佐”的数据挖掘实践应用宝典。

全书共19章，分为三个部分：基础篇（第1 ~ 4章）系统介绍了数据分析挖掘和数据化运营的相关背景、数据化运营中“协调配合”的核心，以及实践中常见分析项目类型；实战篇（第6 ~ 13章）主要介绍实践中常见的分析挖掘技术的实用技巧，并对大量的实践案例进行了全程分享展示；思想意识篇（第5章，第14 ~ 19章）主要是有关数据分析师的责任、意识、思维的培养和提升的总结和探索，以及一些有效的项目质控制度和经典的方法论介绍。

机械工业出版社（北京市西城区百万庄大街22号　　邮政编码　100037）

责任编辑：杨绣国

北京建宏印刷有限公司印刷

2023年3月第1版第20次印刷

186mm × 240 mm · 17.25印张

标准书号：ISBN 978-7-111-42650-9

定　　价：59.00元

客服电话：（010）88361066　68326294

推　荐　序

所谓，自知者明。

一个数据分析师，在面对海量数据时，偶尔把自己也当做对象去分析、思考、总结，才能成为一位有那么点儿味道的数据分析师，才能不断地审视、提升分析水平，才能在数据分析的道路上走得更远。

本书就是作者卢辉对过去10年数据挖掘职业生涯的自省、总结、提炼。

以前看的数据挖掘书籍，很难看到国内企业的完整实例。而本书分享的数据化运营实战案例都是来自阿里巴巴B2B近3年来的商业实践，有立竿见影的案例，也有充满了波折和反复的案例。面对这些实战中的挫折和曲折，作者分享了如何调整思路、调整方法，如何与业务方一起寻找新方案，最终如何达成满意的商业应用效果。这些分享都非常真实、非常可贵，相信这些完整的实战案例将给你全新的阅读体验，还你一个真实清楚的有关数据挖掘商业应用的原貌，也会对读者今后的数据挖掘商业实践起到很好的启迪和参考作用。

从这个角度看，本书就是作者摸索出的一系列有关数据挖掘和数据化运营的规律，是作者对数据分析师有效工作方法的框架和总结。

如果你是新入行（或者有兴趣进入数据分析行业）的读者，这本书对你是非常有参考和指导意义的：帮助你尽快入门，尽快成长。如果你是已具有一定工作经验的数据分析专业人士，本书亦可作为一面“镜子”，去引发你对于“自己的思考”、“自己的总结”。

通过阅读本书，读者朋友们可以问问自己：

- 数据分析挖掘的技巧，掌握了多少？
- 书中的实战案例，有实操过吗？
- 数据分析师对分析 / 数据的态度，你是否具备？

❑ 如何有效管理团队？

如果上述某些方面你没有想过，这本书会给你有意义的启迪。

最后，请允许我再唠叨些数据的未来吧：

关于分析师

不久的将来，或就是现在，数据分析师将直面新的挑战（也是一次转型机会）：在原有分析师职业定位上，为了与业务应用更加贴合，开始逐步融入产品经理“角色”：善于总结、善于提炼、善于推而广之、善于把自己的分析“产品化”。要做到这些，就要求数据分析师必须对数据的理解更透彻，对商业的理解更深入。

在成熟阶段，数据分析师们将是一群具备了商业理解、数据分析、商业应用思考这三大核心能力的综合体。

关于数据质量

在数据化运营道路上，有不少难题亟待解决。其中最棘手、最突出的就是数据质量。

企业的数据化商业实践中，“数据给自己用”与“数据给别人去用”是两个完全不同难度的课题，好比在家做几道家常菜和开餐厅，后者对于口味质量更为严格苛刻，食客们的眼睛都盯着呢。

这本书写了“自己使用数据、分析数据”的心得；在未来，当数据可以很容易地被大家使用的时候，我们会发现数据的力量已经渗透到每个人的决策环节里了。

车品觉

阿里巴巴数据委员会会长

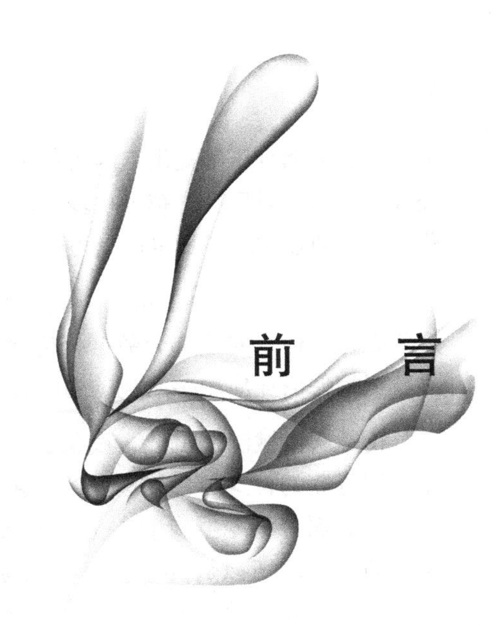

前　言

为什么要写这本书

自从 2002 年第一次接触“数据挖掘”（Data Mining）这个新名词以来，转眼之间我已经在数据挖掘商业应用相关领域度过了 11 年。这 11 年里我既见识了国外数据挖掘商业应用如火如荼地开展；又经历了从 21 世纪开始，国内企业在数据挖掘商业应用中的摸索起步，到如今方兴未艾的局面；更有幸在经历了传统行业的数据挖掘商业应用之后，投身到互联网行业（当今数据分析商业应用热火朝天、发展最快，并且对数据和数据挖掘的商业应用依赖性最强的行业）的数据挖掘商业实践中。这 11 年是我职业生涯中最为重要的一段时光，从个人生存的角度来说，我找到了谋生和养家糊口的饭碗——数据挖掘工作；从个人归属的角度来说，我很幸运地碰到了职业与兴趣的重合点。

在国内，“数据挖掘”作为一门复合型应用学科，其在商业领域的实践应用及推广只有十几年的时间，在此期间，国内虽然陆续出版了一些相关的书籍，但是绝大多数都是基于理论或者国外经验来阐述的，少有针对国内企业相关商业实战的详细介绍和分享，更缺乏从数据分析师的角度对商业实战所进行的总结和归纳。因此，从商业应用出发，基于大量的商业实战案例而不是基于理论探讨的数据挖掘应用书籍成为当今图书市场和广大“数据挖掘”学习者的共同需求。

同时，在有幸与数据挖掘商业实践相伴 11 年之后，我也想稍微放慢些脚步，正如一段长途跋涉之后需要停下脚步，整理一路经历的收获和感悟一样，我希望将自己一路走来的心得与体会、经验与教训、挫折与成绩整理出来。

基于以上原因，我决定从数据挖掘的商业需求和商业实战出发，结合我 10 多年来在不同行业（尤其是最近 4 年在互联网行业）的大量数据挖掘商业实战项目，将自己这些年来积累的经验和总结分享出来，希望能够起到抛砖引玉的作用，为对数据挖掘商业实践感兴趣的朋友、爱好者、数据分析师提供点滴的参考和借鉴。同时，鉴于“数据化运营”在当今大数据时代已经成为众多（以后必将越来越多）现代企业的普遍经营战略，相信本书所分享的大量有关数据化运营的商业实践项目也可以为企业的管理层、决策层提供一定程度的参考和借鉴。

我相信，本书总结的心得与体会，可以推动自己今后的工作，会成为我的财富；同时，这些心得与体会对于部分数据分析师来说也可以起到不同程度的参考和借鉴作用；对于广大对数据挖掘商业应用感兴趣的初学者来说也未尝不是一种宝贵经验。

我是从机械制造工艺与设备这个与“数据挖掘”八竿子打不着的专业转行到数据挖掘商业应用行业的，这与目前国内绝大多数的数据分析挖掘专业人士的背景有较大差别（国内绝大多数数据分析挖掘专业人士主要来自统计专业、数学专业或者计算机专业）。我的职业道路很曲折，之所以放弃了自己没兴趣的机械制造工艺与设备专业，是因为自己喜欢市场营销。有幸在国外学习市场营销专业时了解并亲近了国外市场营销中的核心和基石——市场营销信息学（Marketing Informatics）。当然，这是国外 10 多年前的说法，换成行业内与时俱进的新说法，就是时下耳熟能详的“数据分析挖掘在市场营销领域的商业实践应用”。说这么多，其实只是想告诉有缘的对数据挖掘商业实践感兴趣的朋友，“以业务为核心，以思路为重点，以挖掘技术为辅佐”就是该领域的有效成长之路。

很多初学者总以为掌握了某些分析软件，就可以成为数据分析师。其实，一个成功的数据挖掘商业实践，核心的因素不是技术，而是业务理解和分析思路。本书自始至终都在力图用大量的事实和案例来证明“以业务为核心，以思路为重点，以挖掘技术为辅佐”才是数据挖掘商业实践成功的宝典。

另外，现代企业面对大数据时代的数据化运营绝不仅仅是数据分析部门和数据分析师的事情，它需要企业各部门的共同参与，更需要企业决策层的支持和推动。

读者对象

- ❑ 对数据分析和数据挖掘的商业实践感兴趣的大专院校师生、对其感兴趣的初学者。
- ❑ 互联网行业对数据分析挖掘商业实践感兴趣的运营人员以及其他专业的人士。
- ❑ 实施数据化运营的现代企业的运营人员以及其他专业的人士，尤其是企业的管理者、决策者（数据化运营战略的制定者和推动者）。
- ❑ 各行各业的数据分析师、数据挖掘师。

勘误和支持

由于作者水平和能力有限，编写时间仓促，不妥之处在所难免，在此恳请读者批评指正。作者有关数据挖掘商业实践应用的专业博客“数据挖掘　人在旅途”地址为 http://shzxqdj.blog.163.com，欢迎读者和数据挖掘商业实践的爱好者不吝赐教。另外，如果您有关于数据挖掘商业实践的任何话题，也可以发送邮件到邮箱 chinadmer@163.com ，期待你们的反馈意见。

如何阅读本书

本书分为 19 章。

第 1 ～ 4 章为基础和背景部分，主要介绍数据分析挖掘和数据化运营的相关背景、数据化运营中“协调配合”的本质，以及实践中常见的分析项目类型。

第 6 ～ 13 章是数据分析挖掘中的具体技巧和案例分享部分，主要介绍实践中常见的分析挖掘技术的实用技巧，并对大量的实践案例进行了全程分享展示。

第 5 章，第 14 ～ 19 章是有关数据分析师的责任、意识、思维的培养和提升的总结与探索，以及一些有效的项目质控制度和经典的方法论。

本书几乎每章都会用至少一个完整翔实的实战案例来进行说明、反复强化“以业务为核心，以思路为重点，以挖掘技术为辅佐”，希望能给读者留下深刻印象，因为这是数据挖掘商业实践成功的宝典。

致谢

首先要感谢机械工业出版社的杨绣国（Lisa）编辑，没有您的首倡和持续的鼓励，我不会想到要写这样一本来自实践的书，也不会顺利地完成这本书。写作过程中，您的帮助让我对“编辑”这个职业有了新的认识，编辑就是作者背后的无名英雄。在本书出版之际，我向 Lisa 表达我深深的感谢和祝福。同时感谢朱秀英编辑在本书后期编辑过程中付出的辛劳，您的专业、敬业和细心使得书稿中诸多不完善之处得以修正和提高。

作为一名 30 多岁才从机械工程师转行，进入数据挖掘及其商业实践的迟到者，我在数据挖掘的道路上一路走来，得到了无数贵人的帮助和提携。

感谢我的启蒙导师，加拿大 Dalhousie University 的数据挖掘课程教授 Tony Schellinck。他风趣幽默的授课风格，严谨扎实的专业功底，随手拈来的大量亲身经历的商业实战案例，以及对待学生的耐心和热情，让我作为一名外国学生能有效克服语言和生活环境的挑战，比较顺利地进入数据挖掘的职业发展道路。

感谢回国后给我第一份专业工作机会的前 CCG 集团（Communication Central Group）商业智能应用事业部总经理 Justin Jencks。中国通 Justin 在我们一起共事的那段日子里，果敢放手让我尝试多个跨行业的探索性商业应用项目，给了我许多宝贵的机会，使我迅速熟悉本土市场，积累了不同行业的实战案例，这些对我的专业成长非常重要。

感谢 4 年前给我机会，让我得以从传统行业进入互联网行业的阿里巴巴集团 ITBU 事业部的前商业智能部门总监李红伟（菠萝）。进入互联网行业之后，我才深深懂得作为一名数据分析师，相比传统行业来说，互联网行业有太多的机会可以去尝试不同的项目，去亲历数不清的“一竿子插到底”的落地应用，去学习面对日新月异的需求和挑战。

在本书的编写过程中，得到了淘宝网的商品推荐高级算法工程师陈凡（微博地址为 http://weibo.com/bicloud）和阿里巴巴 B2B 的数据仓库专家蒿亮（微博地址为 http://weibo.com/airjam；E-mail：airjam.hao@gmail.com）热情而专业的帮助和支持。陈凡友情编写了本书的 3.11 节，蒿亮友情编写了本书的 1.4.1 节和 13.1 节。

感谢一路走来，在项目合作和交流中给我帮助和支持的各位前辈、领导、朋友和伙伴，包括：上海第一医药连锁经营有限公司总经理顾咏晟先生、新华信国际信息咨询北京有限公司副总裁欧万德先生（Alvin）、上海联都集团的创始人冯铁军先生、上海通方管理咨询有限公司总经理李步峰女士和总监张国安先生、鼎和保险公司的张霖霏先生、盛大文学的数据分析经理张仙鹤先生、途牛网高级运营专家焦延伍先生，以及来自阿里巴巴的数据分析团队的领导和伙伴（资深总监车品觉先生、高级专家范国栋先生、资深经理张高峰先生、数据分析专家樊宁先生、资深数据分析师曹俊杰先生、数据分析师宫尚宝先生，等等，尤其要感谢阿里巴巴数据委员会会长车品觉老师在百忙中热情地为本书作推荐序，并在序言里为广大读者分享了数据分析师当前面临的最新机遇和挑战），以及这个仓促列出的名单之外的更多前辈、领导、朋友和伙伴。

感谢我的父母、姐姐、姐夫和外甥，他们给予了我一贯的支持和鼓励。

我将把深深的感谢给予我的妻子王艳和女儿露璐。露璐虽然只是初中一年级的学生，但是在本书的写作过程中，她多次主动放弃外出玩耍，帮我改稿，给我提建议，给我鼓励，甚至还为本书设计了一款封面，在此向露璐同学表达我衷心的感谢！而我的妻子，则将家里的一切事情打理得井井有条，使我可以将充分的时间和精力投入本书的写作中。谨以此书献给她们！

卢辉

中国 杭州

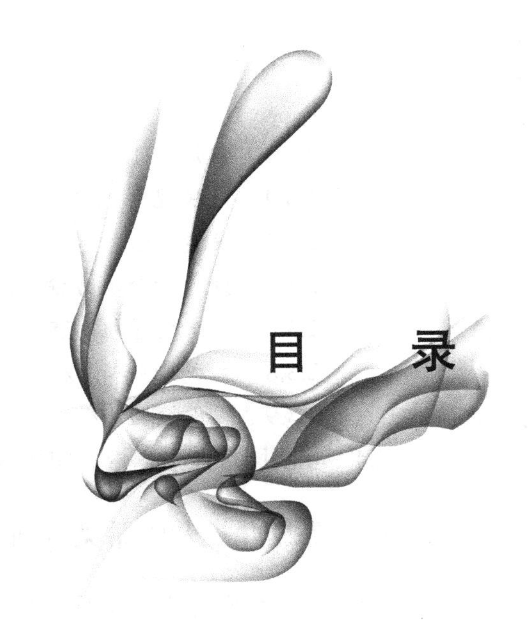

目 录

第1章 什么是数据化运营

21世纪核心的竞争就是数据的竞争，谁拥有数据，谁就拥有未来。

——马云

1.1 现代营销理论的发展历程

1.2 数据化运营的主要内容

1.3 为什么要数据化运营

1.4 数据化运营的必要条件

1.5 数据化运营的新现象与新发展

1.6 关于互联网和电子商务的最新数据

数据化运营是当前企业管理和企业战略里非常热门的一个词汇。其实施的前提条件包括企业级海量数据存储的实现、精细化运营的需求（与传统的粗放型运营相对比）、数据分析和数据挖掘技术的有效应用等，并且还要得到企业决策层和管理层的支持及推动。

数据化运营是现代企业从粗放经营向精细化管理发展的必然要求，是大数据时代企业保持市场核心竞争力的必要手段，要进行数据化运营，必须要企业全员的参与和配合。本书讨论的数据化运营主要是指互联网行业的数据化运营，所以，**除非特别申明，本书所有的“数据化运营”专指互联网数据化运营，尽管本书涉及的分析挖掘技术同样也适用于互联网行业之外的其他行业。**

数据化运营来源于现代营销管理，但是在“营销”之外有着更广的含义。

1.1 现代营销理论的发展历程

1.1.1 从4P到4C

以4P为代表的现代营销理论可以追溯到1960年出版的（《基础营销》英文书名为*Basic Marketing*）一书，该理论是由作者杰罗姆·麦卡锡（E.Jerome McCarthy）在该书中提出的。到了1967年，“现代营销学之父”菲利普·科特勒（Philip Kotler）在其代表作《营销管理》（*Marketing Management: Application, Planning, Implementation and Control*）第1版里进一步确认了以4P为核心的营销组合方法论。随后，该理论风靡世界，成为近半个世纪的现代营销核心思想，影响并左右了当时无数的企业营销战略。

4P指的是Product（产品）、Price（价格）、Place（渠道）和Promotion（促销），如图1-1所示。4P的内容简要概括如下。

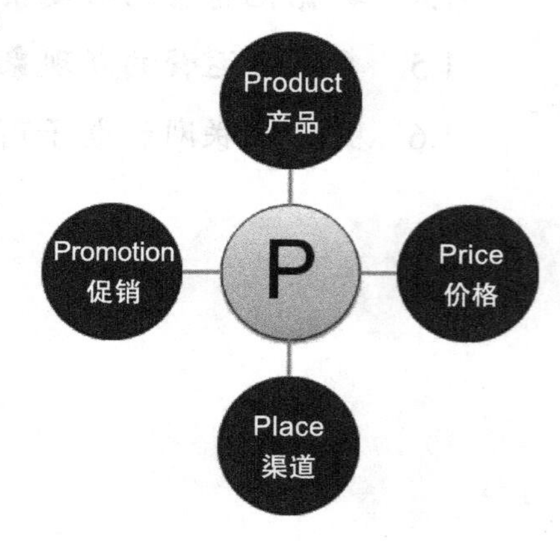

图1-1　4P理论结构图

- Product：表示注重产品功能，强调独特卖点。
- Price：指根据不同的市场定位，制定不同的价格策略。
- Place：指要注重分销商的培养和销售网络的建设。
- Promotion：指企业可以通过改变销售行为来刺激消费者，以短期的行为（如让利、买一送一、调动营销现场气氛等）促成消费的增长，吸引其他品牌的消费者前来消费，或者促使老主顾提前来消费，从而达到销售增长的目的。

4P 理论的核心是 Product（产品）。因此，以 4P 理论为核心营销思想的企业营销战略又可以简称为“**以产品为中心**”的营销战略。

随着时代的发展，商品逐渐丰富起来，市场竞争也日益激烈，尤其进入 21 世纪后，消费者已成为商业世界的核心。在当今这个充满个性化的商业时代，传统的 4P 营销组合已经无法适应时代发展的需求，营销界开始研究新的营销理论和营销要素。其中，最具代表性的理论就是 4 C 理论，这里的 4C 包括 Consumer（消费者）、Cost（成本）、Convenience（方便性）和 Communication（沟通交流），如图 1-2 所示，4C 的内容简要概括如下：

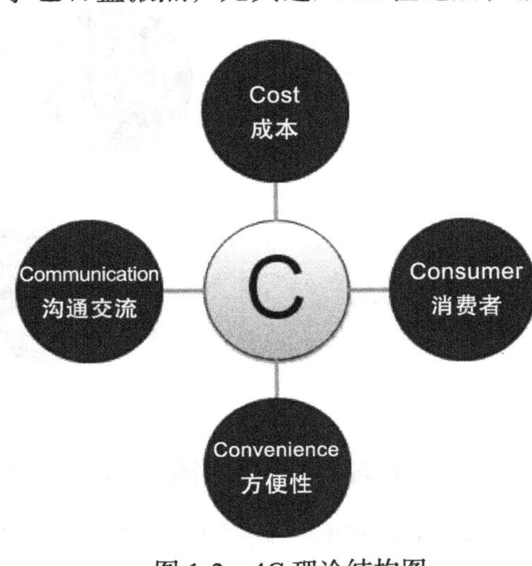

图 1-2 4C 理论结构图

- 消费者的需求与愿望（Customer’s Needs and Wants）。
- 消费者得到满足的成本（Cost and Value to Satisfy Consumer’s Needs and Wants）。
- 用户购买的方便性（Convenience to Buy）。
- 与用户的沟通交流（Communication with Consumer）。

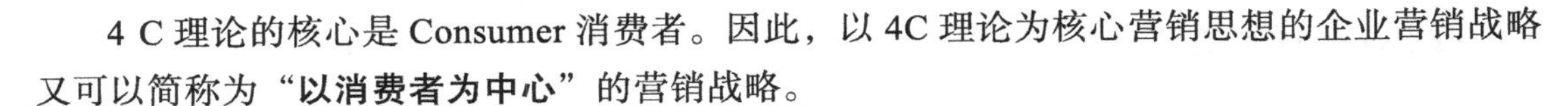

4 C 理论的核心是 Consumer 消费者。因此，以 4C 理论为核心营销思想的企业营销战略又可以简称为“**以消费者为中心**”的营销战略。

1.1.2 从 4C 到 3P3C

4 C 理论虽然成功找到了从“以产品为中心”转化为“以消费者为中心”的思路和要素，但是随着社会的进步，科技的发展，大数据时代的来临，4 C 理论再次落后于时代发展的需要。大数据时代，日益白热化的市场竞争、越来越严苛的营销预算、海量的数据堆积和存储等，迫使现代企业不得不寻找更合适、更可控、更可量化、更可预测的营销思路和方法论。于是在基本思路上融合了 4P 理论和 4C 理论的 nPnC 形式的理论出现了。

具体到典型的互联网行业，虽然学术界对于到底是几个 P 和几个 C 仍存在着争议，没有定论，但是这并不妨碍企业积极探索并付诸实践应用，本书姑且以 3P3C 为例，如图 1-3 所示，概述互联网行业运营的典型理论探索。

图 1-3　3P3C 理论结构图

在 3P3C 理论中，数据化运营 6 要素的内容如下。

- Probability（概率）：营销、运营活动以概率为核心，追求精细化和精准率。
- Product（产品）：注重产品功能，强调产品卖点。
- Prospects（消费者，目标用户）。
- Creative（创意，包括文案、活动等）。
- Channel（渠道）。
- Cost/Price（成本 / 价格）。

而在这其中，以数据分析挖掘所支撑的目标响应概率（Probability）是核心，在此基础上将会围绕产品功能优化、目标用户细分、活动（文案）创意、渠道优化、成本的调整等重要环节和要素，共同促使数据化运营持续完善，直至成功。

需要指出的是，这里的目标响应概率（Probability）不应狭义理解为仅仅是预测响应模型之类的响应概率，它有更宽泛的含义，既可以从宏观上来理解，又可以从微观上来诠释。从宏观上来理解，概率可以是特定消费群体整体上的概率或可能性。比如，我们常见的通过卡方检验发现某个特定类别群体在某个消费行为指标上具有的显著性特征，这种显著性特征可以帮助我们进行目标市场的选择、寻找具有相似特征的潜在目标用户，制定相应的细分营销措施和运营方案等，这种方法可以有效提升运营的效率和效果；从微观上来理解，概率可以是具体到某个特定消费者的“预期响应概率”，比如我们常见的通过逻辑回归算法搭建一个预测响应模型，得到每个用户的预计响应概率，然后，根据运营计划和预算，抽取响应概率分数的消费者，进行有针对性的运营活动等，这种方法也可以有效提升运营的效率和效果。

宏观的概率更加有效，还是微观的概率更加有效，这需要结合项目的资源计划、业务背景、项目目的等多种因素来权衡，不可一概而论。虽然微观的概率常常更为精细、更加准确，但是在实践应用中，宏观的群体性概率也可以有效提升运营效果，也是属于数据化运营的思路。所以在实践过程中如何选择，要根据具体的业务场景和具体的数据分析解决方案来决定。更多延伸性的分析探讨，将在后面章节的具体项目类型分析、技术分享中详细介绍。

上述3P3C理论有效锁定了影响运营效果的主要因素、来源，可以帮助运营人员、管理人员、数据分析人员快速区分实践中的思考维度和着力点，提高思考效率和分析效率。

1.2 数据化运营的主要内容

虽然目前企业界和学术界对于"数据化运营"的定义没有达成共识，但这并不妨碍"数据化运营"思想和实践在当今企业界尤其是互联网行业如火如荼地展开。阿里巴巴集团早在2010年就已经在全集团范围内正式提出了"数据化运营"的战略方针并逐步实施数据化运营，腾讯公司也在"2012年腾讯智慧上海主题日"高调宣布"大数据化运营的黄金时期已经到来，如何整合这些数据成为未来的关键任务"。

综合业界尤其是互联网行业的数据化运营实践来看，尽管各行业对"数据化运营"的定义有所区别，但其基本要素和核心是一致的，那就是"**以企业级海量数据的存储和分析挖掘应用为核心支持的，企业全员参与的，以精准、细分和精细化为特点的企业运营制度和战略**"。换种思路，可以将其浅层次地理解为，在企业常规运营的基础上革命性地增添数据分析和数据挖掘的精准支持。这是从宏观意义上对数据化运营的理解，其中会涉及企业各部门，以及数据在企业中所有部门的应用。但是必须指出，本书所要分享的实战项目涉及的数据化运营，主要落实在微观意义的数据化运营上，即主要针对运营、销售、客服等部门的互联网运营的数据分析、挖掘和支持上。

注意：这种宏观和微观上的区别在本质上对于数据化运营的核心没有影响，只是在本书的技术和案例分享中更多聚焦于运营部门、销售部门、客服部门而已，特此说明。

针对互联网运营部门的数据化运营，具体包括"**网站流量监控分析、目标用户行为研究、网站日常更新内容编辑、网络营销策划推广**"等，并且，**这些内容是在以企业级海量数据的存储、分析、挖掘和应用为核心技术支持的基础上，通过可量化、可细分、可预测等一系列精细化的方式来进行的**。

数据化运营，首先是要有企业全员参与意识，要达成这种全员的数据参与意识比单纯地执行数据挖掘技术显然是要困难得多，也重要得多的。只有在达成企业全员的自觉参与意识后，才可能将其转化为企业全体员工的自觉行动，才可能真正落实到运营的具体工作中。举例来说，阿里巴巴集团正在实施的数据化运营，就要求所有部门所有岗位的员工都要贯彻此战略：从产品开发人员到用户体验部门，到产品运营团队，到客户服务部门，到销售团队和支持团队，每个人每个岗位都能真正从数据应用、数据管理和数据发现的高度经营各自的本职工作，也就类似于各个岗位的员工，都在各自的工作中自觉利用或简单或复杂的数据分析工具，进行大大小小的数据分析挖掘，这才是真正的数据化运营的场面，才是真正的从数据中发现信息财富并直接助力于企业的全方位提升。也只有这样，产品开发人员所提出的新概念才不是拍脑袋拍出来的，而是来自于用户反馈数据的提炼；产品运营人员也不再仅仅是每天被动地抄报运营的KPI指标，通过数据意识的培养，他们将在运营前的准备，运营中的把握，运营后的反馈、修正、提升上有充分的预见性和掌控力；客户服务部门不仅仅满足于为客户提供满意的服务，他们学会了从服务中有意识地发现有代表性的、有新概念价值的客户新需求；销售部门则不再只是具有吃苦耐劳的精神，他们可通过数据分析挖掘模型的实施来实现有的放矢、精准营销的销售效益最大化。而企业的数据挖掘团队也不再仅仅局限于单纯的数据挖掘技术工作及项目工作，而是肩负在企业全员中推广普及数据意识、数据运用技巧的责任，这种责任对于企业而言比单纯的一两个数据挖掘项目更有价值，更能体现一个数据挖掘团队或者一个数据挖掘职业人的水准、眼界以及胸怀，俗话说“只有能发动人民战争，才是真正的英雄”，所以只有让企业全员都参与并支持你的数据挖掘分析工作，才能够真正有效地挖掘企业的数据资源。现代企业的领导者，应该有这种远见和智慧，明白全员的数据挖掘才是企业最有价值的数据挖掘，全员的数据化运营才是现代企业的竞争新核心。

数据化运营，其次是一种常态化的制度和流程，包括企业各个岗位和工种的数据收集和数据分析应用的框架和制度等。从员工日常工作中所使用的数据结构和层次，就基本上可以判断出企业的数据应用水准和效率。在传统行业的大多数企业里，绝大多数员工在其工作中很少（甚至基本不）分析使用业务数据支持自己的工作效率，但是在互联网行业，对数据的重视和深度应用使得该行业数据化运营的能力和水平远远超过传统行业的应用水平。

数据化运营更是来自企业决策者、高层管理者的直接倡导和实质性的持续推动。由于数据化运营一方面涉及企业全员的参与，另一方面涉及企业海量数据的战略性开发和应用，同时又是真正跨多部门、多技术、多专业的整合性流程，所有这些挑战都是企业内部任何单个部门所无法独立承担的。只有来自企业决策层的直接倡导和实质性的持续推动，才可以在企业建立、推广、实施、完善真正的全员参与、跨部门跨专业、具有战略竞争意义的数据化运营。所以，我们不难发现，阿里巴巴集团也好，腾讯也罢，这些互联网行业的巨人，之所以能在大数据时代如火如荼地进行企业数据化运营，自始至终都离不开企业决策层的直接倡导与持续推动，其在各种场合中对数据的重要性、对数据化运营的核心竞争力价值的强调和分享，都证明了决策层是推动数据化运营的关键所在。2012 年 7 月 10 日，阿里巴巴集团宣布设立“首席数据官”岗位（Chief Data Officer），阿里巴巴 B2B 公司的 CEO 陆兆禧出任此职位，并会向集团 CEO 马云直接汇报。陆兆禧将主要负责全面推进阿里巴巴集团成为“数据分享平台”的战略，其主要职责是规划和实施未来数据战略，推进支持集团各事业群的数据业务发展。“将阿里巴巴集团变成一家真正意义上的数据公司”目前已经是阿里巴巴集团的战略共识，阿里巴巴集团旗下的支付宝、淘宝、阿里金融、B2B 的数据都会成为这个巨大的数据分享平台的一部分。而**这个战略的核心就是如何挖掘、分析和运用这些数据，并和全社会分享**。

1.3　为什么要数据化运营

数据化运营首先是现代企业竞争白热化、商业环境变成以消费者为主的“买方市场”等一系列竞争因素所呼唤的管理革命和技术革命。中国有句古语“穷则思变”，当传统的营销手段、运营方法已经被同行普遍采用，当常规的营销技术、运营方法已经很难明显提升企业的运营效率时，竞争必然呼唤革命性的改变去设法提升企业的运营效率，从而提升企业的市场竞争力。时势造英雄，生逢其时的“数据化运营”恰如及时雨，登上了大数据时代企业运营的大舞台，在互联网运营的舞台上尤其光彩夺目。

其次，数据化运营是飞速发展的数据挖掘技术、数据存储技术等诸多先进数据技术直接推动的结果。数据技术的飞速发展，使得大数据的存储、分析挖掘变得成熟、可靠，成熟的挖掘算法和技术给了现代企业足够的底气去尝试海量数据的分析、挖掘、提炼、应用。有了数据分析、数据挖掘的强有力支持，企业的运营不再盲目，可以真正做到运营流程自始至终都心中有数、有的放矢。比如，在传统行业的市场营销活动中，有一个无解又无奈的问题：“我知道广告费浪费了一半，但是我不知道到底是哪一半”。这里的无奈其实反映的恰好就是传统行业粗放型营销的缺点：无法真正细分受众，无法科学监控营销各环节，无法准确预测营销效果；但是，在大数据时代的互联网行业，这种无奈已经可以有效地降低，乃至避免，原因在于通过数据挖掘分析，广告主可以精细划分出正确的目标受众，可以及时（甚至实时）监控广告投放环节的流失量，可以针对相应的环节采取优化、提升措施，可以建立预测模型准确预测广告效果。

数据化运营更是互联网企业得天独厚的“神器”。互联网行业与生俱来的特点就是大数据，而信息时代最大的财富也正是海量的大数据。阿里巴巴集团董事局主席兼首席行政官马云曾经多次宣称，阿里巴巴集团最大的财富和今后核心竞争力的源泉，正是阿里巴巴集团（包括淘宝、支付宝、阿里巴巴等所属企业）已经产生的和今后继续积累的海量的买卖双方的交易数据、支付数据、互动数据、行为数据等。2010 年 3 月 31 日，淘宝网在上海正式宣布向全球开放数据，未来电子商务的核心竞争优势来源于对数据的解读能力，以及配合数据变化的快速反应能力，而开放淘宝数据正是有效帮助企业建立数据的应用能力。2010 年 5 月 14 日阿里巴巴集团在深圳举行的 2010 年全球股东大会上，马云进一步指出“21 世纪核心的竞争就是数据的竞争”，“谁拥有数据，谁就拥有未来”。企业决策者对数据价值的高度认同，必然会首先落实在自身的企业运营实践中，这也是“因地制宜”战略思想在互联网时代的最新体现，我们也可以理解成“近水楼台先得月”在互联网时代的最新诠释。

1.4 数据化运营的必要条件

虽然从上面的分析可以看出，数据化运营有如此多的优越性，但并不是每个企业都可以采取这种新战略和新管理制度，也不是每个企业都可以从中受益。个中原因在于成功的数据化运营必须依赖几个重要的前提条件。

1.4.1 企业级海量数据存储的实现[⊖]

21 世纪核心的竞争就是数据的竞争，2012 年 3 月 29 日，美国奥巴马政府正式宣布了“大数据的研究和发展计划”(Big Data Research and Development Initiative)，该计划旨在**通过提高我们从大型复杂数据集中提取知识和观点的能力，承诺帮助加快在科学和工程中探索发现的步伐，加强国家安全**。从国家到企业，数据就是生产力。但是，具体到某一个企业，海量数据的存储是必须要面对的第一个挑战。数据存储技术的飞速发展，需要企业与时俱进。根据预测到 2020 年，全球以电子形式存储的数据量将达到 35ZB，是 2009 年全球存储量的 40 倍。而在 2010 年年底，根据 IDC 的统计，全球数据量已经达到了 1 200 000PB 或 1.2ZB。如果将这些数据都刻录在 DVD 上，那么光把这些 DVD 盘片堆叠起来就可以从地球到月球打一个来回（单程约 24 万英里，即 386 242.56 千米）。海量的数据推动了数据存储技术的不断发展与飞跃。

我们一起来回顾一下数据存储技术的发展历程：

1951 年：Univac 系统使用磁带和穿孔卡片作为数据存储。

1956 年：IBM 公司在其 Model 305 RAMAC 中第一次引入了磁盘驱动器。

1961 年：美国通用电气公司（General Electric）的 Charles Bachman 开发了第一个数据库管理系统——IDS。

⊖ 本节内容由阿里巴巴B2B的数据仓库专家蒿亮编写，蒿亮的微博地址为http://weibo.com/airjam，电子邮件为airjam.hao@gmail.com。

1969 年：E.F. Codd 发明了关系数据库。

1973 年：由 John J.Cullinane 领导的 Cullinane 公司开发了 IDMS——一个针对 IBM 主机的基于网络模型的数据库。

1976 年：Honeywell 公司推出了 Multics Relational Data Store——第一个商用关系数据库产品。

1979 年：Oracle 公司引入了第一个商用 SQL 关系数据库管理系统。

1983 年：IBM 推出了 DB2 数据库产品。

1985 年：为 Procter & Gamble 系统设计的第一个商务智能系统产生。

1991 年：W.H. BillInmon 发表了文章《构建数据仓库》。

2012 年：最新的存储技术为分布式数据仓库、海量数据存储技术和流计算的实时数据仓库技术。

回首中国企业的数据存储之路，国内的数据存储技术的发展经历了将近 30 年，而真正的飞速发展则是最近 10 年。

国内的数据存储的先驱是国有银行，在 21 世纪初，四大国有银行的全国数据中心项目（将分布在全国各个省行和直属一级分行的数据集中到数据中心）拉开了数据技术飞速发展的帷幕。

以发展最具代表性的中国工商银行为例，中国工商银行从 2001 年开始启动数据集中项目，刚开始考虑集中中国北部的数据到北京，中国南部的数据到上海，最终在 2004 年将全部数据集中到了上海，而北京则作为灾备中心，海外数据中心则安置在深圳。中国工商银行的数据量在当时是全中国最大的，大约每天的数据量都在 TB 级别。由于银行业存在一定的特殊性（性能要求低于安全和稳定要求），又因为当时业内可选的技术不多，因此中国工商银行选择了大型机 +DB2 的技术方案，实际上就是以关系型数据库作为数据存储的核心。

在 3 年的数据集中和后续 5 年基于主题模型（NCR 金融模型）的数据仓库建设期间，中国工商银行无论在硬件网络和软件人力上都投入了巨大的资源，其数据仓库也终于成为中国第一个真正意义上的企业级数据中心和数据仓库。

其他银行和证券保险，甚至电信行业以及房地产行业的数据仓库建设，基本上也都是采用与工商银行相似的思路和做法在进行。

不过，随着时间的推移，数据量变得越来越大，硬件的更新换代也越来越快，于是，这类数据仓库逐渐显现出了问题，主要表现如下：

- 少数几台大型机已经无法满足日益增加的日终计算任务的执行需求，导致很多数据结果为 T-2（当天数据要延后 2 天才完成），甚至是 T-3（当天数据要延后 3 天才完成）。
- 硬件升级和存储升级的成本非常昂贵，维护、系统开发以及数据开发的人力资源开支也逐年加大。
- 由于全国金融发展的进程差异很大，数据需求各不一样，加上成本等原因，不得不将一些数据计算任务下放到各个一级分行或者省分行进行，数据中心不堪重负。

随着互联网行业的逐渐蓬勃兴盛，占领数据存储技术领域巅峰的行业也从原有的国有银行企业转移到了阿里巴巴、腾讯、盛大、百度这样的新兴互联网企业。以阿里巴巴为例，阿里巴巴数据仓库也是经历了坎坷的发展历程，在多次重建后才最终站在了中国甚至世界的顶峰。

最开始的阿里巴巴互联网数据仓库建设，几乎就是中国工商银行的缩小版，互联网的数据从业人员几乎全部来自国内各大银行或电信行业，或者来自国外类似微软、yahoo 这样的传统 IT 企业。

随着分布式技术的逐渐成熟和工业化，互联网数据仓库迎来了飞速发展的春天。现在，抛弃大型机 + 关系型数据库的模型，采用分布式的服务器集群 + 分布式存储的海量存储器，无论是从硬件成本、软件成本还是从硬件升级、日常维护上来讲，都是一次飞跃。更重要的是，解决了困扰数据仓库发展的一个非常重要的问题，即计算能力不足的问题，当 100~200 台网络服务器一起工作的时候，无论是什么样的大型机，都已经无法与之比拟了。

拿现在阿里云（阿里巴巴集团数据中心服务提供者）来讲，近 1000 台网络服务器分布式并行，支持着每日淘宝、支付宝、阿里巴巴三大子公司超过 PB 级别的数据量，随着技术的日益成熟和硬件成本的逐渐降低，未来的数据仓库将是以流计算为主的实时数据仓库和分布式计算为主流的准实时数据仓库。

1.4.2 精细化运营的需求

大数据时代的互联网行业所面临的竞争压力甚至已超过了传统行业。主要原因在于互联网行业的技术真正体现了日新月异、飞速发展的特点。以中国互联网行业的发展为例，作为第一代互联网企业的代表，新浪、搜狐、雅虎等门户网站的 Web 1.0 模式（传统媒体的电子化）从产生到被以 Google、百度等搜索引擎企业的 Web 2.0 模式（制造者与使用者的合一）所超越，前后不过 10 年左右的时间，而目前 Web 2.0 模式已经逐渐有被以微博为代表的 Web 3.0 模式（SNS 模式）超越的趋势。

互联网行业近乎颠覆性模式的进化演绎、技术的更新换代，既为互联网企业提供了机遇，又带给其沉重的竞争压力与生存的挑战。面对这种日新月异的竞争格局，互联网企业必须寻找比传统的粗放型运营更加有效的精细化运营制度和思路，以提升企业的效益和效率，而数据化运营就是精细化运营，它强调的是更细分、更准确、更个性化。没有精细化运营的需求，就不需要数据化运营；只有数据化运营，才可以满足精细化的效益提升。

1.4.3　数据分析和数据挖掘技术的有效应用

数据分析和数据挖掘技术的有效应用是数据化运营的基础和技术保障，没有这个基础保障，数据化运营就是空话，就是无本之水，无缘之木。

这里的有效应用包括以下两层含义。

一是企业必须拥有一支能够胜任数据分析和数据挖掘工作的团队和一群出色的数据分析师。一名出色的数据分析师必须是多面手，他不仅要具备统计技能（能熟练使用统计技术和统计工具进行分析挖掘）、数据仓库知识（比如熟悉主流数据库基本技术，可以自助取数，可以有效与数据仓库团队沟通）、数据挖掘技能（熟练掌握主流数据挖掘技术和工具），更重要的是他还要具有针对具体业务的理解能力和快速学习能力，并且要善于与业务方沟通、交流。数据分析挖掘绝不是数据分析师或团队的闭门造车，要想让项目成功应用，必须要自始至终与业务团队并肩作战，从这点来看，业务理解力和沟通交流能力的重要性甚至要远远超过技术层面的能力（诸如统计技能、挖掘技能、数据仓库的技能）。从之前的分析可以看出，一名出色的数据分析师是需要时间、项目经验去磨砺去锻炼成长的，而作为企业来说，如何选择、培养、配备这样一支合格的分析师队伍，才是数据化运营的基础保障。

二是企业的数据化运营只有在分析团队与业务团队协同配合下才可能做出成绩，取得效果。分析团队做出的分析方案、数据模型，必须要在业务应用中得到检验，这不仅要求业务方主观的参与和支持，也要求业务方的团队和员工同样要具有相应的数据化运营能力和水平，运营团队的人员需要具备哪些与数据化运营相关的技能呢？这个问题我们将在第 4 章阐述。

无论是数据分析团队的专业能力，运营团队的专业能力，还是其他业务团队的专业能力，所体现的都是互联网企业的人才价值，这个人才价值与数据的价值一样，都是属于互联网行业的核心竞争力，正如阿里巴巴集团董事会主席兼 CEO 马云在多个场合强调的那样，“人才和数据是阿里巴巴集团最大的财富和最强大的核心竞争力”。

1.4.4　企业决策层的倡导与持续支持

在关乎企业数据化运营的诸多必要条件里，最核心且最具决定性的条件就是来自企业决策层的倡导和持续支持。

在传统行业的现代企业里，也有很多采用了先进的数据分析技术来支持企业运营的，支持企业的营销、客服、产品开发等工作。但是总的来说，这些数据挖掘应用效果参差不齐，或者说应该体现的业务贡献价值在很多情况下并没有真正体现出来，总体的应用还是停留在项目管理的层面，缺乏全员的参与与真正跨部门的战略协调配合。这种项目层面的管理，存在的不足如下：

首先，由于参与分析挖掘的团队与提出分析需求的业务团队分属不同的职能部门，缺乏高层实质性的协调与管理，常会出现分析建模工作与真正的业务需求配合不紧密，各打各的锣，各唱各的歌。由于各部门和员工 KPI 考核的内容不同，数据分析团队完成的分析方案、模型、建议、报告很多时候只是纸上谈兵，无法转化成业务应用的实际操作。举个简单的例子，销售部门的年度 KPI 考核是销售额和付费人数，那么为了这个年度 KPI 考核，销售部门必然把工作的重心放在扩大销售额，扩大付费人数，维护续费人数，降低流失率等关键指标上，他们自然希望数据分析部门围绕年度（短期的）KPI 目标提供分析和模型支持，提高销售部门的业绩和效率。但是数据分析部门的年度 KPI 考核可能跟年度销售额和付费人数没有关系，而跟通过数据分析、建模，完善产品开发与优化，完善销售部门的业务流程与资源配置等相关。很显然，这里数据分析团队的 KPI 考核是着眼于企业长期发展的，这跟销售部门短期的以销售额为重点的考核在很大程度上是有冲突的。在这种情况下，怎么指望两者的数据化运营能落地开花呢？

其次，因为处于项目层面的管理，所以数据分析挖掘的规划也就只能局限在特定业务部门的范围内，缺乏真正符合企业发展方向的数据分析挖掘规划。俗话说得好站得高，方能看得远，起点低，视野浅，自然约束了数据分析的有效发挥。

无论是组织架构的缺陷，还是战略规划的缺失，其本质都能表现出缺乏来自企业决策层的倡导和持续支持。只有得到企业决策层的倡导和支持，上述组织管理方面的缺陷和战略规划的缺失才可以有效避免。如前所述，2012 年 7 月 10 日阿里巴巴集团宣布设置首席数据官的岗位，并将其作为企业的核心管理岗位之一，其目的就是进一步夯实企业的数据战略，规划和实施企业整体的数据化运营能力和水平，使之真正成为阿里巴巴集团未来的核心竞争力。

1.5 数据化运营的新现象与新发展

时代在发展，技术在进步，企业的数据化运营也在不断增添新的内容、不断响应新的需求。目前，从世界范围来看，数据化运营至少在下列几个方面已经出现了实质性的新发展，这些新发展扩大了数据化运营的应用场景、扩充了数据化运营的发展思路、也给当前（以及未来）数据化运营的参与者提供了更多的发展方向的选择。这些新发展包括的内容如下：

- 数据产品作为商业智能的一个单独的发展方向和专业领域，在国内外的商业智能和数据分析行业里已经成为共识，并且正在企业的数据化运营实践中发挥着越来越大的作用。数据产品是指通过数据分析和数据模型的应用而开发出来的，提供给用户使用的一系列的帮助用户更好理解和使用数据的工具产品，这些工具产品的使用让用户在某些特定场景或面对某些特定的数据时，可以独立进行分析和展示结果，而不需要依赖数据分析师的帮助。虽然在多年以前，类似的数据产品已被开发并投入了应用，但是在数据分析行业世界范围内达成共识，并作为商业智能的一个独立发展方向和专业领域，还只是近一两年的事情。淘宝网上的卖家所使用的“量子恒道”就是一个非常不错的数据产品，通过使用量子恒道，淘宝卖家可以自己随时监控店铺的流量来源、买家逗留的时间、买家区域、浏览时间、各页面的流量大小、各产品的成交转化率等一系列跟店铺的实时基础数据相关的数据分析和报告，从而有效帮助卖家制定和完善相应的经营方向和经验策略。数据产品作为数据分析和商业智能里一个专门的领域得以确立和发展，其实是跟数据化运营的全民参与的特征相辅相成的。数据产品帮助企业全员更好、更有效地利用数据，而数据化运营的全民参与也呼唤更多更好的数据产品，企业成功的数据化运营建设一定会同时产生一大批深受用户欢迎和信赖的数据产品。
- 数据 PD 作为数据分析和商业智能的一个细分的职业岗位，已经在越来越多的大规模数据化运营的企业得以专门设立并日益强化。与上述的数据产品相配套的，就是数据 PD 作为一个专门的细分的职业岗位和专业方向，正逐渐为广大的数据化运营的企业所熟悉并采用。PD（Product Designer）是产品设计师的英文缩写，而数据 PD，顾名思义就是数据产品的产品设计师。数据 PD 作为数据分析和商业智能中一个新的职业方向和职业岗位，需要从业者兼具数据分析师和产品设计师双重的专业知识、专业背景、技能和素质，有志从事数据 PD 工作的新人，可以抓住这个崭新的职业，几乎还是一张白纸的无限空间，快速成长，迅速成才。
- 泛 BI 的概念在大规模数据化运营的企业里正在越来越深入人心。泛 BI 其实就是逐渐淡化数据分析师团队作为企业数据分析应用的唯一专业队伍的印象，让更多的业务部门也逐渐参与数据分析和数据探索，让更多业务部门的员工也逐渐掌握数据分析的技能和意识。泛 BI 其实也是数据化运营的全民参与的特征所要求的，是更高一级的数据化运营的全民参与。在这个阶段，业务部门的员工不仅要积极参与数据分析和模型的具体应用实践，更要求他们能自主自发地进行一些力所能及的数据分析和数据探索。泛 BI 概念的逐渐深入普及，向数据分析师和数据分析团队提出了新的要求，数据分析师和数据分析团队承担了向业务部门及其员工指导、传授有关数据分析和数据探索的能力培养的工作，这是一种授人以渔的崇高行为，值得数据分析师为之奉献。

1.6 关于互联网和电子商务的最新数据

2012 年 12 月 3 日，阿里巴巴集团在杭州宣布，截至 2012 年 11 月 30 日 21:50，其旗下淘宝和天猫的交易额本年度突破 10 000 亿元。为支撑这巨大规模业务量的直接与间接的就业人员已经超过 1000 万人。

根据国家统计局的数据显示，2011 年全国各省社会消费品零售总额为 18.39 万亿元，10 000 亿元相当于其总量的 5.4%，而根据国家统计局公布的 2011 年全国各省社会消费品零售总额排行，可以排列第 5 位，仅次于广东、山东、江苏和浙江。电子商务已经成为一个庞大的新经济主体，并在未来相当长的时间里依然会高速发展，这意味着过去的不可能已经成为现实，而这才是刚刚开始。

阿里巴巴集团董事局主席马云表示："我们很幸运，能够适逢互联网这个时代，一起见证并参与互联网及电子商务给我们社会带来的一次次惊喜和改变。10 000 亿只是刚刚开始，我们正在步入 10 万亿的时代，未来电子商务在中国，必将产生 1000 万个企业，具备服务全球 10 亿消费者的能力。"

第2章 数据挖掘概述

数据挖掘是指从数据集合中自动抽取隐藏在数据中的那些有用信息的非平凡过程，这些信息的表现形式为规则、概念、规律及模式等。

在第 1 章中介绍了什么是数据化运营，为什么要实现数据化运营，以及数据化运营的主要内容和必要条件。我们知道数据分析和数据挖掘技术是支撑企业数据化运营的基础和技术保障，没有有效的数据挖掘支持，企业的数据化运营就是无源之水，无本之木。

本章将为读者简单回顾一下数据挖掘作为一门学科的发展历史，并具体探讨统计分析与数据挖掘的主要区别，同时，将力求用简单、通俗、明了的文字把目前主流的、成熟的、在数据化运营中常用的统计分析和数据挖掘的算法、原理以及主要的应用场景做出总结和分类。

最后，针对互联网数据化运营中数据挖掘应用的特点进行梳理和总结。

2.1 数据挖掘的发展历史

数据挖掘起始于 20 世纪下半叶，是在当时多个学科发展的基础上发展起来的。随着数据库技术的发展应用，数据的积累不断膨胀，导致简单的查询和统计已经无法满足企业的商业需求，急需一些革命性的技术去挖掘数据背后的信息。同时，这期间计算机领域的人工智能（Artificial Intelligence）也取得了巨大进展，进入了机器学习的阶段。因此，人们将两者结合起来，用数据库管理系统存储数据，用计算机分析数据，并且尝试挖掘数据背后的信息。这两者的结合促生了一门新的学科，即数据库中的知识发现（Knowledge Discovery in Databases，KDD）。1989 年 8 月召开的第 11 届国际人工智能联合会议的专题讨论会上首次出现了知识发现（KDD）这个术语，到目前为止，KDD 的重点已经从发现方法转向了实践应用。

而数据挖掘（Data Mining）则是知识发现（KDD）的核心部分，它指的是从数据集合中自动抽取隐藏在数据中的那些有用信息的非平凡过程，这些信息的表现形式为：规则、概念、规律及模式等。进入 21 世纪，数据挖掘已经成为一门比较成熟的交叉学科，并且数据挖掘技术也伴随着信息技术的发展日益成熟起来。

总体来说，数据挖掘融合了数据库、人工智能、机器学习、统计学、高性能计算、模式识别、神经网络、数据可视化、信息检索和空间数据分析等多个领域的理论和技术，是 21 世纪初期对人类产生重大影响的十大新兴技术之一。

2.2 统计分析与数据挖掘的主要区别

统计分析与数据挖掘有什么区别呢？从实践应用和商业实战的角度来看，这个问题并没有很大的意义，正如“不管白猫还是黑猫，抓住老鼠才是好猫”一样，在企业的商业实战中，数据分析师分析问题、解决问题时，首先考虑的是思路，其次才会对与思路匹配的分析挖掘技术进行筛选，而不是先考虑到底是用统计技术还是用数据挖掘技术来解决这个问题。

从两者的理论来源来看，它们在很多情况下都是同根同源的。比如，在属于典型的数据挖掘技术的决策树里，CART、CHAID 等理论和方法都是基于统计理论所发展和延伸的；并且数据挖掘中的技术有相当比例是用统计学中的多变量分析来支撑的。

相对于传统的统计分析技术，数据挖掘有如下一些特点：

- 数据挖掘特别擅长于处理大数据，尤其是几十万行、几百万行，甚至更多更大的数据。
- 数据挖掘在实践应用中一般都会借助数据挖掘工具，而这些挖掘工具的使用，很多时候并不需要特别专业的统计背景作为必要条件。不过，需要强调的是基本的统计知识和技能是必需的。
- 在信息化时代，数据分析应用的趋势是从大型数据库中抓取数据，并通过专业软件进行分析，所以数据挖掘工具的应用更加符合企业实践和实战的需要。
- 从操作者来看，数据挖掘技术更多是企业的数据分析师、业务分析师在使用，而不是统计学家用于检测。

更主流的观点普遍认为，数据挖掘是统计分析技术的延伸和发展，如果一定要加以区分，它们又有哪些区别呢？数据挖掘在如下几个方面与统计分析形成了比较明显的差异：

- 统计分析的基础之一就是概率论，在对数据进行统计分析时，分析人员常常需要对数据分布和变量间的关系做假设，确定用什么概率函数来描述变量间的关系，以及如何检验参数的统计显著性；但是，在数据挖掘的应用中，分析人员不需要对数据分布做任何假设，数据挖掘中的算法会自动寻找变量间的关系。因此，相对于海量、杂乱的数据，数据挖掘技术有明显的应用优势。
- 统计分析在预测中的应用常表现为一个或一组函数关系式，而数据挖掘在预测应用中的重点在于预测的结果，很多时候并不会从结果中产生明确的函数关系式，有时候甚至不知道到底是哪些变量在起作用，又是如何起作用的。最典型的例子就是“神经网络”挖掘技术，它里面的隐蔽层就是一个“黑箱”，没有人能在所有的情况下读懂里面的非线性函数是如何对自变量进行组合的。在实践应用中，这种情况常会让习惯统计分析公式的分析师或者业务人员感到困惑，这也确实影响了模型在实践应用中的可理解性和可接受度。不过，如果能换种思维方式，从实战的角度考虑，只要模型能正确预测客户行为，能为精细化运营提供准确的细分人群和目标客户，业务部门、运营部门不了解模型的技术细节，又有何不可呢？
- 在实践应用中，统计分析常需要分析人员先做假设或判断，然后利用数据分析技术来验证该假设是否成立。但是，在数据挖掘中，分析人员并不需要对数据的内在关系做任何假设或判断，而是会让挖掘工具中的算法自动去寻找数据中隐藏的关系或规律。两者的思维方式并不相同，这给数据挖掘带来了更灵活、更宽广的思路和舞台。

虽然上面详细阐述了统计分析与数据挖掘的区别，但是在企业的实践应用中，我们不应该硬性地把两者割裂开来，也无法割裂，在实践应用中，没有哪个分析师会说，“我只用数据挖掘技术来分析”，或者“我只用统计分析技术来分析”。正确的思路和方法应该是：针对具体的业务分析需求，先确定分析思路，然后根据这个分析思路去挑选和匹配合适的分析算法、分析技术，而且一个具体的分析需求一般都会有两种以上不同的思路和算法可以去探索，最后可根据验证的效果和资源匹配等一系列因素进行综合权衡，从而决定最终的思路、算法和解决方案。

鉴于实践应用中，统计分析与数据挖掘技术并不能完全被割裂开来，并且本书侧重于数据化运营的实践分享。所以在后续各章节的讨论中，将不再人为地给一个算法、技术贴上“统计分析”或“数据挖掘”的标签，后续各章节的技术分享和实战应用举例，都会本着针对不同的分析目的、项目类型来介绍主流的、有效的分析挖掘技术以及相应的特点和技巧。统计分析也罢，数据挖掘也好，只要有价值，只要在实战中有效，都会是我们所关注的，都会是我们所要分析分享的。

2.3 数据挖掘的主要成熟技术以及在数据化运营中的主要应用

2.3.1 决策树

决策树（Decision Tree）是一种非常成熟的、普遍采用的数据挖掘技术。之所以称为树，是因为其建模过程类似一棵树的成长过程，即从根部开始，到树干，到分枝，再到细枝末节的分叉，最终生长出一片片的树叶。在决策树里，所分析的数据样本先是集成为一个树根，然后经过层层分枝，最终形成若干个结点，每个结点代表一个结论。

决策树算法之所以在数据分析挖掘应用中如此流行，主要原因在于决策树的构造不需要任何领域的知识，很适合探索式的知识发掘，并且可以处理高维度的数据。在众多的数据挖掘、统计分析算法中，决策树最大的优点在于它所产生的一系列从树根到树枝（或树叶）的规则，可以很容易地被分析师和业务人员理解，而且这些典型的规则甚至不用整理（或稍加整理），就是现成的可以应用的业务优化策略和业务优化路径。另外，决策树技术对数据的分布甚至缺失非常宽容，不容易受到极值的影响。

目前，最常用的 3 种决策树算法分别是 CHAID、CART 和 ID3（包括后来的 C4.5，乃至 C5.0）。

CHAID(Chi-square Automatic Interaction Detector) 算法的历史较长，中文简称为卡方自动相互关系检测。CHAID 依据局部最优原则，利用卡方检验来选择对因变量最有影响的自变量，CHAID 应用的前提是因变量为类别型变量（Category）。

CART(Classification and Regression Tree) 算法产生于 20 世纪 80 年代中期，中文简称为分类与回归树，CART 的分割逻辑与 CHAID 相同，每一层的划分都是基于对所有自变量的检验和选择上的。但是，CART 采用的检验标准不是卡方检验，而是基尼系数（Gini）等不纯度的指标。两者最大的区别在于 CHAID 采用的是局部最优原则，即结点之间互不相干，一个结点确定了之后，下面的生长过程完全在结点内进行。而 CART 则着眼于总体优化，即先让树尽可能地生长，然后再回过头来对树进行修剪（Prune），这一点非常类似统计分析中回归算法里的反向选择（Backward Selection）。CART 所生产的决策树是二分的，每个结点只能分出两枝，并且在树的生长过程中，同一个自变量可以反复使用多次（分割），这些都是不同于 CHAID 的特点。另外，如果是自变量存在数据缺失（Missing）的情况，CART 的处理方式将会是寻找一个替代数据来代替（填充）缺失值，而 CHAID 则是把缺失数值作为单独的一类数值。

ID3（Iterative Dichotomiser）算法与 CART 是同一时期产生的，中文简称为迭代的二分器，其最大的特点在于自变量的挑选标准是：基于信息增益的度量选择具有最高信息增益的属性作为结点的分裂（分割）属性，其结果就是对分割后的结点进行分类所需的信息量最小，这也是一种划分纯度的思想。至于之后发展起来的 C4.5 可以理解为 ID3 的发展版（后继版），两者的主要区别在于 C4.5 采用信息增益率（Gain Ratio）代替了 ID3 中的信息增益度量，如此替换的主要原因是信息增益度量有个缺点，就是倾向于选择具有大量值的属性。这里给个极端的例子，对于 Member_Id 的划分，每个 Id 都是一个最纯的组，但是这样的划分没有任何实际意义。而 C4.5 所采用的信息增益率就可以较好地克服这个缺点，它在信息增益的基础上，增加了一个分裂信息（SplitInformation）对其进行规范化约束。

决策树技术在数据化运营中的主要用途体现在：作为分类、预测问题的典型支持技术，它在用户划分、行为预测、规则梳理等方面具有广泛的应用前景，决策树甚至可以作为其他建模技术前期进行变量筛选的一种方法，即通过决策树的分割来筛选有效地输入自变量。

关于决策树的详细介绍和实践中的注意事项，可参考本书 10.2 节。

2.3.2 神经网络

神经网络（Neural Network）是通过数学算法来模仿人脑思维的，它是数据挖掘中机器学习的典型代表。神经网络是人脑的抽象计算模型，我们知道人脑中有数以百亿个神经元（人脑处理信息的微单元），这些神经元之间相互连接，使得人的大脑产生精密的逻辑思维。

而数据挖掘中的“神经网络”也是由大量并行分布的人工神经元（微处理单元）组成的，它有通过调整连接强度从经验知识中进行学习的能力，并可以将这些知识进行应用。

简单来讲，“神经网络”就是通过输入多个非线性模型以及不同模型之间的加权互联（加权的过程在隐蔽层完成），最终得到一个输出模型。其中，隐蔽层所包含的就是非线性函数。

目前最主流的“神经网络”算法是反馈传播（Backpropagation），该算法在多层前向型（Multilayer Feed-Forward）神经网络上进行学习，而多层前向型神经网络又是由一个输入层、一个或多个隐蔽层以及一个输出层组成的，“神经网络”的典型结构如图 2-1 所示。

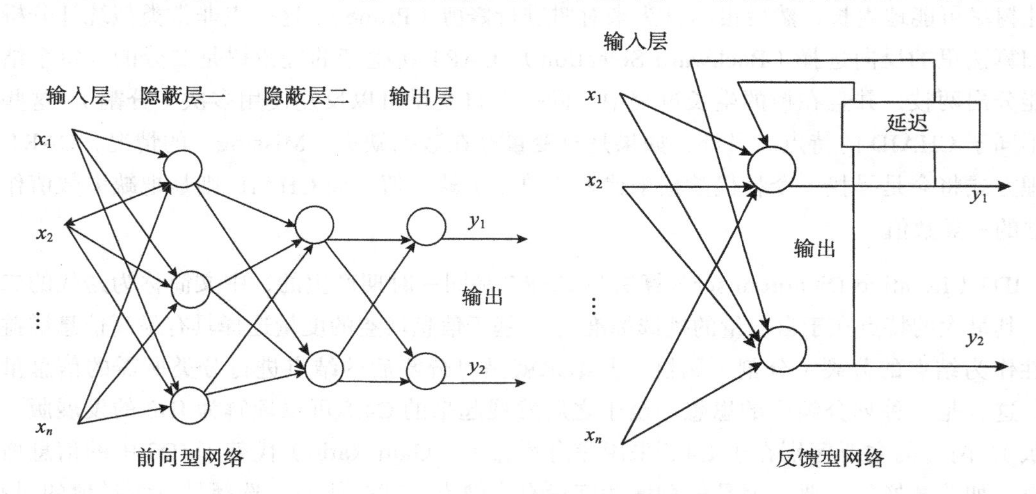

图 2-1 “神经网络”的典型结构图

由于“神经网络”拥有特有的大规模并行结构和信息的并行处理等特点，因此它具有良好的自适应性、自组织性和高容错性，并且具有较强的学习、记忆和识别功能。目前神经网络已经在信号处理、模式识别、专家系统、预测系统等众多领域中得到广泛的应用。

“神经网络”的主要缺点就是其知识和结果的不可解释性，没有人知道隐蔽层里的非线性函数到底是如何处理自变量的，“神经网络”应用中的产出物在很多时候让人看不清其中的逻辑关系。但是，它的这个缺点并没有影响该技术在数据化运营中的广泛应用，甚至可以这样认为，正是因为其结果具有不可解释性，反而更有可能促使我们发现新的没有认识到的规律和关系。

在利用“神经网络”技术建模的过程中，有以下 5 个因素对模型结果有着重大影响：

- ❑ 层数。
- ❑ 每层中输入变量的数量。

- 联系的种类。
- 联系的程度。
- 转换函数，又称激活函数或挤压函数。

关于这 5 个因素的详细说明，请参考本书 10.1.1 节。

“神经网络”技术在数据化运营中的主要用途体现在：作为分类、预测问题的重要技术支持，在用户划分、行为预测、营销响应等诸多方面具有广泛的应用前景。

关于神经网络的详细介绍和实践中的注意事项，可参考本书 10.1 节。

2.3.3 回归

回归（Regression）分析包括线性回归（Linear Regression），这里主要是指多元线性回归和逻辑斯蒂回归（Logistic Regression）。其中，在数据化运营中更多使用的是逻辑斯蒂回归，它又包括响应预测、分类划分等内容。

多元线性回归主要描述一个因变量如何随着一批自变量的变化而变化，其回归公式（回归方程）就是因变量与自变量关系的数据反映。因变量的变化包括两部分：系统性变化与随机变化，其中，系统性变化是由自变量引起的（自变量可以解释的），随机变化是不能由自变量解释的，通常也称作残值。

在用来估算多元线性回归方程中自变量系数的方法中，最常用的是最小二乘法，即找出一组对应自变量的相应参数，以使因变量的实际观测值与回归方程的预测值之间的总方差减到最小。

对多元线性回归方程的参数估计，是基于下列假设的：

- 输入变量是确定的变量，不是随机变量，而且输入的变量间无线性相关，即无共线性。
- 随机误差的期望值总和为零，即随机误差与自变量不相关。
- 随机误差呈现正态分布[⊖]。

如果不满足上述假设，就不能用最小二乘法进行回归系数的估算了。

逻辑斯蒂回归（Logistic Regression）相比于线性回归来说，在数据化运营中有更主流更频繁的应用，主要是因为该分析技术可以很好地回答诸如预测、分类等数据化运营常见的

⊖ 正态分布也称常态分布，是具有两个参数μ和σ^2的连续型随机变量分布，第一个参数μ是服从正态分布的随机变量的均值，第二个参数σ^2是此随机变量的方差，服从正态分布的随机变量的概率规律为取与μ邻近的值的概率大，而取离μ越远的值的概率越小；σ越小，分布越集中在μ附近，σ越大，分布越分散。

分析项目主题。简单来讲，凡是预测“两选一”事件的可能性（比如，“响应”还是“不响应”；“买”还是“不买”；“流失”还是“不流失”），都可以采用逻辑斯蒂回归方程。

逻辑斯蒂回归预测的因变量是介于0和1之间的概率，如果对这个概率进行换算，就可以用线性公式描述因变量与自变量的关系了，具体公式如下：

$$\log\left(\frac{p(y=1)}{1-p(y=1)}\right)=\beta_0+\beta_1x_1+\beta_2x_2+\cdots+\beta_kx_k$$

与多元线性回归所采用的最小二乘法的参数估计方法相对应，最大似然法是逻辑斯蒂回归所采用的参数估计方法，其原理是找到这样一个参数，可以让样本数据所包含的观察值被观察到的可能性最大。这种寻找最大可能性的方法需要反复计算，对计算能力有很高的要求。最大似然法的优点是在大样本数据中参数的估值稳定、偏差小，估值方差小。

关于线性回归和逻辑回归的详细介绍和在实践应用中的注意事项，可参考本书10.3节和10.4节。

2.3.4 关联规则

关联规则（Association Rule）是在数据库和数据挖掘领域中被发明并被广泛研究的一种重要模型，关联规则数据挖掘的主要目的是找出数据集中的频繁模式（Frequent Pattern），即多次重复出现的模式和并发关系（Cooccurrence Relationships），即同时出现的关系，频繁和并发关系也称作关联（Association）。

应用关联规则最经典的案例就是购物篮分析（Basket Analysis），通过分析顾客购物篮中商品之间的关联，可以挖掘顾客的购物习惯，从而帮助零售商更好地制定有针对性的营销策略。

以下列举一个简单的关联规则的例子：

婴儿尿不湿→啤酒[支持度=10%，置信度=70%]

这个规则表明，在所有顾客中，有10%的顾客同时购买了婴儿尿不湿和啤酒，而在所有购买了婴儿尿不湿的顾客中，占70%的人同时还购买了啤酒。发现这个关联规则后，超市零售商决定把婴儿尿不湿和啤酒摆放在一起进行促销，结果明显提升了销售额，这就是发生在沃尔玛超市中“啤酒和尿不湿”的经典营销案例。

上面的案例是否让你对支持度和置信度有了一定的了解？事实上，支持度（Support）和置信度（Confidence）是衡量关联规则强度的两个重要指标，它们分别反映着所发现规则的有用性和确定性。其中支持度：规则 $X\rightarrow Y$ 的支持度是指事物全集中包含 $X\cup Y$ 的事物百分比。支持度主要衡量规则的有用性，如果支持度太小，则说明相应规则只是偶发事件。在商业实战中，偶发事件很可能没有商业价值；置信度：规则 $X \rightarrow Y$ 的置信度是指既包含了 X 又包含了 Y 的事物数量占所有包含了 X 的事物数量的百分比。置信度主要衡量规则的确定性（可预测性），如果置信度太低，那么从 X 就很难可靠地推断出 Y 来，置信度太低的规则在实践应用中也没有太大用处。

在众多的关联规则数据挖掘算法中，最著名的就是 Apriori 算法，该算法具体分为以下两步进行：

（1）生成所有的频繁项目集。一个频繁项目集（Frequent Itemset）是一个支持度高于最小支持度阀值（min-sup）的项目集。

（2）从频繁项目集中生成所有的可信关联规则。这里可信关联规则是指置信度大于最小置信度阀值（min-conf）的规则。

关联规则算法不但在数值型数据集的分析中有很大用途，而且在纯文本文档和网页文件中，也有着重要用途。比如发现单词间的并发关系以及 Web 的使用模式等，这些都是 Web 数据挖掘、搜索及推荐的基础。

2.3.5 聚类

聚类（Clustering）分析有一个通俗的解释和比喻，那就是"物以类聚，人以群分"。针对几个特定的业务指标，可以将观察对象的群体按照相似性和相异性进行不同群组的划分。经过划分后，每个群组内部各对象间的相似度会很高，而在不同群组之间的对象彼此间将具有很高的相异度。

聚类分析的算法可以分为划分的方法（Partitioning Method）、层次的方法（Hierarchical Method）、基于密度的方法（Density-based Method）、基于网格的方法（Grid-based Method）、基于模型的方法（Model-based Method）等，其中，前面两种方法最为常用。

对于划分的方法（Partitioning Method），当给定 m 个对象的数据集，以及希望生成的细分群体数量 K 后，即可采用这种方法将这些对象分成 K 组（$K \leqslant m$），使得每个组内对象是相似的，而组间的对象是相异的。最常用的划分方法是 K-Means 方法，其具体原理是：首先，随机选择 K 个对象，并且所选择的每个对象都代表一个组的初始均值或初始的组中心值；对剩余的每个对象，根据其与各个组初始均值的距离，将它们分配给最近的（最相似）小组；然后，重新计算每个小组新的均值；这个过程不断重复，直到所有的对象在 K 组分布中都找到离自己最近的组。

层次的方法（Hierarchical Method）则是指依次让最相似的数据对象两两合并，这样不断地合并，最后就形成了一棵聚类树。

聚类技术在数据分析和数据化运营中的主要用途表现在：既可以直接作为模型对观察对象进行群体划分，为业务方的精细化运营提供具体的细分依据和相应的运营方案建议，又可在数据处理阶段用作数据探索的工具，包括发现离群点、孤立点，数据降维的手段和方法，通过聚类发现数据间的深层次的关系等。

关于聚类技术的详细介绍和应用实践中的注意事项，可参考本书第 9 章。

2.3.6 贝叶斯分类方法

贝叶斯分类方法（Bayesian Classifier）是非常成熟的统计学分类方法，它主要用来预测类成员间关系的可能性。比如通过一个给定观察值的相关属性来判断其属于一个特定类别的概率。贝叶斯分类方法是基于贝叶斯定理的，已经有研究表明，朴素贝叶斯分类方法作为一种简单贝叶斯分类算法甚至可以跟决策树和神经网络算法相媲美。

贝叶斯定理的公式如下：

$$P(H \mid X) = \frac{P(X \mid H)P(H)}{P(X)}$$

其中，X 表示 n 个属性的测量描述；H 为某种假设，比如假设某观察值 X 属于某个特定的类别 C；对于分类问题，希望确定 $P(H|X)$，即能通过给定的 X 的测量描述，来得到 H 成立的概率，也就是给出 X 的属性值，计算出该观察值属于类别 C 的概率。因为 $P(H|X)$ 是后验概率（Posterior Probability），所以又称其为在条件 X 下，H 的后验概率。

举例来说，假设数据属性仅限于用教育背景和收入来描述顾客，而 X 是一位硕士学历，收入 10 万元的顾客。假定 H 表示假设我们的顾客将购买苹果手机，则 $P(H|X)$ 表示当我们知道顾客的教育背景和收入情况后，该顾客将购买苹果手机的概率；相反，$P(X|H)$ 则表示如果已知顾客购买苹果手机，则该顾客是硕士学历并且收入 10 万元的概率；而 $P(X)$ 则是 X 的先验概率，表示顾客中的某个人属于硕士学历且收入 10 万元的概率；$P(H)$ 也是先验概率，只不过是任意给定顾客将购买苹果手机的概率，而不会去管他们的教育背景和收入情况。

从上面的介绍可见，相比于先验概率 $P(H)$，后验概率 $P(H|X)$ 基于了更多的信息（比如顾客的信息属性），而 $P(H)$ 是独立于 X 的。

贝叶斯定理是朴素贝叶斯分类法（Naive Bayesian Classifier）的基础，如果给定数据集里有 M 个分类类别，通过朴素贝叶斯分类法，可以预测给定观察值是否属于具有最高后验概率的特定类别，也就是说，朴素贝叶斯分类方法预测 X 属于类别 C_i 时，表示当且仅当

$$P(C_i \mid X) > P(C_j \mid X) \quad 1 \leqslant j \leqslant m，j \neq i$$

此时如果最大化 $P(C_i|X)$，其 $P(C_i|X)$ 最大的类 C_i 被称为最大后验假设，根据贝叶斯定理

$$P(C_i \mid X) = \frac{P(X \mid C_i)P(C_i)}{P(X)}$$

可知，由于 $P(X)$ 对于所有的类别是均等的，因此只需要 $P(X|C_i)P(C_i)$ 取最大即可。

为了预测一个未知样本 X 的类别，可对每个类别 C_i 估算相应的 $P(X|C_i)P(C_i)$。样本 X 归属于类别 C_i，当且仅当

$$P(C_i \mid X) > P(C_j \mid X) \quad 1 \leqslant j \leqslant m，j \neq i$$

贝叶斯分类方法在数据化运营实践中主要用于分类问题的归类等应用场景。

2.3.7 支持向量机

支持向量机（Support Vector Machine）是 Vapnik 等人于 1995 年率先提出的，是近年来机器学习研究的一个重大成果。与传统的神经网络技术相比，支持向量机不仅结构简单，而且各项技术的性能也明显提升，因此它成为当今机器学习领域的热点之一。

作为一种新的分类方法，支持向量机以结构风险最小为原则。在线性的情况下，就在原空间寻找两类样本的最优分类超平面。在非线性的情况下，它使用一种非线性的映射，将原训练集数据映射到较高的维上。在新的维上，它搜索线性最佳分离超平面。使用一个适当的对足够高维的非线性映射，两类数据总可以被超平面分开。

支持向量机的基本概念如下：

设给定的训练样本集为 $\{(x_1, y_1), (x_2, y_2), \cdots, (x_n, y_n)\}$，其中 $x_i \in R^n, y \in \{-1,1\}$。

再假设该训练集可被一个超平面线性划分，设该超平面记为 $(w, x)+b=0$。

支持向量机的基本思想可用图 2-2 的两维情况举例说明。

图中圆形和方形代表两类样本，H 为分类线，H_1、H_2，分别为过各类样本中离分类线最近的样本并且平行于分类线的直线，它们之间的距离叫做分类间隔（Margin）。所谓的最优分类线就是要求分类线不但能将两类正确分开（训练错误为 0），而且能使分类间隔最大。推广到高维空间，最优分类线就成了最优分类面。

其中，距离超平面最近的一类向量被称为支持向量（Support Vector），一组支持向量可以唯一地确定一个超平面。通过学习算法，SVM 可以自动寻找出那些对分类有较好区分能力的支持向量，由此构造出的分类器则可以最大化类与类的间隔，因而有较好的适应能力和较高的分类准确率。

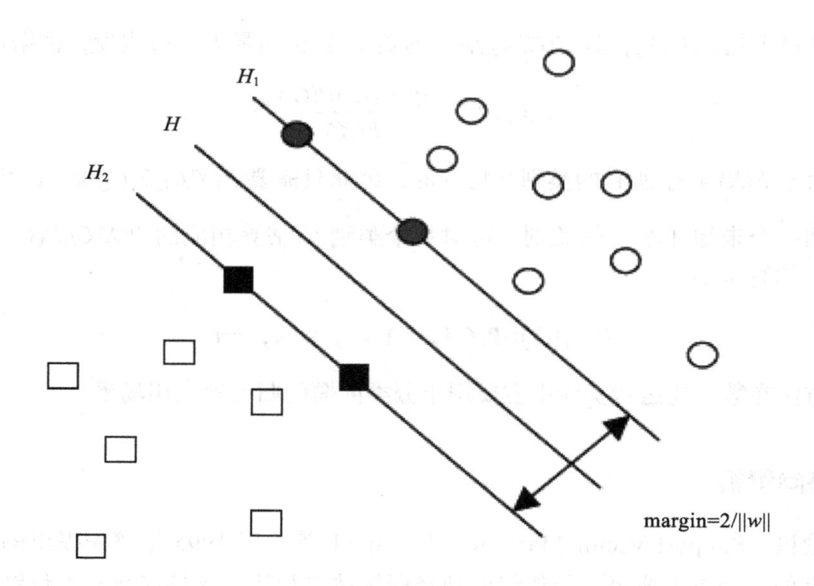

图 2-2　线性可分情况下的最优分类线

支持向量机的缺点是训练数据较大，但是，它的优点也是很明显的——对于复杂的非线性的决策边界的建模能力高度准确，并且也不太容易过拟合[⊖]。

支持向量机主要用在预测、分类这样的实际分析需求场景中。

2.3.8　主成分分析

严格意义上讲，主成分分析（Principal Components Analysis）属于传统的统计分析技术范畴，但是正如本章前面所阐述的，统计分析与数据挖掘并没有严格的分割，因此在数据挖掘实战应用中也常常会用到这种方式，从这个角度讲，主成分分析也是数据挖掘商业实战中常用的一种分析技术和数据处理技术。

主成分分析会通过线性组合将多个原始变量合并成若干个主成分，这样每个主成分都变成了原始变量的线性组合。这种转变的目的，一方面是可以大幅降低原始数据的维度，同时也在此过程中发现原始数据属性之间的关系。

主成分分析的主要步骤如下：

1）通常要先进行各变量的标准化工作，标准化的目的是将数据按照比例进行缩放，使之落入一个小的区间范围之内，从而让不同的变量经过标准化处理后可以有平等的分析和比

⊖ 过拟合，是指模型在训练的时候对样本“模拟”过好，不能反映真实的输入输出函数关系，所以一旦模型面对新的应用数据的时候，就表现为不准确的程度较大。

较基础。关于数据标准化的详细介绍，可参考本书 8.5.4 节和 9.3.2 节。

2）选择协方差阵或者相关阵计算特征根及对应的特征向量。

3）计算方差贡献率，并根据方差贡献率的阀值选取合适的主成分个数。

4）根据主成分载荷的大小对选择的主成分进行命名。

5）根据主成分载荷计算各个主成分的得分。

将主成分进行推广和延伸即成为因子分析（Factor Analysis），因子分析在综合原始变量信息的基础上将会力图构筑若干个意义较为明确的公因子；也就是说，采用少数几个因子描述多个指标之间的联系，将比较密切的变量归为同一类中，每类变量即是一个因子。之所以称其为因子，是因为它们实际上是不可测量的，只能解释。

主成分分析是因子分析的一个特例，两者的区别和联系主要表现在以下方面：

- 主成分分析会把主成分表示成各个原始变量的线性组合，而因子分析则把原始变量表示成各个因子的线性组合。这个区别最直观也最容易记住。
- 主成分分析的重点在于解释原始变量的总方差，而因子分析的重点在于解释原始变量的协方差。
- 在主成分分析中，有几个原始变量就有几个主成分，而在因子分析中，因子个数可以根据业务场景的需要人为指定，并且指定的因子数量不同，则分析结果也会有差异。
- 在主成分分析中，给定的协方差矩阵或者相关矩阵的特征值是唯一时，主成分也是唯一的，但是在因子分析中，因子不是唯一的，并且通过旋转可以得到不同的因子。

主成分分析和因子分析在数据化运营实践中主要用于数据处理、降维、变量间关系的探索等方面，同时作为统计学里的基本而重要的分析工具和分析方法，它们在一些专题分析中也有着广泛的应用。

2.3.9　假设检验

假设检验（Hypothesis Test）是现代统计学的基础和核心之一，其主要研究在一定的条件下，总体是否具备某些特定特征。

假设检验的基本原理就是小概率事件原理，即观测小概率事件在假设成立的情况下是否发生。如果在一次试验中，小概率事件发生了，那么说明假设在一定的显著性水平下不可靠或者不成立；如果在一次试验中，小概率事件没有发生，那么也只能说明没有足够理由相信假设是错误的，但是也并不能说明假设是正确的，因为无法收集到所有的证据来证明假设是正确的。

假设检验的结论是在一定的显著性水平下得出的。因此，当采用此方法观测事件并下结论时，有可能会犯错，这些错误主要有两大类：

- 第Ⅰ类错误：当原假设为真时，却否定它而犯的错误，即拒绝正确假设的错误，也叫弃真错误。犯第Ⅰ类错误的概率记为α，通常也叫α错误，α=1−置信度。
- 第Ⅱ类错误：当原假设为假时，却肯定它而犯的错误，即接受错误假设的错误，也叫纳伪错误。犯第Ⅱ类错误的概率记为β，通常也叫β错误。

上述这两类错误在其他条件不变的情况下是相反的，即α增大时，β就减小；α减小时，β就增大。α错误容易受数据分析人员的控制，因此在假设检验中，通常会先控制第Ⅰ类错误发生的概率α，具体表现为：在做假设检验之前先指定一个α的具体数值，通常取0.05，也可以取0.1或0.001。

在数据化运营的商业实践中，假设检验最常用的场景就是用于“运营效果的评估”上，本书第12章将针对最常见、最基本的假设检验形式和技术做出比较详细的梳理和举例。

2.4 互联网行业数据挖掘应用的特点

相对于传统行业而言，互联网行业的数据挖掘和数据化运营有如下的一些主要特点：

- 数据的海量性。互联网行业相比传统行业第一个区别就是收集、存储的数据是海量的，这一方面是因为互联网的使用已经成为普通人日常生活和工作中不可或缺的一部分，另一方面更是因为用户网络行为的每一步都会被作为网络日志记录下来。海量的数据、海量的字段、海量的信息，尤其是海量的字段，使得分析之前对于分析字段的挑选和排查工作显得无比重要，无以复加。如何大浪淘沙挑选变量则为重中之重，对此很难一言以蔽之的进行总结，还是用三分技术，七分业务来理解吧。本书从第7～12章，几乎每章都用大量的篇幅讨论如何在具体的分析课题和项目中选择变量、评估变量、转换变量，乃至如何通过清洗后的核心变量完成最终的分析结论（挖掘模型）。
- 数据分析（挖掘）的周期短。鉴于互联网行业白热化的市场竞争格局，以及该行业相对成熟的高级数据化运营实践，该行业的数据分析（挖掘）通常允许的分析周期（项目周期）要明显短于传统行业。行业技术应用飞速发展，产品和竞争一日千里，都使该行业的数据挖掘项目的时间进度比传统行业的项目模式快得多。一方面要保证挖掘结果的起码质量，另一方面要满足这个行业超快的行业节奏，这也使得传统的挖掘分析思路和步调必须改革和升华，从而具有鲜明的Internet色彩。

- 数据分析（挖掘）成果的时效性明显变短。由于互联网行业的用户行为相对于传统行业而言变化非常快，导致相应的数据分析挖掘成果的时效性也比传统行业明显缩短。举例来说，互联网行业的产品更新换代很多是以月为单位的，新产品层出不穷，老产品要及时下线，因此，针对具体产品的数据分析（挖掘）成果的时效性也明显变短；或者说，用户行为变化快，网络环境变化快，导致模型的维护和优化的时间周期也明显变短，传统行业里的“用户流失预测模型”可能只需要每年更新优化一次，但是在互联网行业里类似的模型可能 3 个月左右就有必要更新优化了。
- 互联网行业新技术、新应用、新模式的更新换代相比于传统行业而言更加迅速、周期更短、更加具有颠覆性，相应地对数据分析挖掘的应用需求也更为苛刻，且要多样化。以中国互联网行业的发展为例，作为第一代互联网企业的代表，新浪、搜狐、雅虎等门户网站的 Web 1.0 模式（传统媒体的电子化）从产生到被以 Google、百度等搜索引擎企业的 Web 2.0 模式（制造者与使用者的合一）所超越，前后不过 10 年左右的时间，而目前这个 Web 2.0 模式已经逐渐有被以微博为代表 Web 3.0 模式（SNS 模式）超越的趋势。具体到数据分析所服务的互联网业务和应用来说，从最初的常规、主流的分析挖掘支持，到以微博应用为代表的新的分析需求，再到目前风头正健的移动互联网的数据分析和应用，互联网行业的数据分析大显身手的天地在不断扩大，新的应用源源不断，新的挑战让人们应接不暇，这一切都要求数据分析师自觉、主动去学习、去充实、去提升自己、去跟上互联网发展的脚步。

第3章 数据化运营中常见的数据分析项目类型

千举万变，其道一也。

——《荀子·儒效》

数据化运营中的数据分析项目类型比较多，涉及不同的业务场景、业务目的和分析技术。在本章中，按照业务用途的不同将其做了一个大概的分类，并针对每一类项目的特点和具体采用的分析挖掘技术进行了详细的说明和举例示范。

一个成功的数据分析挖掘项目，首先要有准确的业务需求描述，之后则要求项目相关人员自始至终对业务有正确的理解和判断，所以对于本章所分享的所有分析项目类型以及对应的分析挖掘技术，读者只有在深刻理解和掌握相应业务背景的基础上才可以真正理解项目类型的特点、目的，以及相应的分析挖掘技术合适与否。

对业务的理解和思考，永远高于项目的分类和分析技术的选择。

3.1 目标客户的特征分析

目标客户的特征分析几乎是数据化运营企业实践中最普遍、频率最高的业务分析需求之一，原因在于数据化运营的第一步（最基础的步骤）就是要找准你的目标客户、目标受众，然后才是相应的运营方案、个性化的产品与服务等。是不加区别的普遍运营还是有目标有重点的精细化运营，这是传统的粗放模式与精细的数据化运营最直接、最显性的区别。

在目标客户的典型特征分析中，业务场景可以是试运营之前的虚拟特征探索，也可以是试运营之后来自真实运营数据基础上的分析、挖掘与提炼，两者目标一致，只是思路不同、数据来源不同而已。另外，分析技术也有一定的差异。

对于试运营之前的虚拟特征探索，是指目标客户在真实的业务环境里还没有产生，并没有一个与真实业务环境一致的数据来源可以用于分析目标客户的特点，因此只能通过简化、类比、假设等手段，来寻找一个与真实业务环境近似的数据来源，从而进行模拟、探索，并从中发现一些似乎可以借鉴和参考的目标用户特征，然后把这些特征放到真实的业务环境中去试运营。之后根据真实的效果反馈数据，修正我们的目标用户特征。一个典型的业务场景举例就是A公司推出了一个在线转账产品，用户通过该产品在线转账时产生的交易费用相比于普通的网银要便宜些。在正式上线该转账产品之前，产品运营团队需要一个初步的目标客户特征报告。很明显，在这个时刻，产品还没有上线，是无法拥有真实使用该产品的用户的，自然也没有相应数据的积累，那这个时候所做的目标客户特征分析只能是按照产品设计的初衷、产品定位，以及运营团队心中理想化的猜测，从企业历史数据中模拟、近似地整理出前期期望中的目标客户典型特征，很明显这里的数据并非来自该产品正式上线后的实际用户数据（还没有这些真实的数据产生），所以这类场景的分析只能是虚拟的特征分析。具体来说，本项目先要从企业历史数据中寻找有在线交易历史的买卖双方，在线行为活跃的用户，以及相应的一些网站行为、捆绑了某知名的第三方支付工具的用户等，然后根据这些行为字段和模拟的人群，去分析我们期望的目标客户特征，在通过历史数据仓库的对比后，准确掌握该目标群体的规模和层次，从而提交运营业务团队正式运营。

对于试运营之后的来自真实运营数据基础上的用户特征分析，相对而言，就比上述的模拟数据分析来得更真实更可行，也更贴近业务实际。在该业务场景下，数据的提取完全符合业务需求，且收集到的用户也是真实使用了该产品的用户，基于这些真实用户的分析就不是虚拟的猜测和模拟了，而是有根有据的铁的事实。在企业的数据化运营实践中，这后一种场景更加普遍，也更加可靠。

对于上面提到的案例，在经过一段时间的试运营之后，企业积累了一定数量使用该产品的用户数据。现在产品运营团队需要基于该批实际的用户数据，整理分析出该产品的核心目标用户特征分析报告，以供后期运营团队、产品开发团队、服务团队更有针对性、更有效地进行运营和服务。在这种基于真实的业务场景数据基础上的客户特征分析，有很多分析技术可以采用（本书第 11 章将针对“用户特征分析”进行专题介绍，分享其中最主要的一些分析技术），但是其中采用预测模型的思路是该场景与上述“虚拟场景”数据分析的一个不同，上述“虚拟场景”数据分析一般来说是无法进行预测模型思路的探索的。

关于目标客户特征分析的具体技术、思路、实例分享，可参考本书第 11 章。

3.2 目标客户的预测（响应、分类）模型

这里的预测（响应、分类）模型包括流失预警模型、付费预测模型、续费预测模型、运营活动响应模型等。

预测（响应、分类）模型是数据挖掘中最常用的一种模型类型，几乎成了数据挖掘技术应用的一个主要代名词。很多书籍介绍到数据挖掘的技术和应用，首先都会列举预测（响应、分类）模型，主要的原因可能是响应模型的核心就是响应概率，而响应概率其实就是我们在第 1 章中介绍的数据化运营六要素里的核心要素——概率（Probability），数据化运营 6 要素的核心是以数据分析挖掘支撑的目标响应概率（Probability），在此基础上围绕产品功能优化、目标用户细分、活动（文案）创意、渠道优化、成本的调整等重要环节、要素，共同达成数据化运营的持续完善、成功。

预测（响应、分类）模型基于真实业务场景产生的数据而进行的预测（响应、分类）模型搭建，其中涉及的主要数据挖掘技术包括逻辑回归、决策树、神经网络、支持向量机等。有没有一个算法总是优先于其他算法呢？答案是否定的，没有哪个算法在任何场景下都总能最优胜任响应模型的搭建，所以在通常的建模过程中，数据分析师都会尝试多种不同的算法，然后根据随后的验证效果以及具体业务项目的资源和价值进行权衡，并做出最终的选择。

根据建模数据中实际响应比例的大小进行分类，响应模型还可以细分为普通响应模型和稀有事件响应模型，一般来讲，如果响应比例低于1%，则应当作为稀有事件响应模型来进行处理，其中的核心就是抽样，通过抽样技术人为放大分析数据样本里响应事件的比例，增加响应事件的浓度，从而在建模过程中更好地捕捉、拟合其中自变量与因变量的关系。

预测（响应、分类）模型除了可以有效预测个体响应的概率之外，模型本身显示出的重要输入变量与目标变量的关系也有重要的业务价值，比如说可以转化成伴随（甚至导致）发生响应（生成事件）的关联因素、重要因素的提炼。而很多时候，这种重要因素的提炼，是可以作为数据化运营中的新规则、新启发，甚至是运营的“新抓手”的。诚然，从严格的统计学角度来看，预测响应模型中的输入变量与目标变量之间的重要关系并不一定是因果关系，严格意义上的因果关系还需要后期进行深入的分析和实验；即便如此，这种输入变量与目标变量之间的重要关系也常常会对数据化运营具有重要的参考和启发价值。

比如说，我们通过对在线交易的卖家进行深入分析挖掘，建立了预测响应模型，从而根据一系列特定行为和属性的组合，来判断在特定时间段内发生在线交易的可能性。这个响应模型除了生成每个Member_Id在特定时间段发生在线交易的可能性之外，从模型中提炼出来的一些重要输入变量与目标变量（是否发生在线交易），以及它们之间的关系（包括正向或负向关系，重要性的强弱等）对数据化运营也有着很重要的参考和启发。在本案例中，我们发现输入变量“近30天店铺曝光量”、“店铺装修打分超过25分”等与“是否在线交易”有着最大的正相关。根据这些发现和规则整理，尽管不能肯定这些输入变量与是否在线交易有因果关系，但这些正向的强烈的关联性也足以为提升在线交易的数据化运营提供重要的启发和抓手。我们有一定的理由相信，如果卖家提升店铺的曝光量，如果卖家把自己的店铺装修得更好，促进卖家在线成交的可能性会加大。

3.3　运营群体的活跃度定义

运营群体（目标群体）的活跃度定义，这也是数据化运营基本的普遍的要求。数据化运营与传统的粗放型运营最主要的区别（核心）就是前者是可以准确地用数据衡量，而且这种衡量是自始至终地贯穿于数据化运营的全过程；而在运营全过程的衡量监控中，活跃度作为一个综合的判断指标，又在数据化运营实践中有着广泛的应用和曝光。活跃度的定义没有统一的描述，一般都是根据特定的业务场景和运营需求来量身订做的。但是，纵观无数场景中的活跃度定义，可以发现其中是有一些固定的骨架作为基础和核心的。其中最重要、最常见的两个基本点如下。

1）活跃度的组成指标应该是该业务场景中最核心的行为因素。

2）衡量活跃度的定义合适与否的重要判断依据是其能否有效回答业务需求的终极目标。

下面我们用具体的案例来解释上述两个基本点。

案例：PM 产品是一款在线的 SAAS 产品，其用途在于协助卖家实时捕捉买家访问店铺的情况，并且通过该 PM 产品可以实现跟买家对话、交换联系方式等功能。作为 PM 产品的运营方，其运营策略是向所有平台的卖家免费提供 PM 产品的基本功能（每天只能联系一位到访的买家，也即限制了联系多位到访买家的功能）、向部分优质卖家提供一定期限内免费的 PM 产品全功能（这部分优质卖家免费获赠 PM 产品，可以享受跟付费一样的全功能）、向目标卖家在线售卖 PM 产品。

经过一段时间的运营，现在管理层需要数据分析团队**定义一个合理的“PM 产品用户活跃度”，使得满足一定活跃度分值的用户能比较容易转化成为 PM 产品的付费用户，同时这个合适的定义还可以帮助有效监控每天 PM 产品的运营效果和效率**。

根据上面的案例背景描述，以及之前的活跃度定义的两个基本点来看，在本案例中，该业务场景中最核心的行为因素就是卖家使用该 PM 产品与到访买家的洽谈动作（表现形式为洽谈的次数）、在线登录该 PM 产品的登录次数等。而该分析需求的终极目的就是促成付费用户的转化，所以项目最终活跃度的定义是否合适，是否满足业务需求，一个最重要的评估依据就是按照该活跃度定义出来的活跃用户群体里，可以覆盖多少实际的 PM 产品付费用户。从理论上来说，覆盖率越高越好，如果覆盖率不高，比如，实际付费用户群体里只有 50% 包含在活跃度定义的活跃群体里，那么这个活跃度的定义是不能满足当初的业务需求的，也就是说这是一个不成功的定义。

活跃度的定义所涉及的统计技术主要有两个，一个是主成分分析，另一个是数据的标准化。其中，主成分分析的目的，就是把多个核心行为指标转化为一个或少数几个主成分，并最终转化成一个综合的分数，来作为活跃度的定义，到底是取第一个主成分，还是前两个或前三个，这要取决于主成分分析的特征根和累计方差贡献率，一般来说，如果前面几个特征根的累计方差贡献率达到 80% 以上，就可以基本认为前面几个主成分就可以相应地代表原始数据的大部分信息了；至于数据标准化技术得到了普遍采用，主要是因为不同的指标有不同的度量尺度，只有在标准化之后，才可以将数据按照比例进行缩放，使之落入一个小的区间范围之内，这样，不同变量经过标准化处理后就可以有平等的分析和比较基础了。**关于数据标准化的详细介绍，可参看本书 8.5.4 节和 9.3.2 节。**

3.4 用户路径分析

用户路径分析是互联网行业特有的分析专题，主要是分析用户在网页上流转的规律和特点，发现频繁访问的路径模式，这些路径的发现可以有很多业务用途，包括提炼特定用户群体的主流路径、网页设计的优化和改版、用户可能浏览的下一个页面的预测、特定群体的浏览特征等。从这些典型的用途示例中可以看到，数据化运营中的很多业务部门都需要应用用户路径分析，包括运营部门、产品设计部门（PD）、用户体验设计部门（User Experience Design，UED）等。

路径分析所用的数据主要是Web服务器中的日志数据，不过，互联网的特性使得日志数据的规模通常都是海量的。据预测，到2020年，全球以电子形式存储的数据量将达到35ZB（相当于10亿块1TB的硬盘的容量），是2009年全球存储量的40倍。而在2010年年底，根据IDC的统计，全球的数据量已经达到了120万PB，或1.2ZB。如果将这些数据都刻录在DVD上，那么光把这些DVD盘片堆叠起来就可以从地球往月球一个来回（单程约24万英里）。

路径分析常用的分析技术有两类，一类是有算法支持的，另一类是严格按照步骤顺序遍历主要路径的。**关于路径分析中具体的算法和示例将在第13章做详细的说明。**

在互联网数据化运营的实践中，如果能把单纯的路径分析技术、算法与其他相关的数据分析技术、挖掘技术相融合，那么将会产生更大的应用价值和更为广阔的前景。这种融合的思路包括通过聚类技术划分出不同的群体，然后分析不同群体的路径特征，针对特定人群进行的路径分析，比如，对比付费人群的主要路径与非付费人群的主要路径，优化页面布局等、根据下单付费路径中频繁出现的异常模式可能来对付费环境的页面设计进行优化，提升付费转化率，减少下单后的流失风险等。

在运营团队看来，路径分析的主要用途之一，即为监控运营活动（或者目标客户）的典型路径，看是否与当初的运营设想一致。如果不一致，就继续深入分析原因，调整运营思路或页面布局，最终目的就是提升用户点击页面的效率；其二就是通过路径分析，提炼新的有价值的频繁路径模式，并且在以后的运营中对这些模式加以应用，提升运营的效率和特定效果。比如，通过某次运营活动的路径分析，我们发现从A入口进来的用户有30%会进入C页面，然后再进入B页面，而A入口是系列运营活动的主要入口之一，基于这个C页面的重要性发现，运营人员在该页面设置了新的提醒动作，取得了较好的深度转化率。

在产品设计部门（PD）看来，路径分析是实现产品优化的一个重要依据和工具，被路径分析证明是冷僻的功能点和路径的，或许可以被进一步考虑是否有必要取消或优化。对于UED来说，路径分析也是这样帮助他们优化页面设计的。

3.5 交叉销售模型

交叉销售这个概念在传统行业里其实已经非常成熟了，也已被普遍应用，其背后的理论依据是一旦客户购买了商品（或者成为付费用户），企业就会想方设法保留和延长这些客户在企业的生命周期和客户的利润贡献，一般会有两个运营选择方向，一是延缓客户流失，让客户尽可能长久地留存，在该场景下，通常就是客户流失预警模型发挥作用，利用流失预警模型，提前锁定最可能流失的有价值的用户，然后客户服务团队采用各种客户关怀措施，尽量挽留客户，从而最终降低客户流失率；二是让客户消费更多的商品和服务，从而更大地提升客户的商业价值，挖掘客户利润，这种尽量挖掘客户利润的说法在以客户为中心的激烈竞争的 2.0 时代显得有些赤裸裸，所以，更加温和的说法就是通过数据分析挖掘，找出客户进一步的消费需求（潜在需求），从而更好及更主动地引导、满足、迎合客户需求，创造企业和客户的双赢。在这第二类场景中，涉及的主要应用模型就是交叉销售模型。

交叉销售模型通过对用户历史消费数据的分析挖掘，找出有明显关联性质的商品组合，然后用不同的建模方法，去构建消费者购买这些关联商品组合的可能性模型，再用其中优秀的模型去预测新客户中购买特定商品组合的可能性。这里的商品组合可以是同时购买，也可以有先后顺序，不可一概而论，关键要看具体的业务场景和业务背景。

不同的交叉销售模型有不同的思路和不同的建模技术，但是前提一般都是通过数据分析找出有明显意义和商业价值的商品组合，可以同时购买，也可以有先后顺序，然后根据找出的这些特性去建模。

综合数据挖掘的中外企业实践来看，最少有 4 种完全不同的思路，可以分别在不同的项目背景中圆满完成建立交叉销售模型的这个任务。一是按照关联技术（Association Analysis），也即通常所说的购物篮分析，发现那些有较大可能被一起采购的商品，将它们进行有针对性的促销和捆绑，这就是交叉销售；二是借鉴响应模型的思路，为某几种重要商品分别建立预测模型，对潜在消费者通过这些特定预测模型进行过滤，然后针对最有可能的前 5% 的消费者进行精确的营销推广；三是仍然借鉴预测响应模型的思路，让重要商品两两组合，找出那些最有可能消费的潜在客户；四是通过决策树清晰的树状规则，发现基于具体数据资源的具体规则（有的多，有的少），国外很多营销方案的制订和执行实际上都是通过这种方式找到灵感和思路的。

相应的建模技术主要包括关联分析（Association Analysis）、序列分析（Sequence Analysis），即在关联分析的基础上，增加了先后顺序的考虑，以及预测（响应、分类）模型技术，诸如逻辑回归、决策树等。

上面总结的是基于传统行业的实践，这些经验事实上也成功地应用到了互联网行业的数据化运营中。无论是多种在线产品的交叉销售，还是电子商务中的交叉销售，抑或各种服务的推广、运营中的商品捆绑策略，都可以从中看到交叉销售的影子，这种理念正在深入地影响着数据化运营的效果和进程。

下面针对典型的交叉销售模型的应用场景来举个例子：A 产品与 B 产品都是公司 SAAS 系列产品线上的重点产品，经过分析发现两者付费用户的重合度高达 40%，现在运营方需要一个数据分析解决方案，可以有效识别出最可能在消费 A 产品的基础上也消费 B 产品的潜在优质用户。本案例的分析需求，实际上就是一个典型的交叉销售模型的搭建需求，数据分析师在与业务团队充分沟通后，通过现有数据进行分析，找出了同时消费 A 产品和 B 产品（**注意，是同时消费，还是有先后次序，这个具体的定义取决于业务需求的判断，两者取数逻辑不同，应用场景也不同，不过分析建模技术还是可以相同的**）用户的相关的网站行为、商业行为、客户属性等，之后再进行数据分析和挖掘建模，最后得到了一个有效的预测模型，通过该模型可以对新的用户数据进行预测，找出最可能消费 A 产品同时也消费 B 产品的潜在付费用户人群（或名单）。这样，运营方就可以进行精准的目标运营，从而有效提升运营效果，有效提升付费用户数量和付费转化率了。

3.6　信息质量模型

信息质量模型在互联网行业和互联网数据化运营中也是有着广泛基础性应用的。具体来说，电商行业和电商平台连接买卖双方最直接、最关键的纽带就是海量的商品目录、商品 Offer、商品展示等，无论是 B2C（如当当网、凡客网），还是 C2C（如淘宝网），或者是 B2B（如阿里巴巴），只要是以商业为目的，以交易为目的的，都需要采用有效手段去提升海量商业信息（商品目录、商品 Offer、商品展示等）的质量和结构，从而促进交易。在同等条件下，一个要素齐备、布局合理、界面友好的网上店铺或商品展示一定比不具备核心要素、布局不合理、界面不友好的更加容易达成交易，更加容易获得买家的好感，这里揭示的其实就是信息质量的重要价值。

为让读者更加直观了解信息质量的含义，下面通过某网站的截图来举例说明什么是信息质量好的 Offer 效果，如图 3-1 和图 3-2 所示。

不难发现，相对于图 3-2 来说，图 3-1 中有更多的商品要素展示，包括付款方式、产品品牌、产品型号等，另外在详细信息栏目里，所包含的信息也更多更全。也就是说，图 3-1 中商品 Offer 的信息质量要明显好于图 3-2。

互联网行业的信息质量模型所应用的场合主要包括商品 Offer 质量优化、网上店铺质量优化、网上论坛的发帖质量优化、违禁信息的过滤优化等，凡是涉及信息质量监控和优化的场景都是适用（或借鉴）信息质量模型的解决方案的。

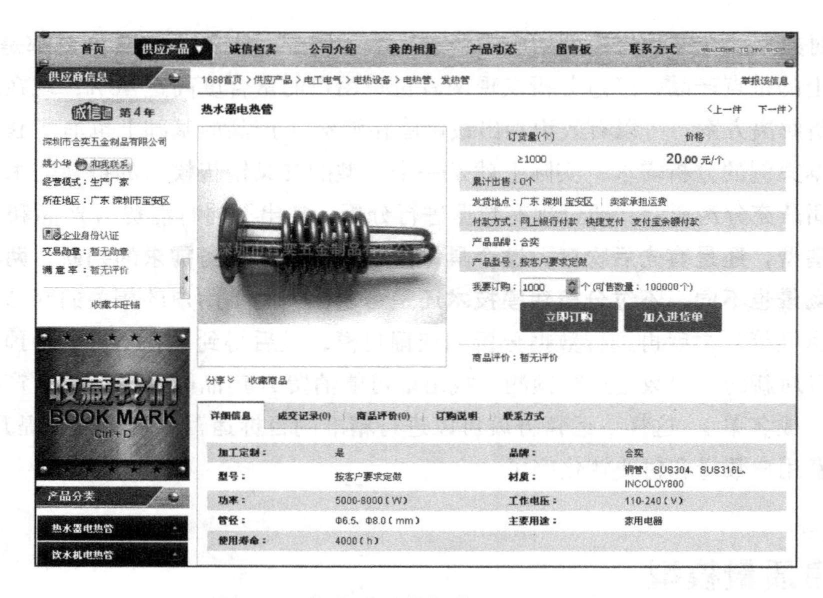

图 3-1 信息质量较好的 Offer 界面图

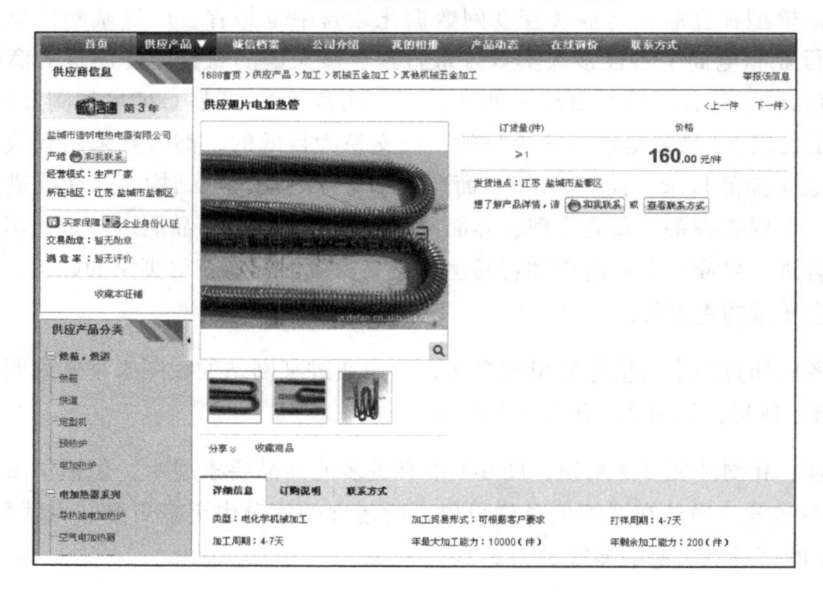

图 3-2 信息质量较差的 Offer 界面图

构建信息质量模型所涉及的主要还是常规的数据挖掘技术，比如回归算法、决策树等。但是对于信息质量模型的需求，由于其目标变量具有一定的特殊性，因此它与目标客户预测（响应）模型在思路和方法上会有一些不同之处，具体内容如下。

任何模型的搭建都是用于响应特定的业务场景和业务需求的，有时候搭建信息质量模型的目标变量是该信息（如商品 Offer）是否在特定的时间段产生了交易，此时，目标变量就是二元的，即是与否；更多的时候，信息质量模型的目标变量与是否交易没有直接关系（这其实很容易理解，因为影响成交的因素太多），甚至有些时候信息质量本身是主观的判断，在这种情况下，**没有明确的来自实际数据的目标变量。那如何定义目标变量呢？专家打分，模型拟合是一个比较合适的变通策略。**

对于专家打分，模型拟合的具体操作，下面以“商品 Offer 的星级划分”项目为例来进行具体的解释和示范。商品 Offer 其实就是网上交易中，卖家针对每种出售的商品展示具体的商品细节、交易条款、图片细节等，使其构成的一个完整的页面，一般来说买家浏览了某种具体的商品 Offer 以后，只要点击“加入购物车”就可以进行后续的购买付费流程了。在某次“商品 Offer 的星级划分”项目中，目标变量就是专家打分，由业务专家、行业专家基于行业的专业背景知识，针对商品 Offer 构成要素的权重进行人为打分，这些构成要素包括标题长度、图片数量、属性选填的比例、是否有分层价格区间、是否填写供货总量信息、是否有混批说明、是否有运营说明、是否支持在线第三方支付等。首先抽取一定数量的样本，请行业专家对这些样本逐个打分赋值，在取得每种商品 Offer 的具体分数后，把这些分数作为目标变量，利用数据挖掘的各种模型去拟合这些要素与总分数的关系，最终形成一个合适的模型，该模型比较有效地综合了专家打分的意见并且有效拟合 Offer 构成要素与总分数的关系。为了更加准确，在专家打分的基础上，还可以辅之以客户调研，从而对专家的打分和各要素的权重进行修正，最后在修正的基础上进行模型的搭建和拟合，这属于项目的技术细节，不是项目核心，故不做深入的讲解。

信息质量模型是电子商务和网上交易的基本保障，其主要目的是确保商品基本信息的优质和高效，让买家更容易全面、清楚、高效地了解商品的主要细节，让卖家更容易、更高效地展示自己的商品。无论是 C2C（如淘宝），还是 B2B（如阿里巴巴），抑或是 B2C（如当当网、凡客网），都可以用类似的方法去优化、提升自己的商品展示质量和效果，有效提升和保障交易的转化率。

3.7 服务保障模型

服务保障模型主要是站在为客户服务的角度来说的，出发点是为了让客户（平台的卖家）更好地做生意，达成更多的交易，我们（平台）应该为他们提供哪些有价值的服务去支持、保障卖家生意的发展，这里的服务方向就可以有很多的空间去想象了。比如，让卖家购买合适的增值产品，让卖家续费合适的增值产品、卖家商业信息的违禁过滤、卖家社区发帖的冷热判断等，凡是可以更好地武装卖家的，可以让卖家更好地服务买家的措施，无论是产品武装，还是宣传帮助，都属于服务保障的范畴，都是服务保障模型可以并且应该出力的方向。

针对服务保障模型的示例将会在随后的预测（响应、分类）模型里专门进行介绍，所以这里不展开讨论，但是对于服务保障环节，我们还是应该有一定的认识，无论从数据化运营的管理、客户关系管理，还是数据分析挖掘应用上，服务保障环节都是不能忽视的一个方面。

3.8 用户（买家、卖家）分层模型

用户（买家、卖家）分层模型也是数据化运营中常见的解决方案之一，它与数据化运营的本质是密切相关的。精细化运营必然会要求区别对待，而分层（分群）则是区别对待的基本形式。

分层模型是介于粗放运营与基于个体概率预测模型之间的一种折中和过渡模型，其既兼顾了（相对粗放经营而言比较）精细化的需要，又不需要（太多资源）投入到预测模型的搭建和维护中，因而在数据化运营的初期以及在战略层面的分析中，分层模型有着比较广泛的应用和较大的价值。

正如预测模型有特定的目标变量和模型应用场景一样，分层模型也有具体的分层目的和特定用途，这些具体的目的和用途就决定了分层模型的构建思路和评价依据。其常用的场景为：客户服务团队需要根据分层模型来针对不同的群体提供不同的说辞和相应的服务套餐；企业管理层需要基于在线交易卖家数量来形成以其为核心的卖家分层进化视图；运营团队需要通过客户分层模型来指导相应的运营方案的制订和执行，从而提高运营效率和付费转化率等。这些分层模型既可以为管理层、决策层提供基于特定目的的统一进化视图，又可以给业务部门做具体的数据化运营提供分群（分层）依据和参考。

分层模型常用的技术既包括统计分析技术（比如相关性分析、主成分分析等），又可以含有预测（响应、分类）模型的技术（比如通过搭建预测模型发现最重要的输入变量及其排序情况，然后根据这些变量对分层进行大致的划分，并通过实际数据进行验证），这要视具体的分析目的、业务背景和数据结构而定，同时要强调的是，一个好的分层模型的搭建一定是需要业务方的参与和贡献的，而且其中的业务逻辑和业务思考远远胜过分析技术本身。

下面我们分别用两个典型的案例来说明分层模型是如何搭建和应用的。

案例一：以交易卖家数量为核心的卖家分层进化视图

背景：某互联网公司作为买卖双方的交易平台，其最终的价值体现在买卖双方在该平台上达成交易（从而真正让买卖双方双赢，满意）。现在，管理层希望针对在线成交的卖家（群体）形成一个分层进化的视图。其基本目标就是，从免费注册的卖家开始，通过该视图可以粗略地、有代表性地勾画出卖家一步一步成长、进步乃至最终达成交易的全过程。这里

的每一层都是一个或几个有代表性的重要指标门槛，顺着不同的门槛逐步进化，越往上走，人群越少，越有可能成为有交易的卖家，而最后最高一层将是近 30 天来有交易的卖家。从这个背景和目标描述里，我们可以大致想象出这个分层模型是一个类似金字塔的形状（底部人数多，越往上越小，表示人群在减少）。

这个分层模型的主要价值体现在：可以让管理层、决策层对交易卖家的成长、进化、过滤的过程有个清晰、直观的把握，并且可以从中直观地了解影响卖家交易的一系列核心因素，以及相应的大致门槛阀值，也可以让具体的业务部门直观地了解“培养成交卖家，让卖家能在线成交”的主要因素，以及相应的运营抓手。

在本案例中，有必要了解一些关键的业务背景和业务因素，比如要想在线交易，卖家的 Offer 必须是“可在线交易 Offer”。这个条件很关键，所谓“可在线交易 Offer”是指该商品的 Offer 支持支付宝等第三方在线支付手段，如果卖家的 Offer 不支持这些手段，那就无法在线交易，也就无法满足本课题的目标了。所以，这里的“卖家 Offer 必须是可在线交易 Offer”是一个前期的重要门槛和阀值，从此也可以看出，对业务背景的了解非常重要，它决定了课题是否成功。

下面来谈谈具体的分析思路，先是从最基本的免费注册的卖家（即“全会员”）开始，之后是近 30 天有登录网站的卖家（说明是“活”的卖家，这里经过了直观的业务思考），再到近 1 年有新发或重发 Offer 的卖家，然后是当前有效 Offer 的卖家，最后是当前有可在线交易 Offer 的卖家，这个分析过程其实是第一部分的思考，它们构成了金字塔的下半部分，基本上是基于业务背景的了解和顺理成章的逻辑来“进化”的，之所以在“全会员”与“当前有可在线交易 Offer”之间安插了另外 3 层逐步“进化”的指标，主要也是基于业务方需要门槛的进度和细分的考虑，但这不是主要的核心点。

接下来，从“当前有可在线交易 Offer 的卖家”开始，层层进化到最高端的“近 30 天有在线交易的卖家”，也就是找出影响卖家成交的核心因素，并将之提炼成具体的层级和门槛，这一部分则是本案例的重点和核心所在。

如何找出其中的核心要素以及重要性的先后顺序？在本课题中，使用了预测（分类、响应）模型的方法，即通过搭建预测（响应）模型（目标变量是“近 30 天是否在线成交”，输入变量由数据分析团队与业务团队共同讨论确定），并通过多种模型算法的比较，最后找出决定交易的几个最重要的输入变量及先后次序。

最终的分层模型大致如图 3-3 所示，限于企业商业隐私的考虑，针对该数据做了处理，请勿对号入座。

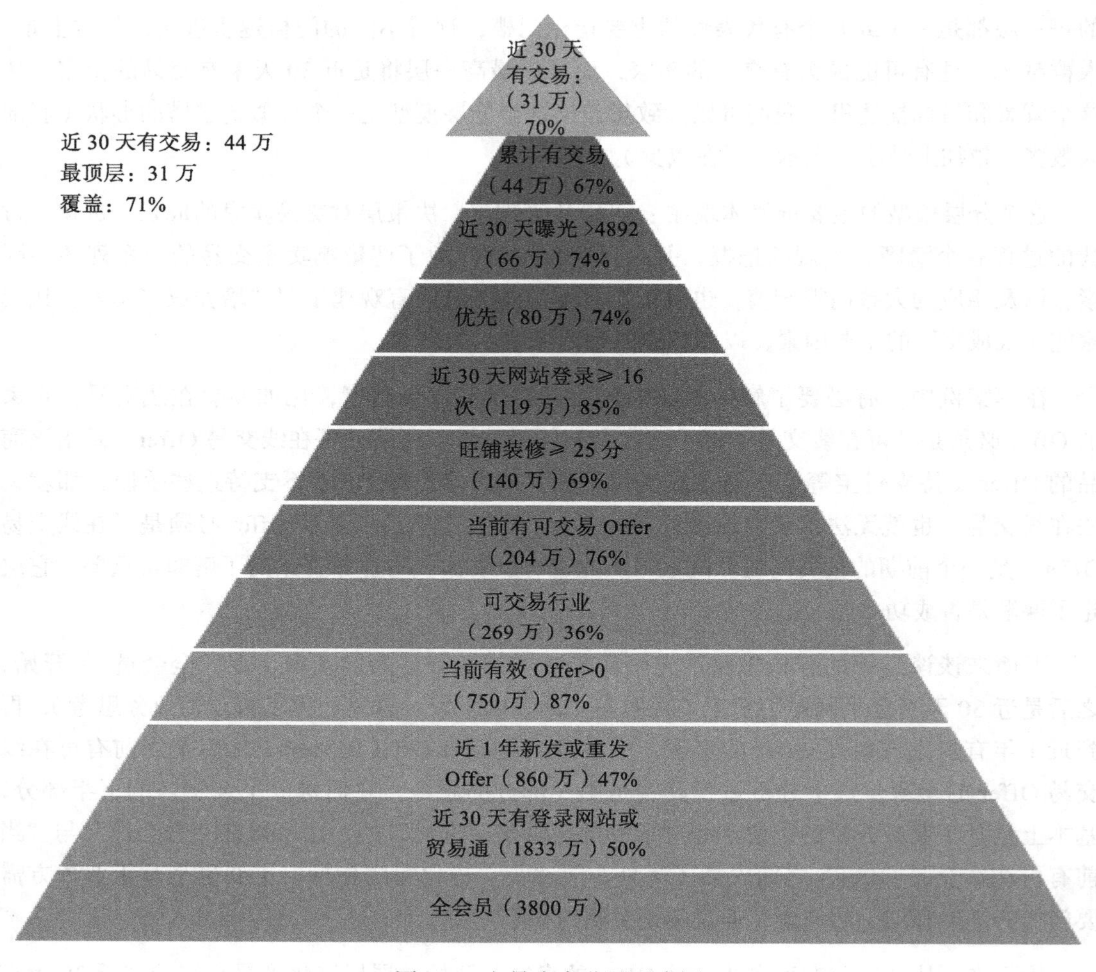

图 3-3 交易卖家分层示意图

该金字塔每一层里的数量代表满足该条件的会员（卖家）数量，而且各层之间的条件是连贯且兼容的，比如，从下往上数，第 6 层“当前有可交易 Offer”的用户有 204 万人，占其前一层“可交易行业卖家”269 万人的 76%，而且该层的用户必定是同时满足其下 5 层的所有条件的（包括来自可交易行业，当前有有效 Offer，近 1 年有新发或重发 Offer，近 30 天有登录网站或即时通信工具等）。

细心的读者可能会发现，最顶层的人数是 31 万，占近 30 天有交易卖家总数的 71%，为什么不能占近 30 天有交易卖家总数的 100%？这个差距正是由金字塔模型的本质所决定的，无论这个层层进化的金字塔模型多么完美，它还是无法完全圈定有交易卖家的总数，总是有一部分有交易的卖家不是满足上述金字塔上半部分的那些条件、门槛、阀值。这也是类似的分层模型只能看大数、看主流的主要原因和特点，但是只要这个模型可以圈定大多数的人群（比如本项目实现的 71%，或者更高），那它就有相当的代表性，就可以作为相应的决策参考和业务参考。

当然，这个模型是否可以投入应用，还需要进一步检验，常规的检验方法就是通过不同时间段的数据，看是否有相似的规律、门槛、占比、漏斗，也就是看这个金字塔的结构是否具有一定时间长度的稳定性。在本项目中，我们通过前后各半年的数据分别进行了验证，发现这个金字塔的结果总体还是比较稳定的，确实可以作为决策参考和业务借鉴。

案例二：客户服务的分层模型

背景：A 产品是一个在线使用的付费产品，其主要功能就是让卖家实时获悉来自己网店的买家，可以让卖家通过主动对话促成双方的交谈，一旦对上话，卖家就可以得到由系统提供的买家联系方式等。很明显，该产品的核心功能（卖点）就是让卖家第一时间抓住来店铺的买家，并通过对话拿到买家的联系方式，方便后期的跟进，直至达成交易。现在该产品的客户服务团队正在负责付费用户的后期续费工作，该客服团队希望数据分析师帮他们制作一个付费用户的分层模型，在业务方的设想中该模型至少有 3 层，每一层可以对应相应的客服方案来帮助该层客户解决问题，模型的最终目的是促进付费客户的续费率稳步提升。具体来说，业务方希望根据业务敏感和客服资源储备，对付费用户进行 3 个群体的划分，每个群体有明确的业务诊断和客服方案（第一个群体，“体质差的客户群体”，比如访客数比较少，并且客户登录在线平台的次数也比较少（导致双方握手交谈可能性不高），这群客户被认为是最次要关注的；第二个群体，“问题客户群体”，比如对该产品的功能点使用都很少的客户，针对这群客户，客服团队可以对他们提供有针对性的产品功能教育；第三个群体，“生死线客户”，这群客户特点是有相对而言数量较多的访客，但是他们很少主动洽谈（以至无法拿到买家的联系方式，影响后期的成交），之所以称之为“生死线客户”，是因为客服团队希望作为重点关怀的群体，把他们从产品使用的“无效性”上拉回来，把他们从可能流失（续费）的生死线上拉回来（这群客户有理由从产品中获益（拿到买家联系方式），只是他们没有主动联系客户，如果他们能主动与买家洽谈，从而拿到联系方式，他们的成交业务有理由明显上升）。

该案例的分层模型用不上复杂的建模技术，只需要基于简单的统计技能就可实现。在深度把握产品价值和业务背景的前提下，我们与业务方一起基于他们设想的 3 个细分群体，根据实际数据找出了相应的具体阀值。具体来说，针对“体质差的客户群体”，基于访客数量和自身登录平台的天数和次数，进行两维数据透视，就可以找到满意的阀值和门槛定义；针对“问题客户群体”，只需要针对各功能点使用情况的 10 分位，找出最低的 20% ~ 30% 用户就可以了；针对“生死线客户群体”，同样是基于访客数量和自身主动洽谈的次数，进行两维数据透视，也可以找到满意的阀值和门槛定义，这样就能根据数据分布情况找到有很多访客，同时主动洽谈次数很少的客户群体。上述群体划分的方法主要是基于业务理解和客服团队的资源配备的，事后的方案验证也表明，该种群体划分不仅能让业务方更容易产生理解和共鸣，也能很好地稳定并提升付费用户的续费率。

3.9 卖家（买家）交易模型

卖家（买家）交易模型的主要目的是为买卖双方服务，帮助卖家获得更多的买家反馈，促进卖家完成更多的交易、获得持续的商业利益，其中涉及主要的分析类型包括：自动匹配（预测）买家感兴趣的商品（即商品推荐模型）、交易漏斗分析（找出交易环节的流失漏斗，帮助提升交易效率）、买家细分（帮助提供个性化的商品和服务）、优化交易路径设计（提升买家消费体验）等。交易模型的很多分析类型其实已经在其他项目类型里出现过了，之所以把它们另外归入卖家（买家）交易模型的类型，主要是希望和读者一起换个角度（从促进交易的角度）来看待问题和项目。“横看成岭侧成峰”，同样的模型课题，其实有不同的主题应用场景和不一样的出发点，灵活、自如是一个合格的数据分析师应该具备的专业素养。

3.10 信用风险模型

这里的信用风险包括欺诈预警、纠纷预警、高危用户判断等。在互联网高度发达，互联网技术日新月异的今天，基于网络的信用风险管理显得尤其基础，尤其重要。

虽然目前信用风险已经作为一个独立的专题被越来越多的互联网企业所重视，并且有专门的数据分析团队和风控团队负责信用风险的分析和监控管理，但是从数据分析挖掘的角度来说，信用风险分析和模型的搭建跟常规的数据分析挖掘没有本质的区别，所采用的算法都是一样的，思路也是类似的。如果一定要找出这两者之间的区别，那就得从业务背景考虑了，从风险的业务背景来看，信用风险分析与模型相比于常规的数据分析挖掘有以下一些特点：

- 分析结论或者欺诈识别模型的时效更短，需要优化（更新）的频率更高。网络上骗子的行骗手法经常会变化，导致分析预警行骗欺诈的模型也要因此持续更新。
- 行骗手段的变化很大程度上是随机性的，所以这对欺诈预警模型的及时性和准确性提出了严重的挑战。
- 对根据预测模型提炼出的核心因子进行简单的规则梳理和罗列，这样就可在风控管理的初期阶段有效锁定潜在的目标群体。

3.11 商品推荐模型

鉴于商品推荐模型在互联网和电子商务领域已经成为一个独立的分析应用领域，并且正在飞速发展并且得到了广泛应用。因此除本节以外，其他章节将不再对商品推荐模型做任何分析和探讨，至于本节，相对于其他的分析类型来说，会花费更多的笔墨和篇幅。希望能给读者提供足够的原理和案例[⊖]。

3.11.1 商品推荐介绍

电子商务推荐系统主要通过统计和数据挖掘技术，并根据用户在电子商务网站的行为，主动为用户提供推荐服务，从而来提高网站体验的。根据不同的商业需求，电子商务推荐系统需要满足不同的推荐粒度，主要以商品推荐为主，但是还有一些其他粒度推荐。譬如Query推荐、商品类目推荐、商品标签推荐、店铺推荐等。目前，常用的商品推荐模型主要分为规则模型、协同过滤和基于内容的推荐模型。不同的推荐模型有不同的推荐算法，譬如对于规则模型，常用的算法有Apriori等；而协同过滤中则涉及K最近邻居算法、因子模型等。没有放之四海而皆准的算法，在不同的电子商务产品中，在不同的电子商务业务场景中，需要的算法也是不一样的。实际上，由于每种算法各有优缺点，因此往往需要混合多种算法，取长补短，从而提高算法的精准性。

3.11.2 关联规则

1. Apriori 算法

电子商务中常用的一种数据挖掘方法就是从用户交易数据集中寻找商品之间的关联规则。关联规则中常用的一种算法是Apriori算法。该算法主要包含两个步骤：首先找出数据集中所有的频繁项集，这些项集出现的频繁性要大于或等于最小支持度；然后根据频繁项集产生强关联规则，这些规则必须满足最小支持度和最小置信度。

上面提到了最小支持度和最小置信度，事实上，在关联规则中用于度量规则质量的两个主要指标即为支持度和置信度。那么，什么是支持度和置信度呢？接下来进行讲解。

给定关联规则 X=>Y，即根据 X 推出 Y。形式化定义为：

$$\text{支持度}（X=>Y）=\frac{\text{同时包含}X\text{和}Y\text{的记录数}}{\text{数据集记录总数}}$$

$$\text{置信度}（X=>Y）=\frac{\text{同时包含}X\text{和}Y\text{的记录数}}{\text{数据集中包含}X\text{的记录数}}$$

⊖ 本节内容由淘宝网的商品推荐高级算法工程师陈凡负责编写，陈凡的微博地址为http://weibo.com/bicloud。

假设 D 表示交易数据集；K 为项集，即包含 k 个项的集合；L_k 表示满足最小支持度的 k 项集；C_k 表示候选 k 项集。Apriori 算法的参考文献[1]描述如下。

在该算法中，候选集的计算过程如下所示。

```
L1={ 满足最小支持度的 1 项集 }
for (k=2; Lk-1 ≠∅ ; k++)
    Ck=candicate_gen( Lk-1 )// 计算候选项集
    for all transactions t ∈ D do
            Ct=subset(Ck,t)// 候选集是否包含在 t 中
            for all candicates c ∈ Ct do
                    c.count++
end
    Lk={c ∈ Ck | c.count 大于等于最小支持度 }
end
合并所有的 Lk，得到频繁项集
```

首先进行连接运算如下：

```
insert into Ck
select p.item1, p.item2, p.itemk-1,…, q.itemk
from Lk-1 p, Lk-1 q
where p.item1=q.item1 and … and p.itemk-2=q.itemk-2 and p.itemk-1<q.itemk-1;
```

然后根据频繁项集定理（即频繁项集的子集必定是频繁项集）进行剪枝，过滤掉非频繁项集，过程如下所示：

```
 forall itemset c ∈ Ck
    forall (k-1) 子集 s of c do
            if (s ∉ Lk-1 ) then
    delete c from Ck
```

从上述算法中可以看出，该算法存在一些困难点，譬如需要频繁扫描交易数据集，这样如果面临海量数据集，就难以满足实际应用需求；对于大型数据集，计算候选集算法的效率较低，这也是一个难以克服的问题。目前已经有一些优化的方法用于处理这些问题，譬如 FP-growth 算法[2]。在实际应用中，随着数据的不断增长，可能还需要通过分布式计算来提高算法性能，譬如机器学习算法包 Mahout[3]中实现了的并行版本 FP-growth 算法。

2. Apriori 算法实例

假设给定如下电子商务网站的用户交易数据集，其中，定义最小支持度为 2/9，即支持度计数为 2，最小置信度为 70%，现在要计算该数据集的关联规则，如表 3-1 所示。

---

[1] Rakesh Agrawal , Ramakrishnan Srikant, Fast Algorithms for Mining Association Rules in Large Databases, Proceedings of the 20th International Conference on Very Large Data Bases, p.487-499, September 12-15, 1994

[2] Jiawei Han , Jian Pei , Yiwen Yin, Mining frequent patterns without candidate generation, Proceedings of the 2000 ACM SIGMOD international conference on Management of data, p.1-12, May 15-18, 2000, Dallas, Texas, United States

[3] Mahout，http://mahout.apache.org/

表 3-1　用户交易数据集

交易标识	购买商品列表
2001	I1,I2,I5
2002	I2,I4
2003	I2,I3
2004	I1,I2,I4
2005	I1,I3
2006	I2,I3
2007	I1,I3
2008	I1,I2,I3,I5
2009	I1,I2,I3

计算步骤如下所示。

步骤 1，根据 Apriori 算法计算频繁项集。

1）计算频繁 1 项集。扫描交易数据集，统计每种商品出现的次数，选取大于或等于最小支持度的商品，得到了候选项集，如表 3-2 所示。

表 3-2　频繁 1 项集

商品集	包含该商品集的记录数
I1	6
I2	7
I3	6
I4	2
I5	2

2）根据频繁 1 项集，计算频繁 2 项集。首先将频繁 1 项集和频繁 1 项集进行连接运算，得到 2 项集，如下所示：

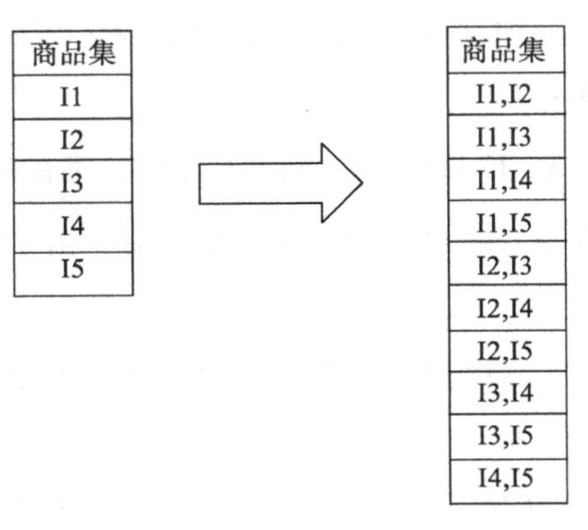

扫描用户交易数据集，计算包含每个候选 2 项集的记录数，如表 3-3 所示。

表 3-3 候选 2 项集

商品集	包含该商品集的记录数
I1,I2	4
I1,I3	4
I1,I4	1
I1,I5	2
I2,I3	4
I2,I4	2
I2,I5	2
I3,I4	0
I3,I5	1
I4,I5	0

根据最小支持度，得到频繁 2 项集，如表 3-4 所示。

表 3-4 频繁 2 项集

商品集	包含该商品集的记录数
I1,I2	4
I1,I3	4
I1,I5	2
I2,I3	4
I2,I4	2
I2,I5	2

3）根据频繁 2 项集，计算频繁 3 项集。首先将频繁 2 项集进行连接，得到 {{I1, I2, I3}, {I1, I2, I5}, {I1, I3, I5}, {I2, I3, I4}, {I2, I3, I5}, {I2, I4, I5}}，然后根据频繁项集定理进行剪枝，即频繁项集的非空子集必须是频繁的，{I1, I2, I3} 的 2 项子集为 {I1,I2}，{I1,I3}，{I2,I3}，都在频繁 2 项集中，则保留；

{I1, I2, I5} 的 2 项子集为 {I1,I2}，{I1,I5}，{I2,I5}，都在频繁 2 项集中，则保留；

{I1, I3, I5} 的 2 项子集为 {I1,I3}，{I1,I5}，{I3,I5}，由于 {I3,I5} 不是频繁 2 项集，移除该候选集；

{I2, I3, I4} 的 2 项子集为 {I2,I3}，{I2,I4}，{I3,I4}，由于 {I3,I4} 不是频繁 2 项集，移除该候选集；

{I2, I3, I5} 的 2 项子集为 {I2,I3}，{I2,I5}，{I3,I5}，由于 {I3,I5} 不是频繁 2 项集，移除该候选集；

{I2, I4, I5} 的 2 项子集为 {I2,I4}，{I2,I5}，{I4,I5}，由于 {I4,I5} 不是频繁 2 项集，移除该候选集。通过剪枝，得到候选集 {{I1, I2, I3}, {I1, I2, I5}}，扫描交易数据库，计算包含候选 3 项集的记录数，得到表 3-5。

表 3-5 频繁 3 项集

商品集	包含该商品集的记录数
I1, I2, I3	2
I1, I2, I5	2

4）根据频繁 3 项集，计算频繁 4 项集。重复上述的思路，得到 {I1,I2,I3,I5}，根据频繁项集定理，它的子集 { I2,I3,I5} 为非频繁项集，所以移除该候选集。从而，频繁 4 项集为空，至此，计算频繁项集的步骤结束。

步骤 2，根据频繁项集，计算关联规则。

这里以频繁 3 项集 {I1, I2, I5} 为例，计算关联规则。{I1, I2, I5} 的非空子集为 {I1,I2}、{I1,I5}、{I2,I5}、{I1}、{I2} 和 {I5}。

规则 1，{I1,I2}=>{I5}，置信度为 {I1, I2, I5} 的支持度除以 {I1,I2} 的支持度，即 2/4=50%，因其小于最小置信度，所以删除该规则。

同理，最后可以得到 {I1,I5}=>{I2}，{I2,I5}=>{I1} 和 {I5}=>{I1,I2} 为 3 条强关联规则。

然而，在实际应用 Apriori 算法时，需要根据不同的粒度，譬如类目、商品等，结合不同的维度（浏览行为，购买行为等）进行考虑，从而构建符合业务需求的关联规则模型。在电子商务应用中，关联规则算法适用于交叉销售的场景。譬如，有人要出行（飞往北京），根据计算出的关联规则（如：机票 => 酒店）来考虑，那么，可以根据用户购买的机票，为用户推荐合适的北京酒店；再比如，在情人节，根据关联规则，将巧克力和玫瑰花进行捆绑销售等。

另外，关联规则还可以用来开发个性化电子商务推荐系统的 Top N 推荐。首先，根据用户的交易数据，计算用户在特定时序内购买过的商品；然后，根据关联规则算法，计算满足最小支持度和最小置信度的商品关联规则；再根据用户已经购买的商品和商品关联规则模型，预测用户感兴趣的商品，同时过滤掉用户已经购买过的商品，对于其他的商品，则按照置信度进行排序，从而为用户产生商品推荐。

3.11.3 协同过滤算法

协同过滤是迄今为止最成功的推荐系统技术，被应用在很多成功的推荐系统中。电子商务推荐系统可根据其他用户的评论信息，采用协同过滤技术给目标用户推荐商品。协同过滤算法主要分为基于启发式和基于模型式两种。其中，基于启发式的协同过滤算法，又可以分为基于用户的协同过滤算法和基于项目的协同过滤算法。启发式协同过滤算法主要包含 3 个步骤：1）收集用户偏好信息；2）寻找相似的商品或者用户；3）产生推荐。

“巧妇难为无米之炊”，协同过滤的输入数据集主要是用户评论数据集或者行为数据集。这些数据集主要又分为显性数据和隐性数据两种类型。其中，显性数据主要是用户打分数据，譬如用户对商品的打分，如图 3-4 所示。

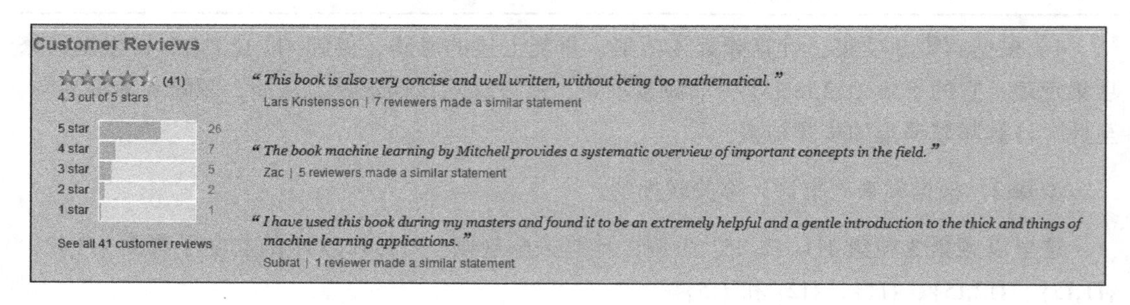

图 3-4 某电商网站用户对某商品的评分结果

但是，显性数据存在一定的问题，譬如用户很少参与评论，从而造成显性打分数据较为稀疏；用户可能存在欺诈嫌疑或者仅给定了部分信息；用户一旦评分，就不会去更新用户评分分值等。

而隐性数据主要是指用户点击行为、购买行为和搜索行为等，这些数据隐性地揭示了用户对商品的喜好，如图 3-5 所示。

隐性数据也存在一定的问题，譬如如何识别用户是为自己购买商品，还是作为礼物赠送给朋友等。

图 3-5 某用户最近在某电商网站的浏览商品记录（左侧的 3 本书）

1. 基于用户的协同过滤

基于用户（User-Based）的协同过滤算法首先要根据用户历史行为信息，寻找与新用户相似的其他用户；同时，根据这些相似用户对其他项的评价信息预测当前新用户可能喜欢的项。给定用户评分数据矩阵 R，基于用户的协同过滤算法需要定义相似度函数 $s:U\times U\rightarrow R$，以计算用户之间的相似度，然后根据评分数据和相似矩阵计算推荐结果。

在协同过滤中，一个重要的环节就是如何选择合适的相似度计算方法，常用的两种相似度计算方法包括皮尔逊相关系数和余弦相似度等。皮尔逊相关系数的计算公式如下所示：

$$s(u,v)=\frac{\sum_{i\in I_u\cap I_v}(r_{u,i}-\overline{r}_u)(r_{v,i}-\overline{r}_v)}{\sqrt{\sum_{i\in I_u\cap I_v}(r_{u,i}-\overline{r}_u)^2}\sqrt{\sum_{i\in I_u\cap I_v}(r_{v,i}-\overline{r}_v)^2}}$$

其中，i 表示项，例如商品；I_u 表示用户 u 评价的项集；I_v 表示用户 v 评价的项集；$r_{u,i}$ 表示用户 u 对项 i 的评分；$r_{v,i}$ 表示用户 v 对项 i 的评分；$\overline{r}_u$ 表示用户 u 的平均评分；$\overline{r}_v$ 表示用户 v 的平均评分。

另外，余弦相似度的计算公式如下所示：

$$s(u,v)=\frac{r_u\cdot r_v}{\|r_u\|_2\|r_v\|_2}=\frac{\sum_i r_{u,i}r_{v,i}}{\sqrt{\sum_i r_{u,i}^2}\sqrt{\sum_i r_{v,i}^2}}$$

另一个重要的环节就是计算用户 u 对未评分商品的预测分值。首先根据上一步中的相似度计算，寻找用户 u 的邻居集 $N\in U$, 其中 N 表示邻居集，U 表示用户集。然后，结合用户评分数据集，预测用户 u 对项 i 的评分，计算公式如下所示：

$$p_{u,i}=\overline{r}_u+\frac{\sum_{u'\in N}s(u,u')(r_{u',i}-\overline{r}_{u'})}{\sum_{u'\in N}|s(u,u')|}$$

其中，$s(u,u')$ 表示用户 u 和用户 u' 的相似度。

假设有如下电子商务评分数据集，预测用户 C 对商品 4 的评分，见表 3-6。

表 3-6 电商网站用户评分数据集

用户	商品 1	商品 2	商品 3	商品 4
用户 A	4	?	3	5
用户 B	?	5	4	?
用户 C	5	4	2	?
用户 D	2	4	?	3
用户 E	3	4	5	?

表中？表示评分未知。根据基于用户的协同过滤算法步骤，计算用户 C 对商品 4 的评

分，其步骤如下所示。

（1）寻找用户 C 的邻居

从数据集中可以发现，只有用户 A 和用户 D 对商品 4 评过分，因此候选邻居只有 2 个，分别为用户 A 和用户 D。用户 A 的平均评分为 4，用户 C 的平均评分为 3.667，用户 D 的平均评分为 3。根据皮尔逊相关系数公式来看，用户 C 和用户 A 的相似度为：

$$s(C,A)=\frac{(5-3.667)(4-4)+(2-3.667)(3-4)}{\sqrt{(5-3.667)^2+(2-3.667)^2}\times\sqrt{(4-4)^2+(3-4)^2}}=0.781$$

同理，$s(C, D)=-0.515$。

（2）预测用户 C 对商品 4 的评分

根据上述评分预测公式，计算用户 C 对商品 4 的评分，如下所示：

$$p_{C,4}=3.667+\frac{0.781\times(5-4)+(-0.515)\times(3-3)}{0.781+0.515}=4.269$$

依此类推，可以计算出其他未知的评分。

2. 基于项目的协同过滤

基于项目（Item-Based）的协同过滤算法是常见的另一种算法。与 User-Based 协同过滤算法不一样的是，Item-Based 协同过滤算法计算 Item 之间的相似度，从而预测用户评分。也就是说该算法可以预先计算 Item 之间的相似度，这样就可提高性能。Item-Based 协同过滤算法是通过用户评分数据和计算的 Item 相似度矩阵，从而对目标 Item 进行预测的。

和 User-Based 协同过滤算法类似，需要先计算 Item 之间的相似度。并且，计算相似度的方法也可以采用皮尔逊关系系数或者余弦相似度，这里给出一种电子商务系统常用的相似度计算方法，即基于条件概率计算 Item 之间的相似度，计算公式如下所示：

$$s(i,j)=\frac{\text{freq}(i\cap j)}{\text{freq}(i)\cdot\text{freq}(j)^{\alpha}}$$

其中，$s(i,j)$ 表示项 i 和 j 之间的相似度；$\text{freq}(i\cap j)$ 表示 i 和 j 共同出现的频率；$\text{freq}(i)$ 表示 i 出现的频率；$\text{freq}(j)$ 表示 j 出现的频率；α 表示阻力因子，主要用于平衡控制流行和热门的 Item，譬如电子商务中的热销商品等。

接下来，根据上述计算的 Item 之间的相似度矩阵，结合用户的评分，预测未知评分。预测公式如下所示：

$$p_{u,i}=\frac{\sum_{j\in S}s(i,j)r_{u,j}}{\sum_{j\in S}|s(i,j)|}$$

其中，$p_{u,i}$ 表示用户 u 对项 i 的预测评分；S 表示和项 i 相似的项集；$s(i,j)$ 表示项 i 和 j 之间的相似度；$r_{u,j}$ 表示用户 u 对项 j 的评分。

3. Item-Based 协同过滤实例

在电子商务推荐系统中，商品相似度计算有着很重要的作用。它既可用于一些特定推荐场景，譬如直接根据当前的商品，为用户推荐相似度最高的 Top N 商品。同时，它还可以应用于个性化推荐，从而为用户推荐商品。电子商务网站收集了大量的用户日志，譬如用户点击日志等。

基于 Item-Based 协同过滤算法，笔者提出了一种增量式商品相似度的计算解决方案。该算法计算流程如图 3-6 所示。

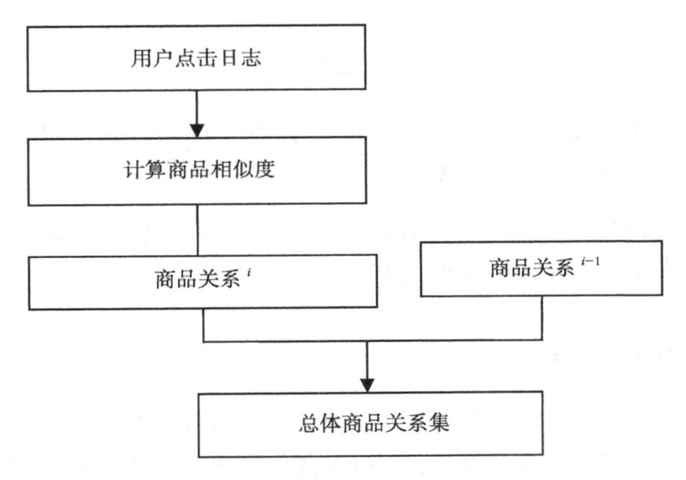

图 3-6　增量式商品相似度计算流程图

其中，商品关系 ^{i} 表示第 i 天的商品关系数据集。

具体计算步骤如下。

1）获取当天用户点击行为数据，过滤掉一些噪声数据，譬如商品信息缺失等。从而得到用户会话 sessionID、商品 ID（商品标识）、浏览时间等信息，如表 3-7 所示。

由于 A4 的浏览时间和 A1、A2、A3 相差较大，因此将其过滤掉，这里定义为 1800 秒，如表 3-8 所示。

表 3-7　用户点击行为日志表

用户会话 ID	浏览商品的时间	Item Pairs
100	A1, 20:12	A1, A2　A1, A3
	A2, 20:13	A2,A1　A2, A3
	A3, 20:15	A3,A1　A3, A2
	A4, 23:30	

表 3-8　过滤后的用户点击行为日志表

浏览商品的时间	Item Pairs
A1, 20:12	A1, A2　A1, A3
A2, 20:13	A2,A1　A2, A3
A3, 20:15	A3,A1　A3, A2

2）首先，计算任意两种商品之间的共同点击次数。然后，根据基于条件概率的商品相似度计算方法来计算商品的相似度。商品相似度公式如下。

$$s(i,j)\ \frac{\mathrm{freq}(i\cap j)}{\mathrm{freq}(i)\cdot\mathrm{freq}(j)}$$

其中，$s(i,j)$ 表示项 i 和 j 之间的相似度；$\mathrm{freq}(i\cap j)$ 表示 i 和 j 共同出现的频率；$\mathrm{freq}(i)$ 表示 i 出现的频率；$\mathrm{freq}(j)$ 表示 j 出现的频率。

3）合并前一天计算的商品相似度数据，进行投票判断，选择相似度较大的作为新的商品相似度，从而实现增量式商品相似度计算。

3.11.4　商品推荐模型总结

对于商品推荐模型，除了上述介绍的基于关联规则和基于协同过滤的算法外，还有其他一些常用的算法，譬如基于内容的算法，即根据商品标题、类目和属性等信息，计算商品之间的关系，然后结合用户行为特征，为用户提供商品推荐。商品推荐模型面临着许多重要问题，譬如特征提取问题，即如何从商品标题、类目和属性中提取商品的重要特征、新用户问题，即如何解决用户行为较少，提升推荐质量、新商品问题，即如何处理长尾商品问题，让更多的商品有推荐展现的机会、稀疏性问题，即对于庞大的用户和商品数据，用户评分数据往往会显得非常稀疏等。面对这些问题，在实际应用中，需要根据业务场景，充分利用各种算法的优点，从而设计出混合推荐算法，以便提升推荐质量。

3.12 数据产品

数据产品是指数据分析师为了响应数据化运营的号召，提高企业全员数据化运营的效率，以及提升企业全员使用数据、分析数据的能力而设计和开发的一系列有关数据分析应用的工具。有了这些数据产品工具，企业的非数据分析人员也能有效地进行一些特定的数据分析工作。因此可以这样理解，数据产品就是自动化、产品化了数据分析师的一部分常规工作，让系统部分取代数据分析师的劳动。

其实，我们每个人在日常生活中或多或少都使用过各种各样的数据产品，有的是收费的，有的是免费的。最常见的免费数据产品，就是我们登录自己的网上银行，来查看自己在过去任何时间段的账户交易明细。如果你有在当当网上的购物体验，那么对当当网账户里的操作应该比较熟悉，如图 3-7 所示，用户可以在“我的收藏”页面针对自己的所有收藏商品进行有效的管理，这也是一种免费的数据产品。

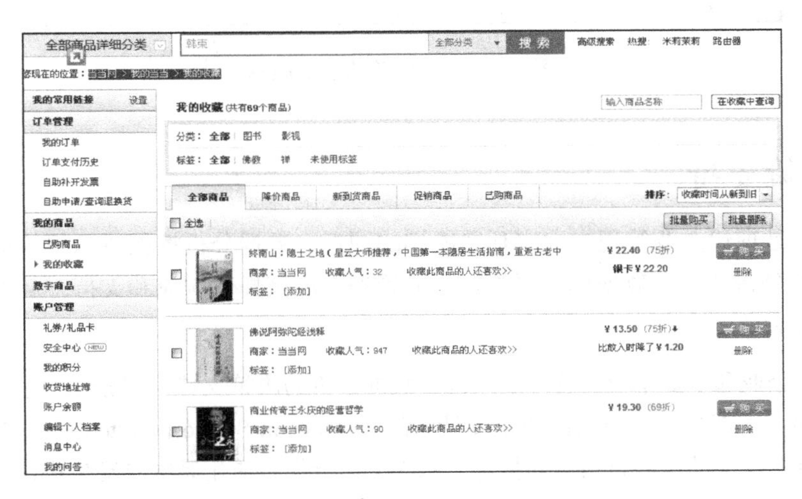

图 3-7 “我的收藏”页面

当然了，上面列举的这些产品更多的是方便用户进行个人财务、商品管理的，还不是专门针对用户进行数据分析支持的。下面这个例子，如图 3-8 所示则是跟数据分析功能相关的数据产品，量子恒道作为淘宝网的一个免费数据产品，可以帮助网商自我进行精准实时的数据统计、多维数据分析，从而为网商交易提供更强的数据驱动力。

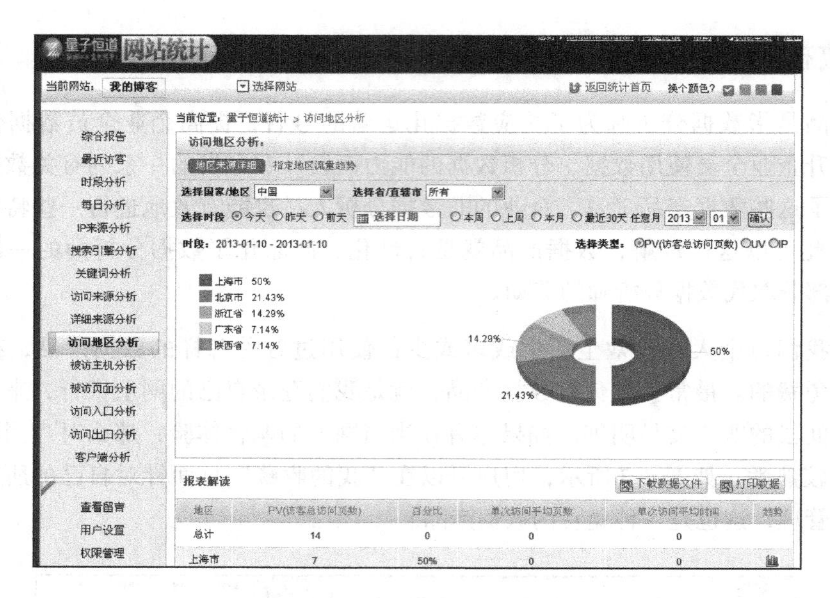

图 3-8 量子恒道的分析展示

3.13 决策支持

决策支持是现代企业管理中大家耳熟能详的词汇。数据分析挖掘所承担的决策支持主要是指通过数据分析结论、数据模型对管理层的管理、决策提供响应和支持，从而帮助决策层提高决策水平和质量。

对于现代企业和事业单位的管理层来说，数据分析的决策支持一部分是通过计算机应用系统自动实现的，这部分就是所谓的决策支持系统（Decision Support System，DSS），最常见的输出物就是企业层面的核心日报、周报等。每天会由计算机应用系统自动生成这些报表，供管理层决策参考，另一部分是非常规的、特定的分析内容，包括特定的专题分析、专题调研等。

无论是报表还是专题分析，对于数据分析师来说，所涉及的承担决策支持的工作与支持业务部门的数据分析，在技术和方法上并没有本质的区别和差异。但是在以下方面会有一定的差别：

- ❑ 决策支持的数据分析工作要求数据分析师站在更高的角度，用更宽的视野进行数据分析。由于是供企业决策层参考的，所以数据分析师要站在企业全景、市场竞争的全局来考虑分析思路和结论。
- ❑ 服务的对象不同。这似乎是废话，但是在数据分析挖掘实践中，这的确也是数据分析师不能回避的问题。在实践中，因为是为决策层服务的，所以对分析的时间要求常会更严格，项目的优先级也会更高，而且对结论的准确性和精确性的要求也会相对比较苛刻。

第4章 数据化运营是跨专业、跨团队的协调与合作

玄黄不辨，水乳不分。

——《五灯会元》宋代　普济禅师

在前面3章，我们介绍了数据挖掘和数据化运营的概念，并对常见的数据分析项目类型进行了简述。事实上，无论是数据挖掘的专业技术，还是具体的数据分析项目，对于企业的数据化运营实践来说都还只是万里长征的第一步，也就是说数据挖掘的价值、数据分析项目的价值一定要落实到企业具体的数据化运营（业务落地应用）实践中才可以得到检验和实现，而在运营实践中与业务团队的结合是很关键的问题。

可以说，数据化运营是一项企业全员参与的全民运动，数据分析部门和数据分析师在其中则扮演着中心和主力的角色，但是又离不开业务部门的参与、理解、应用和支持。可能有读者会问，在这个数据化运营的全民运动中，不同的业务部门各自又具有什么样的职责和要求呢？**本章就以在线运营团队的数据化运营为例，具体讨论两个团队的定位和分工，通过举例详细介绍数据化运营是如何凭借多个团队的专业分工和协作，来合力走向成功的。**

4.1 数据分析团队与业务团队的分工和定位

在数据化运营实践中，数据分析团队和业务团队既会密切配合，又会保有各自独特的专业性。业务部门有自己的专业领域，并有相应的专业技能要求，但是围绕数据化运营这个大场景时，业务团队则必须具备与数据分析相关的一些基本技能和要求。**本节以在线运营团队为例，详细说明数据化运营场景中运营团队应该具有的与数据相关的基本技能要求。另外，虽然目前对于“网站运营”的准确定义还缺乏一致的看法，但是主流的意见是：凡是承担网站运作和网站营收工作的，都属于网站运营的工作。这个定义在本书里将会贯彻始终，后面不再重述。**

4.1.1 提出业务分析需求并且能胜任基本的数据分析

在数据化运营中，运营团队的员工首先要会提出合理的、有价值的、有意义的业务分析需求，即提交需求给数据分析团队。可以说，数据化运营来自于业务需求，服务于业务需求，而业务需求的一个重要来源则是业务团队（包括运营团队）的需求。运营团队不仅要提出分析需求，而且应保证这个需求是合理的有价值有意义的，也就是说需求的提出要经过业务团队内部的讨论、过滤，尽量避免无效、无理需求的产生，从而避免资源浪费，也可以提高分析效率和数据化运营效率。由于各业务团队的业务水平有差异，因此需求的有效性也有相应的差异，有些来自业务方的分析需求甚至是伪命题，而这很可能是业务团队自身对于业务逻辑的思考不严密或者对于数据分析的应用条件不是很了解的反映。比如，某在线运营团队通过电子邮件的持续运营，激发受众的活跃性。他们发现，有些受众对于电子邮件的响应很积极，打开邮件、点击链接的比例比较高，而有些受众对于电子邮件的响应不积极，很少打开电子邮件，更不要说去点击其中的链接了。基于这个直观感受，该运营团队提出了数据分析需求，希望建立一个预测模型，预测谁最可能响应电子邮件的宣传（最可能打开邮件、点击链接等），谁最不可能响应电子邮件的宣传（最不可能打开邮件）。虽然这个需求乍一看很合理，但是仔细想想，分析的很多数据条件不具备：用户是否打开电子邮件受很多因素影响，比如广告是否有促销、促销力度是否大、文案是否吸引用户等，而且历史数据里每次运营活动的主题都不一样，具体的主题却没有数据记录。这些关键因素都决定着用户是否会点击邮件，但是这些因素在历史数据里并没有记录在案。在这种情况下，仅仅根据用户的注册属性和部分网站使用行为去搭建预测模型，来预测用户是否对电子邮件运营响应度高，风险会很大，很有可能做到最后不但浪费了资源，而且模型效果不好。针对这种情况，数据分析师建议先对响应受众进行简单的统计描述分析，看是否有比较明显的有价值的特征发现，再基于这个分析总结去决定是否需要搭建预测模型做深入分析。

当然，业务团队提出分析需求的能力和水平也是一个不断提高、不断进步的过程，其中数据分析团队和数据分析师在引领业务团队数据化水平成长的过程中扮演着重要的“授人以渔”的角色。

业务团队和业务人员应该具备怎样的基本数据分析技能呢？具体来说，以下一些重要的基本技能是在数据化运营中作为一个合格的运营团队和一名合格的人员应该具备的：

- 图表处理能力：运营人员应该具备基本的图表处理能力，包括针对具体的运营场景，自己会制作趋势图、分布图、透视表、二维交叉图等。
- 读懂报表的能力：能从自己业务相关的日报、周报、月报、监控报表里发现跟运营有关的异常现象，并且能合理地解释数据的波动。
- 细分用户的能力：能按照合理的维度切分用户群体，并且能针对不同群体进行细分运营。这里的合理维度主要是指基于运营方的具体运营目的，能提炼出简单却重要的核心要素（变量），并且能对其进行合理的维度切分。
- 运营监控的能力：能设计、制作简单的监控表格，从而监控运营过程和关键环节，包括为了监控而去页面埋点，以及如何控制运营的节奏等。
- 有编写简单 SQL 的能力：SQL 是结构化查询语言的英文缩写，指的是一种非常主流的数据库查询语言，通过该语言，用户可以从数据库中提取所需的数据。运营人员掌握了简单的 SQL 语言后，就可以随时对自己感兴趣的数据进行简单的查询和抽取，而不用事事都让数据仓库人员或者数据分析人员去帮忙，提高了查询和分析的效率。
- 有分析总结的能力：运营人员能针对具体的运营活动进行效果总结，能针对目标受众的属性进行单维度的简单统计分析，能理解数据分析师的分析报告，并且最好能提出自己的建议和意见。

- 目标预测的能力：运营人员能根据自己的业务经验和业务敏感，对具体的运营方案的结果有阶段性的比较靠谱的预测。

4.1.2 提供业务经验和参考建议

运营人员作为运营专业人士，其看待业务的角度和深度与数据分析师有明显的差异，运营人员更加具有运营直觉和业务敏感，也就是通常所说的业务经验，而这些直觉、经验是数据分析师所不具备的，也是数据分析过程中需要运营人员参与、贡献的地方。

在数据化运营过程中，在数据分析项目中，运营人员的业务经验和直觉的分享非常重要，很多时候可以让数据分析项目进程事半功倍，这多半是因为实践出真知吧。如果没有业务人员的参与，单单凭借数据分析师和分析挖掘工具，即便是很先进，要从成百上千的变量（因素）里提炼有价值的因子，一方面需要消耗太多的探索时间，另一方面，分析结论的业务可解释性也可能变得费劲，甚至无法实现。业务可解释性本身也是一个好的数据分析项目的重要要求。这也是在数据分析项目和数据化运营实践中强调要业务方投入进来的主要原因之一。

笔者曾经做过一个关于付费产品“旺铺”的付费用户预测模型，模型主要目的是预测哪些用户最有可能在一个月之内付费购买“旺铺”产品。在建模之前的业务走访和交流中，笔者咨询过业务部门的不少相关人士，从他们那里了解哪些特征是他们业务直觉里跟用户的付费购买“旺铺”产品最密切相关的，其中有位资深产品专家凭直觉认为“用户过去 30 天查看自己线上店铺（前台）的天数”跟用户付费购买“旺铺”的行为关联最密切。他的理由很简单，正如一个经常对着镜子观察自己面容的人，相对而言他对自己的容貌更为在意，也就更可能花钱投资在美容、面部保养上面；一个经常去自己线上店铺（前台）浏览观摩的人，相对而言对自己的店铺形象、店铺装修会很在意，当然也就更可能花钱投资在店铺装修之类的产品上，而“旺铺”正是这样的装修产品，所以这种人很可能更倾向于付费购买该产品。在后期的数据分析、挖掘、建模过程中，果然验证了这位产品专家的直觉，在所抽取的上百个分析变量（字段）中，“上个月（过去 30 天）用户查看自己店铺（前台）的天数”是最终预测模型里最重要的预测变量，是真正的核心预测因子。现在想起来，这个事例仍然让我回味无穷，通过数据分析挖掘提炼出深层次的、十分符合业务解释的业务内在逻辑关系是一件充满快乐的、美妙的事情，其中的快乐，大概只有真正从数据挖掘中发现这样规律的人才真正理解吧。

4.1.3 策划和执行精细化运营方案

运营方案的策划和执行是运营人员的专长和专业，其中涉及了比较多的专业技能，包括营销与推广的能力、内容创造与文案编写的能力、HTML[⊖]编写能力、简单的工具绘图与审美能力（比如熟悉并掌握页面编辑工具 Axure RP，熟悉并掌握 Demo 绘图工具 Dreamweaver 等）、用户消费心理的揣摩与把握等，甚至包括经济学的基本原理。运营人员是全面的商业执行者，因此要求他们具有良好的沟通能力和技巧，可以在业务链的上下游业务部门之间有效沟通，借助各相关业务部门的力量最终通过运营人员的“临门一脚”完成运营实践的落地。

下面介绍一个典型的运营活动场景：运营团队要根据数据分析师提供的目标用户特征和运营受众的规模等目标群体策划一个运营方案，这个方案包括运营计划书、文案的创作、运营刺激方案的制订、活动页面的框架、为配合效果统计的前期页面布点（中间需要与网站、数据仓库团队协调）、活动页面的设计定稿（中间要与 UED 团队协调）、订购流程的优化（中间需要与 CRM 团队协调）、运营活动的上线（中间需要与 IM 即时通信团队、网站技术团队协调）、活动效果的监控（中间需要与数据分析团队、数据仓库团队协调）、活动节奏把控和页面切换、活动后的总结、讨论、反馈等。上述的整个流程中一环套一环，不仅需要运营人员具有各种专业能力，更需要其具有良好的人际沟通、交流和协调的综合能力。

4.1.4 跟踪运营效果、反馈和总结

数据化运营是落地的应用，是要拿结果说话的，所以运营效果跟踪是整个项目的应用核心所在，通过对应用效果的跟踪、反馈与总结，一方面可对数据模型的质量进行客观评价，另一方面，也可对运营的技术、手法进行比较和判断，所有这些都是为今后的模型优化、运营技术的提升打基础，并且是最重要的依据。

对于运营的效果评价，包括对模型效果的评估和对运营效果的评估两个方面。

其中，对模型效果的评估主要是判断模型本身在应用中是否与当初模型训练时的效果类似，也就是模型是否如当初搭建时所想的那样稳定，**关于这方面内容将在第 7 章详细讲解，本节从略。**

而对于运营效果的评估，就是排除模型本身的效果因素，专门考察运营因素导致的效果差异，通过相关的数据分析，找出运营中好的地方和不足之处，便于以后扬长避短，为后续提升运营活动的效果提供新的思考和依据。在运营效果评估中，常用的方法是 AB Test，即

[⊖] Hyper Text Mark-Up Language，即超文本标记语言，设计HTML语言的目的是为了把存放在一台计算机上的文本或图形与另外一台计算机上的文本或图形方便地联系在一起，形成有机整体。人们不用考虑当前信息是在当前计算机上还是在其他计算机上。这样，只要使用鼠标在某文档中点击一个图标，Internet就会马上转到与此图标相关的内容上去，而这些内容可能存放在网络的另一台计算机中。HTML之所以称为超文本标记语言，是因为文本中包含了所谓的超级链接点。所谓超级链接，就是一种URL指针，通过点击它，可使浏览器方便地获取新的网页。这也是HTML获得广泛应用的最重要的原因之一。

通过对相似群体不同运营方案实施后的效果进行对比，来评价不同运营方案的运营价值和优缺点等）。**在本书第6章中，会有非常详细的全过程描述，其中包括运营效果的评估，以及在此基础上对运营因素的分析和提炼。**

相比于运营人员，数据分析师在数据化运营中也有自己的关键能力要求，下面通过表4-1把这两类人员的能力侧重点进行对比归纳。

表4-1 在数据化运营中，运营专业人员与数据分析师的主要职责和数据分析能力要求

运营专业人员的职责和能力要求	数据分析师的职责和能力要求
提出业务分析需求并能胜任基本的数据分析工作	深入业务背景，发现、倾听业务需求
提供业务经验和参考建议	有效判别分析需求价值
策划、执行精细化运营方案	有效提供分析解决方案
跟踪运营效果、反馈和总结	跟踪落地应用效果，修正或优化方案及模型

4.2 数据化运营是真正的多团队、多专业的协同作业

4.1节中多次出现了数据分析团队和运营团队的字样，但是企业的数据化运营实践和项目应用中，绝不仅仅只有这两个专业团队参与其中，更常见的情形是，技术团队、数据仓库团队、CRM系统、客服团队、销售团队、UED团队、测试团队、财务管理团队、数据分析团队和运营团队都要参与进来，多团队协同作战，共同执行一个成功的数据化运营落地应用。

回想我们在1.1节中提到的互联网行业里的3P3C理论，也是从另外一个维度（核心因素）揭示了数据化运营的复杂性和多专业协调性。

在4.3节中，将对一个完整的数据化运营项目的落地应用全过程进行描述，并举例说明数据化运营是如何需要多团队、多专业协同作业的。

4.3 实例示范数据化运营中的跨专业、跨团队协调合作

案例一：A公司的H产品是一款在线转账产品，其最大的用户价值（用户利益）在于用户通过该产品将现金转账到个人的银行账户时，所需的手续费只是网银转账手续费的一半，甚至更少。该在线转账产品本身是免费使用的，只是用户每次通过该产品在线转账时要支付少量的手续费（相比网银而言）。该产品具体使用流程是，用户首先在网站上下载该在线转账产品，然后登录该产品，并且把自己的支付宝与该产品捆绑，捆绑成功后就可以随时在线使用转账功能了，这样就可以把钱从支付宝转账到各商业银行的账户里。要强调的是，使用该产品转账的费用比直接用支付宝转账的费用还要低。H产品本身所涉及的金融政策不是本

书的讨论点，因此这里不做讨论，只是将其作为一款在线产品的运营案例进行分析。

H 产品的运营团队肩负着在线推广该产品的使命，以便让更多的用户认识该产品、了解该产品，并使用该产品进行在线转账。通过初期将近 1 个月的试运营，已经产生了一批下载该产品的用户，其中有些用户已经成功使用该产品的在线转账，当然也有一部分下载的用户在实际转账过程中因为种种原因不能成功转账，导致转账失败。在这期间，运营团队有很多数据分析需求，比如用户使用该产品的流程漏斗分析、运营活动的效果漏斗分析、目标客户的特征分析、实际转账成功用户的特征提炼等。**本案例分享的是对其中成功转账用户的特征提炼（群体细分），并根据这些分析结论和发现进行更加有效的产品推广，即用最有效的手段让更多的人使用该产品。**

1）业务方提分析需求。

运营团队希望数据分析师能基于试运营 1 个月以来的效果，即下载产品的用户数量、捆绑产品的用户数量、实际操作转账的用户数量、实际转账成功的用户数量，从中发现最可能使用该产品转账的目标客户群体，从而在以后的运营活动中可以更加精准地针对这些目标群体进行数据化运营，同时为今后的产品优化和升级积累相关的线索、方向和科学依据。

2）分析师与业务方讨论需求。

数据分析师根据运营团队的分析需求，与运营团队一起讨论项目需求，讨论试运营 1 个月以来的实际效果（数据），了解试运营期间的运营手段、运营策略、运营节奏、运营人员的个人体会与直觉等，从而对业务背景有比较深入的了解。

3）分析师决定是否受理需求，制定具体分析思路、框架、计划并与业务方讨论。

根据双方交流、沟通的结果以及对试运营 1 个月以来的效果数据的摸底、评估，项目的数据分析师决定接受该分析需求，同时提出了大致的分析思路、分析框架以及备选的分析字段，并且与运营团队一起讨论、交流这些分析思路和分析框架，征求业务方的意见和建议。

4）分析师具体进行项目分析、挖掘。

项目的数据分析师根据经过讨论确定的分析思路、分析框架和分析字段，从数据仓库中抽取分析数据，并进行具体的数据分析、挖掘工作。在此过程中，分析师根据不同的思路、方法，得到了不同的分析结论，在综合评估后，与运营方一起讨论，决定最合适的分析结论和用户群体特征方案。

5）运营方根据分析结论策划运营方案。

运营方与数据分析师共同协作，根据目标客户群体的典型特征结论，考虑具体选择哪些细分群体去运营，并且开始策划相应的细分的具体运营方案，即制定运营计划时包括运营主题、活动的激励方案、活动预算、运营节奏、时间节点、链接的打点事宜、活动页面的设计事宜、效果监控方案等，并且还包括如何与相关的业务团队协调资源、协同推进方案的执行等事宜，比如向 UED 申请活动页面的设计资源；督促对方按时完成活动页面的设计、修改、定稿；与数据仓库团队协调链接打点事宜；与资源部门申请运营通道和时间节点；与 CRM 系统协调活动激励措施的支付系统配合等。

6）运营活动的实施及效果监控。

在运营方案和计划得到批准后，按计划正式实施具体的运营活动方案，并实时监控运营效果，活动后期进行效果评估、反馈和总结。

上面对某具体运营活动的过程进行了比较详细的描述（不涉及数据分析技术层面，**因为详细的分析技术、分析字段、分析方案、分析结果和效果跟踪将会在第 9 章、第 11 章的案例分享中详细描述**），可以看到，一个完整的数据化运营项目，先不谈是否是成功的应用，已经涉及多个专业、多个部门的协同参与。真正的企业级数据化运营远不止是项目层面的，而是会扩展到企业的整体运作中的，因为企业整体的思维、决策、管理及运营都是围绕数据化并以此为核心的，是真正全民参与的。数据化运营一定不是某个业务部门的内部事务，也一定不是数据分析部门和数据分析师自己的事情，数据化运营是企业整体的无所不在的数据应用，以及无所不在的全民数据意识。

案例二：某女装品牌在淘宝商城开设了自己的旗舰店，为了响应电子商务企业一年一度的大型促销狂欢节日——光棍节[⊖]，准备积极备战此一年度最火的商业大战。迎战光棍节，企业有哪些环节要把握呢？又有哪些相关部门要参与呢？表 4-2 对此进行了比较清楚的梳理和总结。

从表 4-2 可以看出，针对一个大型的促销运营活动，从活动前的策划、准备，到活动中的认真执行与过程控制，乃至活动后的总结、反馈与挑战，整个过程几乎会涉及企业的所有职能部门和管理层。通过这个典型的案例，再一次证明，数据化运营是跨专业跨团队的协同合作。

⊖ 所谓光棍节，原是流传于年轻人中的娱乐性节日，以庆祝自己仍是单身一族，因为11月11日是有4个1的，所以被称为光棍节。从2010年开始，阿里巴巴旗下的淘宝公司率先在当年11月11日进行网站的光棍节大促销，淘宝网站上的许多商品进行了大幅降价酬宾。后来，这个做法逐渐为国内大多数电子商务网站所采用并追捧，掀起了全国性的每年11月11日的电子商务网站大酬宾运营活动的高潮。

表 4-2　某电商企业在大型促销活动中的运营计划一览

	阶段任务	责任方	主要成果	具体任务
双11前	总目标制定	数据分析团队、管理层	销售额=流量*转化率*客单价	流量的预测
				风险控制（历史数据打7折）
				店铺活动转化率预测
				客单价的预测
	销售目标分解	数据分析、运营	品种、款式、数量、生产排期、库存	历史数据分析预测
	运营策划	运营、UED	流量最大化	活动引流、广告引流、其他流量
			转化率最大化	主推款的位置、页面布局、优惠券、奖品
			客单价最大化	促销措施、奖励设计
	客服准备	售前、售后	资源安排	客服匹配
			压力测试	满负荷压力测试
			针对性培训	客服一键式培训
				快捷回复
				主推产品的培训
				售后环节
			预备资源	临时客服、兼职客服
	仓库准备	仓库、物流	仓位布局	货品与仓位布局设计
			压力测试	发货流程的压力测试
			打包	打包环节落实
			物流	物流公司对接落实
双11中	执行与控制	运营、仓库、客服	抓流量	直通车引流
				老客户引流
			产品调配与更换	页面转换调整
				产品更换调整
				超卖情况控制
			支付环节	电话、短信催付
				活动设计催付
			物流发货	打单发货进度
				物流公司收件进度
双11后	总结与调整	各参与部门	成绩的总结	
			缺憾的总结	
			后续的改进措施	

第5章 分析师常见的错误观念和对治的管理策略

错误的观念和思想，决定了错误的方向；错误的方向，必然导致失败的结果。

市面上关于数据分析挖掘方面的书籍不少，关于如何做好数据挖掘的方法总结也很多，但是绝大多数都是站在纯技术、纯算法的角度进行阐述与总结的。其实，**影响数据挖掘模型和数据分析成果、价值的因素很多，除了技术方面的因素（包括算法、数据质量、企业硬件设施等）之外，还应该包括数据分析师本人对于数据分析的思想观念、对于数据和数据分析的态度，以及数据分析师所具有的商业意识及商业敏感度，更包括企业层面的数据化运营的意识和氛围，从某种意义上来说，后面的几个因素对数据分析成果和价值的影响要远远超过纯技术层面的因素的影响**。

关于企业层面的数据化运营的意识和氛围，第 1 章已经做了比较深入的阐述和分析，在此我们不再重复。

关于数据分析师本人对于数据分析错误的思想观念以及可能对数据分析和应用造成的危害，是本章的重点，我们将把企业数据化运营实践中数据分析师所表现出来的一些有代表性的错误观念做一下总结和归纳，并且提出实践中应对这些错误观念的比较行之有效的管理制度和措施。

除了本章即将要具体展开说明的种种错误观念之外，**还有一个同样严重的、直接造成分析师的分析成果和分析价值缺乏商业应用价值的核心因素——数据分析师应该具备但是却常常不具备的“商业意识”或“商业敏感”。鉴于这种“商业意识”或“商业敏感”并非属于思想观念的范畴，与本章的主题（思想、观念）有明显的差异，故我们将在本书第 16 章进行深入探讨**。

另外，分析师“对于数据和数据分析的态度”也是同样可以直接决定分析师分析（挖掘）价值的。这里的错误观念、商业意识和数据态度都属于“形而上”的范畴，都是可以对数据分析师的分析成果产生方向性的重大影响，所以在这里我们把这三大因素放在一起进行讲解，希望能引起读者的重视和引发读者思考。**关于“分析师对于数据和数据分析的态度”的具体内容，我们将在本书第 16 章做深入探讨**。

现在，正式开始本章以分析师的错误观念为主题的探索之旅。

在数据分析（挖掘）项目中，很多时候技术层面的差异所带来的分析结论的差异并不是十分明显，但是错误的观念和思想将会造成数据分析（挖掘）的最终结果南辕北辙。由于国内的绝大部分数据分析专业人员都是计算机、统计、数学等专业领域的人才，对于分析应用相关业务领域的背景和专业知识（如果不是有意识有目的地去了解和学习）并不是十分了解的；或者过分聚焦于数据分析专业的技术层面而忽视业务领域的相关技能和知识，导致他们在工作中与业务背景缺乏起码的融合，严重削弱了数据分析工作的价值和应用效果。

举一个企业实践中司空见惯的现象为例，很多数据分析师与业务部门的关系总是存在或多或少的芥蒂。一方面数据分析师总是觉得自己的工作很努力，分析结论和项目成果都充满技术含量，都很不错，另一方面业务部门总是觉得有些数据分析师的工作对他们的支持力度不强，对业务的价值不大。这种双方观点和看法的不匹配必然会严重影响数据化运营的效果和效率，其中对于数据分析师来说，最大的问题就是他很可能没有真正深入业务、了解业务，这其实很可能就是数据分析师自身轻视业务论所造成的。

鉴于此，本章专门归纳总结了数据分析师常见的一些错误的思想和观念，并针对这些错误观念会严重削弱数据分析或数据挖掘应用效果的主要原因进行了阐述，同时还给出了从管理制度和管理策略上加以限制和预防的行之有效的一系列方法、措施。思想观念矫正了，就从源头上保障了数据分析方向的正确性，方向正确了，才有可能带来好的结果——项目成果、业务落地应用成功。

5.1 轻视业务论

轻视业务论最常见的两种类型就是数据分析师瞧不起业务部门的工作，总是觉得数据分析工作优越于业务工作，因而不愿意学习业务逻辑、业务背景和业务知识；或者，数据分析师不懂业务部门的业务逻辑、商业逻辑，也没有意识到自己不懂，更没有想到要主动去学习和掌握。轻视业务论最直接的后果就是数据分析师对业务逻辑、业务背景和业务知识缺乏起码的认识和了解，这样又怎么能指望做出来的分析结果、解决方案跟业务应用有很深的联系呢？

典型的轻视业务论产生的数据分析报告（模型）是什么样呢？一个刚刚毕业的统计专业的本科生或硕士生（没有起码的了解企业和产品的背景知识），针对企业的业务现状做出的一份数据分析报告，很可能就是一个典型的“轻视业务论”特点的分析报告。报告的内容和组成可以是非常华丽、花哨、复杂、冗长的图表，甚至是方程式、模型等，但是最遗憾的是这么多的内容里很难有具体针对业务需求与业务应用的对接点，套用两个经典的成语就是纸上谈兵和华而不实。

轻视业务论在工作中最常见的表现形式就是：分析师没有掌握相关的业务知识，分析师提交的分析报告或解决方案并不能真正回答业务方所希望回答的问题。这类分析报告从统计的角度来看，似乎非常完美，使用了能想得到的各种分析维度、分析技术、表格、图表，文章洋洋洒洒。但是，这些报告都只是数据的罗列和堆积，至于具体每个表格、每个关键数据对于业务方有什么意义，有什么建议，该如何落地应用则很少有建设性的提醒和帮助；对于业务方来说，看到这么多的数据、表格、图，他们还是无法知道到底要如何跟自己的业务应用直接挂上钩，或者说仅凭借这些分析报告里的表格、图、结论根本无法与具体的业务应用挂上钩。这不仅是业务方的悲哀，更是数据分析师的悲哀。

数据挖掘的本质是来源于业务需求、服务于业务需求，如果轻视业务，脱离业务，那数据挖掘和数据分析也就没有存在的价值和意义了。道理看上去是不是非常简单直白？但是不少数据分析师在工作中还是有意无意地表现出了轻视业务的态度，人性的弱点，在生活中亦如在数据挖掘中。

轻视业务论的主要责任在于数据分析师本身，他是主要矛盾，是决定性根源和因素。不过，从管理的角度看，也有一些方法和制度来促进分析师转变这个错误的轻视业务论的思想观念，尽管这些制度总的来说是被动的、间接的。常见的一些相关的管理制度和措施如下。

让数据分析师经常阶段性地把办公桌搬到对口的业务团队里，与业务团队坐在一起办公。这个管理措施的目的就是迫使数据分析师融入业务团队的日常工作中，使其与业务团队“捆绑”在一起，并参加他们的业务会议，这样一来，就可以熟悉业务背景、了解业务流程、知道业务团队和业务人员是如何思考他们的业务的，进而促使数据分析师逐渐向业务靠拢，逐渐培养其与业务团队的“共同语言”，最终推进数据分析师的思路、技术、方案与业务方融合。阿里巴巴作为中国互联网行业里的一家代表性企业，很早就关注“轻视业务论”所带来的损失和浪费，一直坚持贯彻“让分析师定期走到业务团队里办公”的制度，新来的实习分析师、从社会上招聘的数据分析师，都要首先坐到业务团队里，熟悉业务背景和业务流程，了解业务团队的相关人员，以便为今后的分析工作有效结合实际业务打下坚实的基础。

人员管理上贯彻虚线实线的双线管理模式和考评体系。针对数据分析师的管理和考核，分别配置实线主管和虚线主管来进行综合考核。实线主管，就是数据分析师在数据分析团队里的主管，这个主管作为该分析师的主要考评人，对分析师的技术水平、专业成长、公司价值观等方面进行管理、考核、指导；虚线主管，通常是数据分析师所对口业务线的业务团队的主管，他作为数据分析师的次要考评人，重点对该分析师在支持业务的数据化运营的效果、配合度、与业务团队的融合等方面提出管理、考核的意见和建议。一般来说，对于数据分析师的考核和管理应该是结合实线和虚线两方主管的意见和建议来综合决定的。虚实结合的双线管理和考评模式，客观上可以促进数据分析师向业务靠拢，更好地使得分析结论和解决方案来源于业务需求，也服务、应用于业务需求。

总地来讲，管理上的推动、压力和要求是被动的、间接的，只有数据分析师自身的主动性和自觉性才是决定性的因素和动力。只有数据分析师发自内心的反省和认识，轻视业务论才有可能彻底得到解决，这是数据分析师成长的必要条件。

5.2　技术万能论

“技术万能论”是不少数据分析师所信奉的准则。“技术万能论”者有一个典型的特征，那就是过分迷信分析技术、挖掘技术，认为它们可以解决一切业务问题（包括业务难题）。“技术万能论”的实质就是不能客观看待数据分析的功能和数据分析的技术，认为数据分析技术可以解决一切问题，对数据分析挖掘技术期望值过高。

“技术万能论”在业务实践中常见的表现形式就是相信数据分析技术本身可以解决任何业务分析需求；对于任何业务难题，不用心思考就认为通过数据分析可以有效解决；认为数据分析无所不能；甚至认为仅凭借数据分析技术（不用考虑其他资源）就可以解决任何业务问题等。数据分析技术是不是万能的呢？当然不是，举一个简单的实例场景，业务方希望数据分析技术能找出付费用户流失的原因。虽然数据分析挖掘技术可以通过建模、准确预测哪些付费用户有可能近期流失，也能够挖掘出一些诸如“近 1 个月登录平台天数少于 20、近 30 天交谈客户数少于 20 等，则符合这样条件的客户流失概率大约为 60%”的判断规则，但是数据分析挖掘技术其实是不能找出其中逻辑上的因果关系的。尽管上述基于流失概率的判断很准确，但是模型揭示和发现的那些规律、规则都只是关联的关系。关联关系跟因果关系是两回事，数据分析挖掘技术是发现不了因果关系的。

在数据化运营的业务实践中，初级数据分析师常犯的一个错误就是无论业务方提出什么分析需求，都一股脑地全盘受理，根本不考虑这些分析需求是否合理，数据分析技术是否可以解决之。这其中有可能是潜意识里也认同“技术万能论”的表现。

为什么数据分析挖掘技术不是万能的呢？常见的原因有以下两个。

一个是数据本身不配合。虽然数据挖掘的定义是从海量数据中探索、发现那些能带来商业价值的信息金砖，但是具体到一个项目和具体的数据资源时，数据挖掘是否一定能圆满回答项目需求，很多时候恐怕还要看“上帝的脸色”。因为很可能现有的数据资源并不支持你所希望的模型关系、逻辑关系，或者你的项目需求并不是合理的需求，甚至是伪命题，在这个时候，数据挖掘很可能就是无能为力的。

另一个是业务条件不配合。数据挖掘项目实践是典型的跨团队、跨专业的协调合作项目，其中受影响的因素很多，绝不仅仅是数据分析挖掘技术可以独家包揽的。很多时候，业务因素的欠缺或不足会严重削弱数据分析技术的作用，导致最终业务需求无法满足，这类现象也说明了在某些业务应用中数据分析技术的确不是万能的。举一个实例来说明，如一个基于网络平台应用的新品发布已经进入倒计时阶段，突然发现核心的判断模型需要数据挖掘应用的介入（原定的模型被测试证明是效果不好的）。在这种情况下，数据挖掘纵然有天大的本事，也无法回天，因为产品的核心思路从一开始就没有从数据挖掘的角度来考虑，或者说没有为数据挖掘的具体应用预备相应的数据资源积累，或者说此刻才考虑数据挖掘建模支持是无法在原计划的产品发布时间节点之前完成。在这种情况下，数据挖掘只能从有限的范围以及有限的层次内为产品的核心模型提供有限的改良建议，其效果当然也是很有限的。

如何认识“技术万能论”的危害并从管理制度上有效规避由此带来的项目风险、数据化运营应用风险呢？一个常见的管理策略就是**建立分析课题评估机制，在前期的课题需求评估阶段引进专家评估小组**，对课题需求本身的合理性、课题分析技术的把握性、数据分析的预计产出物、相关业务因素的判断等，做出相对权威、合理、客观的判断、评价和建议，从而决定该分析需求是否合理，是否可以通过数据分析、数据挖掘得到有效解决，是否在分析技术上有比较充分的把握，以及大概的产出物模式、应用价值等。专家评估小组给出的评估建议和评估结论，可作为决定课题是否正式立项的主要依据。实践证明，数据分析项目前期的专家小组评估制度，可以**有效保障课题的成功性、有效节约分析资源和项目资源、提升项目效率，是数据分析项目建设和数据化运营中的重要管理环节，应该在企业数据化运营中长期坚持，不断完善。**

专家评估小组成员不仅应该包括资深的项目经验丰富、熟悉业务背景的数据分析专家，同时还应该包括项目所涉及的相关落地应用业务领域的业务专家。跨专业、跨团队的专家小组可以真正从多专业、多角度全面评估项目课题，给出客观、科学、高效的项目建议，从而可以最大限度地降低“技术万能论”所带来的种种风险，提升数据挖掘项目的效率和企业数据化运营的效果。

5.3　技术尖端论

“技术尖端论”也是数据分析师，尤其是年轻的刚接触数据分析应用的数据分析师里比较有代表性的一种错误观念和思想。持有这种观念的分析师，会过分追求所谓尖端的、高级的、时髦的、显示自己技术水准的数据分析挖掘技术，认为分析技术越高级越好，越尖端越厉害。在数据分析项目实践中的主要表现就是面对一个分析课题，持“技术尖端论”的分析师首先想到的是选择一个最尖端的、最高级的分析技术去解决，而不是从课题本身的真实需求出发去思考最合理、最有性价比的分析技术。

任何一个数据分析课题，至少都会有两种以上的不同分析技术和分析思路。不同的分析技术常常需要不同的分析资源投入，还需要不同的业务资源配合，而产出物也有可能是不同精度和不同表现形式的。这其中孰优孰劣，根据什么做判断呢？是根据项目、课题本身的需求精度、资源限制（包括时间资源、业务配合资源、数据分析资源投入）等来做判断和选择，还是按照分析技术的高级与否做判断和选择？不同的考虑方式和选择结果，决定着项目的资源投入和对业务需求满足的匹配程度，一味选择尖端的、高级的算法和分析技术很可能会造成项目资源投入的浪费，并且很可能不是最适合业务需求的方案。**最贵的，不一定是最适合你的**，我们在生活中的体验和感悟同样也是适用于数据分析课题的场景和数据化运营应用的。

举一个实际的案例来说明。如某在线新产品上线试运营了两个月，产生了一批付费购买的用户，现在产品运营团队希望能比较深入、全面地了解目标用户的基本特征和大致的群体规模。针对这个分析需求，基于当前的业务背景（刚刚上线运营两个月）应该用什么样的分析思路和分析技术呢？目标用户特征群体筛选课题的解决思路，至少有 3 种以上的分析技术可以完成：有简单的技术，如统计描述总结、相关性分析、假设检验等；有常规的技术，比如聚类分析等；也有更加需要资源投入的技术，比如针对单个目标用户的预计付费概率的预测模型。具体到本案例，由于产品刚刚上线运营两个月，业务方对目标用户的大致情况还没有一个详细、全面的了解，而且无法使用精确的付费概率预测模型（2 个月的数据很难完全支撑起一个有效的预测模型的搭建和验证），所以综合考虑，简单地统计描述总结，进行相关性分析和假设检验是现阶段、现有业务背景下比较具有性价比的优选思路和解决办法。

追求技术的进步和发展本身没有错，但是一味强调技术的先进性，忘记了业务因素对分析课题的决定性影响，忘记了数据分析工作的目的是为业务服务、满足业务需求的根本宗旨，实际上就是本末倒置、舍本逐末，其实践后果通常就是浪费了分析资源，或者丢掉了最佳性价比的方案，或者根本无法与真实的业务需求有效对接。

应对并防止“技术尖端论”的一些有效的管理措施和管理制度包括 5.2 节谈到的**课题需求评估机制**，即用专家集体的力量提炼出最合适的、最具性价比的分析思路和技术，以及**经常性的分析师团队的技术分享**，如项目课题分享、同行间的课题交流，从不同的实际案例中深刻体会如何权衡分析思路、为什么“适用性”比“尖端性”更好、为什么“性价比”的考虑比单纯的“技术性高低”的考虑更可靠更有意义，从而逐渐开阔分析师的思路和视野，丰富分析师的经验。

5.4 建模与应用两段论

“建模与应用两段论”在当前的企业数据化运营实践中比较普遍，相当数量的数据分析师都自觉或者不自觉地在工作中表现出“两段论”的现象，比如不少数据分析师一旦将模型搭建好并验证通过之后，就将之丢给业务方去应用，至于业务方具体应该如何应用模型，数据分析师不太关心。又比如，模型或数据分析结论、方案在业务应用中出现了问题或瓶颈，但是相关的数据分析师不愿意去主动进行分析、诊断，或者不太清楚如何找出造成业务落地应用困境的原因，只能将这些问题和困难丢给业务落地应用方自己去摸索。

“建模与应用两段论”的背后既有分析师自身对业务背景了解不足、业务知识欠缺，或者业务经验不够的原因，又有分析师“偷懒，多一事不如少一事”的心态在作怪，也就是“不负责任”的态度在作怪，就是不能真正有效支持业务需求，最终致使其不能落地应用。

更深层次的原因也可能来源于企业管理层、决策层对于数据分析团队的定位和认识比较简单肤浅，对于数据化运营和数据挖掘应用的看法比较落后（如果数据分析团队和数据分析师被认为仅仅是企业里的一个部门、一个分析的职能，“铁路警察，各管一段”、“分析师出模型，业务方管应用”似乎也就顺理成章了）。

一个复杂的挖掘模型也好，一份数据分析报告也罢，对于企业的数据化运营的应用场景来讲都只是万里长征第一步。要真正给企业带来价值，重点在于其后的业务落地应用环节，这个环节比单纯的数据分析和数据建模更复杂、更关键，它需要多团队多专业的协调和配合，离不开数据分析师（数据分析团队）持续地跟踪、讨论、修正、建议。如果数据分析师不能参与落地应用环节，可以肯定地说这个业务落地应用的效果不会好到哪里去。因为除了单纯的模型方案之外，业务应用团队还需要了解数据建模的思路、数据分析师具体的提醒、业务落地应用中碰到困难时分析师的及时诊断和建议、应用效果评估时分析师给出的合理评估思路和评估框架等。更重要的是，数据分析（挖掘建模）过程绝不是简简单单的一蹴而就的过程，很多时候它是一个要通过与业务方的讨论、沟通，不断修正不断完善的过程。脱离了应用中的及时沟通、讨论、反馈、修正，这个模型也不可能有多大的业务应用价值，这样的数据挖掘模型（或者数据分析报告）也没有什么大的价值和意义。

应对和防止“建模与应用脱节”的有效管理措施包括：**对于数据分析师的考核和考评不是基于模型（或者分析报告和建议）本身，而是基于模型（项目）业务落地应用后的实际效果和业务反馈**，这种考核制度促使数据分析师必须全程参与项目应用（数据化运营），从而显著减少“建模与应用脱节”的可能性；另外，上面几节谈到的分析师管理的**实线和虚线的“双线主管”制度**也可以有效督促数据分析师加强分析与应用的结合性，确保分析、建模真正来源于业务需求，并真正有效服务于业务需求。

5.5 机器万能论

“机器万能论”的主要特点就是在建模过程中，认为机器（分析软件）是可以最大程度（甚至几乎可以完全）代替分析师手工劳动，于是，即使在很多关键的需要人工介入的步骤和节点，数据分析师仍然简单、轻率地交给机器去处理，盲目、过分地依赖机器的“智能”。其主要的表现形式就是，数据分析师拿了一堆分析数据，不加任何处理（或者只做了简单的处理）就交给机器（分析软件）去自动完成模型搭建，然后直接拿这个去交差，提交业务应用。

“机器万能论”背后的原因主要在于数据分析师自身对于数据挖掘技术、数据分析技术的理解和掌握不熟悉、不透彻，对于挖掘技术和分析技术的把握还是很粗糙，或者是浅尝辄止，分析技术层面的基本功不扎实。在数据挖掘项目中，80% 的时间是花在数据的熟悉、清洗、整理、转换等数据处理阶段的，在这个阶段虽然机器（分析软件）可以大量取代分析师手工进行规范化的、重复性的工作，但是仍然有相当多关键性的工作是需要分析师手工进行的，比如机器最多可以告诉你数据的分布统计特征、变量之间的相关性，但是背后隐藏的是什么样的业务逻辑，如何取舍这些变量等核心的问题是需要分析师去判断去决定的（机器在这时是无能为力的）；又比如，现在很多分析（挖掘）软件都有默认（Default）的参数设置，但是实际上这些默认的设置并不能有效符合任何一个特定的、具体的数据分析课题场景。因此在具体的数据建模过程中，各种算法的参数如何设置，选择哪种算法最合适等这些重要的问题，都是需要数据分析师凭借自己的专业水平和项目经验去作出判断和决定。另外，即使是经验丰富的优秀数据分析师，在层出不穷的新的业务需求和新的业务场景面前，也常常出现已有的经验、原理等无法有效解决新问题、新挑战的情况。在这种情形下，就更需要数据分析师从大量的分析数据里不断探索、尝试了，其中的过程有可能是耗时、曲折、充满艰辛的。

上述种种场景都说明了，数据分析和数据挖掘建模过程中，纵然有先进的分析（挖掘）工具，但是数据分析师人工的投入和判断仍然是必不可少的，我们经常需要手工进行探索。“机器万能论”不可取，不可信，更不可行。

任何事情要做好，都必须具有持续的热情和兴趣。没有热情和兴趣的驱使，就没有持久的深入钻研的动力，也就无法在一个领域、一个专业里得到快乐和干出成绩。数据分析师如果没有对于数据分析、数据挖掘的兴趣和热情，也就不可能深入钻研相关技术，很可能会简单轻松奉行“机器万能论”。把一切都交给机器（分析软件）去撞大运。虽然放手让机器去“万能”很轻松，但是其结果基本上都是不靠谱的、都是不能足够有效满足业务应用需求的。“有得必有失”、“付出才有回报”这些人间的正道，同样也是数据挖掘里的“正道”。

“机器万能论”的根源是对于分析、挖掘技术缺乏必要的理解和掌握，“因为不知如何下手，所以交给机器去代理”。**无论有没有相应的管理措施，管理措施带来的效果都不如分析师找到自己对于数据分析、挖掘的热爱和兴趣的效果来得有效和彻底。管理的手段大多是被动的，只有主动的兴趣和热情才是更直接、更有效、更彻底摈弃“机器万能论”的良方**，这也是为什么企业在招聘数据分析师的时候，要重点考察应聘者对于数据分析专业的兴趣和热情。

其实，岂止是数据分析领域需要从业者的专业兴趣和热情，人生一路的风景，哪一幕的精彩不是因为兴趣和热情所激发和创造出来的呢？

5.6 幸福的家庭都是相似的，不幸的家庭各有各的不幸

“幸福的家庭都是相似的，不幸的家庭各有各的不幸”，这是俄国大文豪列夫·托尔斯泰

在其经典名著《安娜·卡列尼娜》里的经典名言，流传甚广，是人生智慧的高度总结与概括。这句充满智慧的格言同样适用于数据分析师的成长，适用于数据分析挖掘项目的成败，适用于数据化运营的输赢。

成功的数据分析师一定是相似的，他们身上都没有这5大错误观念的影子，且没有受其影响；不成功的数据分析师一定是各有各的不幸，有的身上具有某一个错误观念，有的身上同时兼备多个错误观念。

成功的数据分析挖掘项目也一定是相似的，它们背后的分析师都没有这5大错误观念的影子，且没有受其影响；不成功的数据分析挖掘项目也一定是各有各的不幸，有的受某一个错误观念影响，有的受多个错误观念影响。

成功的数据化运营也一定是相似的，它们背后的团队都没有这5大错误观念的影子，且没有受其影响；不成功的数据化运营也一定是各有各的不幸，有的受某一个错误观念影响，有的受多个错误观念影响。

大道至简，万法归宗，生活的智慧当然也是数据分析挖掘的智慧。

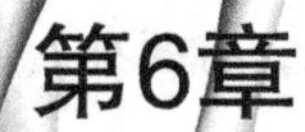

第6章 数据挖掘项目完整应用案例演示

举一隅，不以三隅反，则不复也。

——《论语·述而》

数据挖掘是科学，也是艺术，或者说一半是科学，一半是艺术。所谓科学，是指数据挖掘的算法、流程和分析技术的应用是科学的、严谨的；所谓艺术，是指在具体的分析过程中，融入了分析师的创新思维、主观的判断和取舍，尤其表现在挖掘思路的推敲和衍生变量的创建等方面。

本章将以一个完整的数据挖掘项目为例来进行分享和跟踪，包括从业务需求的提出到落地应用反馈的全过程，一方面揭示数据挖掘全过程中所有环节的顺序、内容和相应的关键目标，另一方面从科学和艺术两个方面来具体阐释数据挖掘中各个步骤的特点和价值。

事物的发展很少是一帆风顺的，更多的时候充斥着反复曲折，呈螺旋前进状态，只要每一次的反复和曲折都能够有所提升和突破，那么离成功就会越来越近了。本章的案例也真实地反映了商业实战中的数据挖掘是如何在曲折反复中逐步前进的。完成一个好的模型，达成一个满意的业务应用结果，这只是数据分析师分内的任务和工作职责；而自觉主动地从项目中总结、提升自己，从挫折中发现自己的不足，从而积极改进、完善，更应该成为数据分析师的态度和专业理念。

通过本章的案例，希望向有缘的读者传递以下几个方面的信息：

- 数据挖掘实战中的流程会有一些基本的顺序，按着流程进行挖掘是数据分析严谨性的体现。
- 数据挖掘和模型搭建只是数据化运营中的一个环节，数据化运营是跨团队跨专业的协同作业，数据挖掘模型和结论只有在落地应用的业务场景中才能得到检验，才能体现出价值。从这个角度来说，没有落地应用的数据分析和数据挖掘还不是严格意义上的“完成”。
- 落地应用中的运营方案对模型的应用效果影响极大，所以数据分析师不仅要熟悉数据分析和模型搭建，还要熟悉与运营相关的业务技能，这也是数据挖掘和数据化运营中复合型技能的要求。

鉴于对企业商业机密的考量，本章的项目描述中对于大部分数据都做了有意识的修改和处理，所以案例中的数据已经不能代表企业的真实数据特征了，特此说明。

6.1 项目背景和业务分析需求的提出

某互联网公司“免费会员运营团队”的主要工作内容就是不断培养和提升免费会员的成熟度和电子商务专业度，以便在条件具备的时候可以适时将部分优质的免费会员提升为付费会员，成为付费会员后将可以享受到更多的专业服务，并且可使电子商务技能升级，从而有助于他们从电子商务中获得更大的利益。

按照该运营团队既定的客户分层思路，他们所负责的免费会员按照活跃度来划分可分为高活跃度、中活跃度和低活跃度 3 类群体，活跃度划分的指标主要是 30 天之内登录网站的次数，以及某核心入口 30 天以来的 PV 量。**需要强调的是，活跃度划分的这两大核心指标是另外一个项目得出的结论，因涉及企业的商业机密，本书对此不做过多的阐述和数据罗列，读者只需要记住该项目的活跃度划分有这两个指标就可以了。**

高活跃度的免费用户一直是该运营团队的重点客户群体，高活跃度群体的付费转化率也一直是最高的，且转化数量也是最多的。但是，困扰运营方的一个重要问题是，高活跃度用户的流失率比较大，有相当比例的高活跃度免费用户在短时间里会从高活跃度跌落到中、低活跃度群体里。

面对这种业务困境，运营方希望数据分析团队能通过数据分析和数据挖掘建模的方法，提前锁定最可能流失的高活跃度用户，这样可以方便运营团队有的放矢针对这些“高危”用户群采取挽留措施，从而可以有效降低他们的流失率和流失数量。

6.2 数据分析师参与需求讨论

接到业务方的初步分析需求之后，数据分析师针对该潜在的项目与相关运营方一起进行了需求讨论。

在数据化运营的商业实战中，这类讨论的主要目的如下：

- 针对需求收集相关的背景数据和指标，与业务方一起熟悉背景中的相关业务逻辑，并收集业务方对需求的相关建议、看法，这些信息对于需求的确认和思路的规划乃至后期的分析都是至关重要的。
- 从数据分析的专业角度评价初步的业务分析需求是否合理，是否可行。尽管说业务方对于业务需求最有发言权，对业务最了解、最敏感，但是从数据化运营的商业实践中来看，业务方提出的分析需求并不是每一个都是合理的，都是可行的。在某些情况下，某些分析需求本身就是“伪命题”；又或者说在具体的场景下，某些分析需求暂时无法进行，比如数据储备不足、样本量太少等。

在本需求的讨论阶段，数据分析师与相关业务团队进行了多次有针对性的讨论，并参与到他们的业务工作流程和实施中，因此对需求有了一定程度的了解和熟悉，并且从数据分析的专业角度对数据的范围、样本有了大致的了解，在此基础上决定接受业务方的分析需求。这样，流程就可以往下进行了。

6.3 制定需求分析框架和分析计划

在本阶段，针对前面对业务的初步了解和需求背景的分析，数据分析师制订了初步的分析框架和分析计划。

分析框架的主要内容如下：

- 分析需求转化成数据分析项目中目标变量的定义。具体到本案例，高活跃度免费用户的流失是这样定义的，在某个时间点（A点）用户是满足高活跃度用户标准要求的（属于高活跃度用户群体），随后过A点7天，也就是1周之后，这1周也是配合运营的时间节奏来确定的，该用户从高活跃度群体跌落到中级甚至是最低级的活跃度群体里，并且在过A点14天，即2周之后仍然没有回到高活跃度标准的，就定义为高活跃度免费用户的流失群体。数据分析师在给出这个初步定义时，要强调上述高活跃度用户的流失定义只是当前的初步定义，随着后期进行数据抽取，并与业务方进一步讨论，有了更深入的分析后，上述流失的定义是可以修改和完善的，修改和完善的最终目的是为了数据分析和挖掘的工作能最有效地支持业务应用，并提升业务工作效率。
- 分析思路的大致描述。具体到本案例，分析思路是通过搭建分类模型来比较准确且有效地来提前锁定有可能流失的用户群体。
- 分析样本的数据抽取规则。关于数据抽取的规则，限于企业的商业机密，不能分享太多，基本上是指根据上面目标变量的定义，选择一个适当的时间窗口，然后抽取一定的样本数据。
- 潜在分析变量（模型输入变量）的大致圈定和罗列。经过前期与业务方的调研和沟通，数据分析师和业务方已经大致圈定了相关变量，即从业务经验判断和以往的分析工作中，提炼整理出来的大约63个原始变量，具体见表6-1。**因涉及企业的商业隐私，这里就不具体说明各变量的中文含义了，总而言之，是从业务经验的角度大致罗列了这些似乎对目标变量的预测有意义的相关变量。**

表6-1 项目前期的原始变量一览表

is_his_tp	grade4_sale_offer_cnt	tbd_offer_cnt
is_opp	grade5_sale_offer_cnt	recommend_sale_offer_cnt
is_sea	expire_sale_offer_g1_cnt	post_offer_d_cnt_30d
gmt_member_create	expire_sale_offer_g2_cnt	post_offer_cnt_30d
is_alitalk_login	expire_sale_offer_g3_cnt	grade1_sale_offer_cnt
is_have_company	expire_sale_offer_g4_cnt	grade2_sale_offer_cnt
company_modify_d_cnt_30d	expire_sale_offer_g5_cnt	grade3_sale_offer_cnt

（续）

gmt_last_company_modify	exp_g45_sale_offer_cnt_7d	.eff_demand_cnt_30d
is_winport	exp_g123_sale_offer_cnt_7d	.social_cnt_30d
gmt_last_site_login	atm_login_d_cnt_7d	.service_demand_cnt_30d
login_site_d_cnt_30d	atm_online_times_7d	.price_cnt_30d
blog_post_cnt_30d	atm_login_d_cnt_30d	.edu_cnt_30d
forum_post_cnt_30d	atm_online_times_30d	.qa_cnt_30d
send_msg_cnt_30d	atm_active_degree_30d	.winport_cnt_30d
exposed_cnt_30d	gmt_last_atm_login	.tp_type_cnt_30d
receive_fb_cnt_30d	.active_level	.com_off_cnt_30d
is_post_vaild_offer	.base_level	.buy_off_cnt_30d
repost_offer_cnt_30d	.offer_avg_score	.off_oper_cnt_30d
repost_offer_d_cnt_30d	.category_id_1_name	gmt_last_report_buy_offer
gmt_last_post_sale_offer	.star_level	gmt_last_repost_sale_offer
gmt_last_post_buy_offer	.view_sear_cnt_30d	valid_sale_offer_cnt

- 分析过程中的项目风险思考和主要的应对策略。具体到本案例，项目风险思考主要包括模型效果不好的可能性，即有可能分类模型的思路被证明是不好的，也有可能是模型效果不好，或者准确度不高，或者模型不稳定。是否有相应的分析对策来部分弥补，如果分类模型的思路被证明是行不通的，可以退而求其次进行流失用户的群体特征细分，或者重新定义流失用户等。
- 项目的落地应用价值分析和展望。具体到本案例，则主要集中在 3 个方面：模型投入应用后提前锁定有高流失风险的高活跃度用户群体，从而可以使运营方有针对性地开展挽留、服务等运营工作；可以将建模过程中发现的有价值的、最可能影响流失的重要字段和指标选择性地提供给运营方，用于制定运营方案和策略的依据和参考；针对影响流失的核心指标和字段，可以提供给相关业务方，以作为进行客户关系管理的依据和参考线索。

分析计划主要是指分析过程中时间节点的安排和相应的分析进度的设置，具体可见以下示例，见表 6-2。

表 6-2 分析计划举例

时间	分析进度
11 月 5 日—11 月 11 日	数据的抽取和摸底阶段
11 月 12 日—11 月 18 日	数据的前期分析阶段
11 月 19 日—11 月 30 日	建模时间和业务方讨论时间
12 月 1 日—12 月 9 日	模型验证阶段，验证通过，提交分析总结和运营方案建议
12 月 10 日—12 月 23 日	运营方案的落地应用实施
12 月 24 日—1 月 8 日	效果评估和总结，优化方案，落地应用并监控效果

6.4　抽取样本数据、熟悉数据、数据清洗和摸底

本阶段的主要内容包括：根据前期讨论的分析思路和建模思路，以及初步圈定的分析字段（分析变量）编写代码，从数据仓库中提取分析、建模所需的样本数据；通过对样本数据的熟悉和摸底，找到无效数据、脏数据、错误数据等，并且对样本数据中存在的这些明显的数据质量问题进行清洗、剔除、转换，同时视具体的业务场景和项目需求，决定是否产生衍生变量，以及怎样衍生等。

在互联网行业，由于业务发展迅猛，产品日新月异，不断在优化或换代，且相关的存储方案和战略方向在不断修改和调整，所有这些因素都导致了数据仓库的数据存储或多或少都存在这样或那样的漏洞、缺憾、偏差，而且直接导致了具体抽取的分析样本数据中不可避免地存在无效数据、脏数据、错误数据等有问题的数据。对于这些数据问题，在本环节不仅要将其明确找出来，还要应用具体的技术手段来加以应对。具体针对本项目的数据质量来说，本阶段有下列主要的发现和应对策略：

- 通过对原始样本数据和原始字段的摸底、排查，发现有些字段缺失值高达 50% 以上，经过研究发现这些缺失是数据仓库存储过程中的记录缺失，或者是由于产品优化后的业务逻辑更改所造成的，这些问题虽然可以向相关的数据仓库接口人反映，但是对于本项目来说已经无法回滚所需的真实数据了，对这些数据我们采取直接删除的措施。
- 通过输入变量之间的相关性分析，找出潜在共线性问题的相关输入变量，对于高度线性相关的变量只保留一个。
- 在数据仓库的数据回滚过程中造成了某些字段的严重不符合逻辑或明显自相矛盾，比如用户最近 30 天登录网站次数为 0，其最近 30 天发布产品信息的天数不为 0。针对类似的严重不符合逻辑的数据问题，要提请数据仓库重新回滚数据，直到数据正确为止。

经过处理，即删除严重缺失数据、数据仓库重新回滚明显矛盾的数据、对高度相关性的部分数据的有取有舍，在本阶段结束时共保留了 36 个比较有意义的字段、变量和相应数据。

关于数据清洗的主要注意事项和常用技术，在第 8 章中会有比较详细的介绍和分析。

6.5　按计划初步搭建挖掘模型

对数据进行初步的摸底和清洗之后，就进入初步搭建挖掘模型阶段了。在该阶段，包括以下 3 个主要的工作内容：

- 进一步筛选模型的输入变量。最终进入模型的输入变量应遵循“少而精”的总原则，

该总原则一方面是为了提高模型的稳定性，另一方面也是为了有效提升模型的预测精度。关于如何筛选模型的输入变量，在 8.6 节、9.3.3 节、第 10 章中会有比较详细、深入的分析和讨论，有兴趣的读者可以参考上述章节详细了解。

- 尝试不同的挖掘算法和分析方法，并比较不同方案的效果、效率和稳定性。关于模型的比较和优化，7.4 节有比较详细的整理和总结，有兴趣的读者可以参考阅读。
- 整理经过模型挑选出来的与目标变量的预测最相关的一系列核心输入变量，将其作为与业务方讨论落地应用时的参考和建议。

具体针对本项目实践来说，本阶段在通过不同算法的尝试和对结果的比较中，发现神经网络搭建的模型相对来说准确度更高、效率更高，如图 6-1 所示。

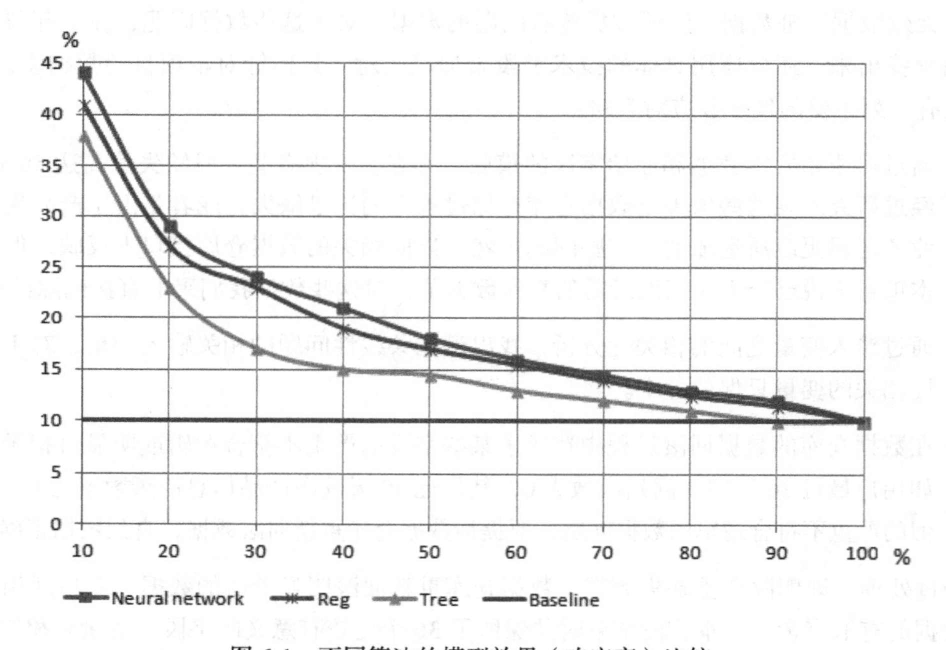

图 6-1　不同算法的模型效果（响应率）比较

从图 6-1 可以看出：通过神经网络模型得到的分数最高的前 10% 的用户中，流失率高达 44% 左右，而样本的整体流失率在 10.1% 左右；得分最高的前 20% 的用户中，流失率高达 29%；得分最高的前 30% 的用户中，流失率高达 24%。

通过逻辑回归模型得到的分数最高的前 10% 的用户中，流失率高达 41% 左右；得分最高的前 20% 的用户中，流失率高达 27%；得分最高的前 30% 用户中，流失率高达 23%。

通过对上述的模型效果的比较，大致可以认为，目前的神经网络模型相对于其他模型而言，有更高的预测效果，可以更多地有效锁定有流失风险的用户。

6.6　与业务方讨论模型的初步结论，提出新的思路和模型优化方案

在本阶段，需要整理模型的初步报告、结论，以及对主要预测字段进行提炼，还要通过与业务方沟通和分享，在此基础上讨论出模型的可能优化方向，并对落地应用的方案进行讨论，同时罗列出注意事项。

具体针对本项目而言，除了上面提到的模型比较之外，还对核心自变量进行了整理提炼，并进行了权重排序，如图 6-2 所示。

变量名称	因子系数（权重）
intercept:if_lost=1	−2.39921
Post_offer_d_cnt_30d	−0.22445
atm_login_d_cnt_30d	−0.01273
eff_demand_cnt_30d	−0.04721
login_site_d_cnt_30d	−0.01161
off_oper_cnt_30d	−0.00341
offer_avg_score	−0.00013
void_days	0.14292
ww_void_days	−0.00023

图 6-2　核心自变量的提炼

针对目前模型的表现和后期的落地应用场景，数据分析师就下列事项与运营方交换了意见，其中沟通和讨论的主要内容如下：

- 对建模时给出的流失用户的定义要进行后续新数据的跟踪，看该定义是否合理，是否表现稳定，是否符合业务运营的需求。
- 在后期的落地应用中，针对模型所判断出来的流失风险最大的用户群，可以考虑进行更加深入的分析，以找出运营的抓手和进一步的细分特征，其中所涉及的技术包括聚类技术、特征阀值的设定等。
- 模型落地应用后的效果跟踪也非常关键，主要包括：对于模型的稳定性要结合新的数据来验证，要考虑如何评价运营的挽留效果，如何设置运营组和对照组，如何进行客观公正公平的评价（包括模型效果的评价和运营效果的评价等）。
- 模型的优化要遵循资源合理应用的总原则。关于模型的优化和限度，第 7 章有详细的分享和讨论，在此不再过多地扩展讲解。
- 细分建模也是提升模型效果的一种有效手段。具体针对本项目而言，即开通了 Win Port 的会员，其流失率 7%；未开通 Win Port 的会员，其流失率高达 15%。那么，针对这两类群体分别建模，有可能会提升模型的预测效果和效率。

- 在项目实践过程中，业务团队的直觉和建议有时候会有“一字千金”的价值，所以要鼓励业务方积极参与模型的讨论和建议。
- 预测模型的搭建和完善也跟网站分析一样，遵循着“持续优化，永无止境”的规律。

在上述讨论、交流的基础上，业务团队也提出了很多有价值的建议和意见，在此不一一列举了。但是当数据分析师对截止到当前的进度和成果进行反思时，突然发现了一个以前没有想到、但有可能会非常严重的漏洞。截止到目前为止，无论是数据分析师，还是业务团队都没有考虑到是否有可能从当初高活跃度客户的定义里直接推测出是否有流失的可能性。当初高活跃度的定义主要是依据用户在某入口页面的 30 天 PV 量是否超过相应的行业平均值来给出的，那么我们有理由推测，虽然用户在该入口页面的 30 天 PV 量大于相应行业的平均值，但是超过的幅度不大，只是超过行业平均值的 10%，这样的用户是否更加容易流失呢？这种猜测看上去有道理，但是当初都没有想到。如果这个猜测被验证是正确的，并且效果比上述的预测模型还好，那么这个预测模型就没有意义了。

在将这个重要的想法及时跟业务方进行沟通后，得到了业务方的理解和支持，那么接下来就要验证该猜想了。首先要增加衍生变量，围绕上述猜想增添了下列衍生变量，主要是衡量用户跟行业平均值的差值和比例，具体衍生变量如图 6-3 所示。

VISIT_ASSIST_PV_Standard
VISIT_ASSIST_PV_30D
VISIT_ASSIST_PV_Gap
VISIT_ASSIST_PV_Rate
LOGIN_SITE_D_CNT_Standard
LOGIN_SITE_D_CNT_30D
LOGIN_SITE_D_CNT_Gap
LOGIN_SITE_D_CNT_Rate
ATM_LOGIN_D_CNT_Standard
ATM_LOGIN_D_CNT_30D
ATM_LOGIN_D_CNT_Gap
ATM_LOGIN_D_CNT_Rate
WP_status_finetone

图 6-3 模型优化时新增的衍生变量一览表

6.7 按优化方案重新抽取样本并建模，提炼结论并验证模型

在上述优化方案和新增衍生变量的基础上，重新抽取样本，一方面验证之前的重要猜想；另一方面尝试搭建新的模型提升预测效果。

在随后的数据验证中，虽然之前的猜想不成立，但是通过增加新的衍生变量，重新搭建的预测模型的效果明显要比之前的模型效果好，如图 6-4 所示。

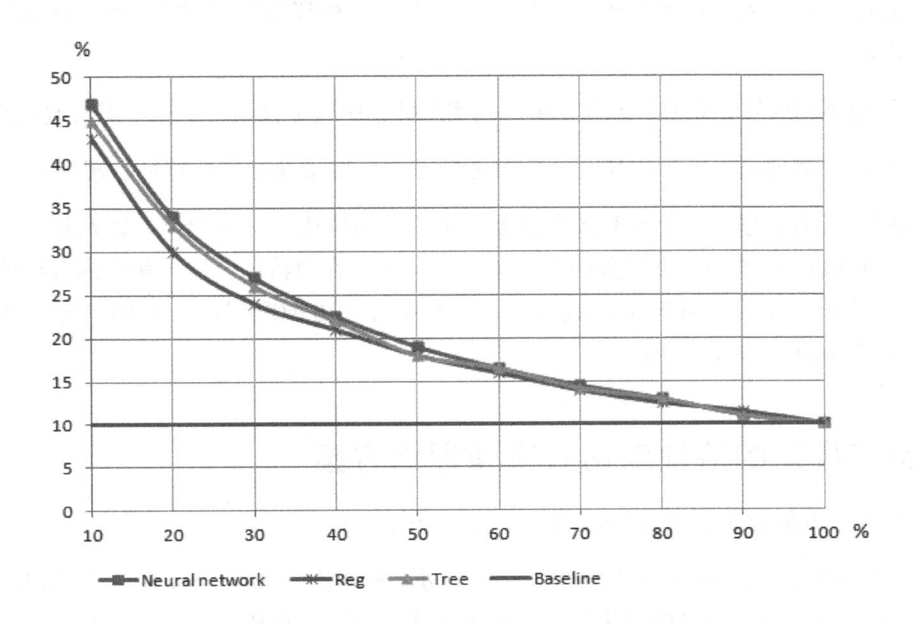

图 6-4 增添衍生变量后新的模型效果提升明显

从图 6-4 可以看出，增加了新的衍生变量之后，模型的整体预测效果和效率相比于前期的模型有了明显的提升和改善，具体数据如下。

通过神经网络模型得到的分数最高的前 10% 的用户中，流失率高达 47% 左右，而样本的整体流失率在 10.1% 左右；得分最高的前 20% 的用户中，流失率高达 34%；得分最高的前 30% 的用户中，流失率高达 27%。

通过决策树模型得到的分数最高的前 10% 的用户中，流失率高达 45% 左右；得分最高的前 20% 的用户中，流失率高达 33%；得分最高的前 30% 用户中，流失率高达 26%。

相应的，逻辑回归模型的效果也比之前，没有考虑这些衍生变量时有明显提升，对此读者可以自己对比、评价。

在对上述的模型效果进行比较后，初步可以认为，目前的神经网络模型相比于其他模型而言，有更好的预测效果，可以更多地有效锁定有流失风险的用户。

模型建好了，还不能马上提交给业务方进行落地应用，还必须用最新的实际数据来验证模型的稳定性。如果通过相关验证得知模型的稳定性非常好，那无论对模型的效果，还是对项目应用的前景，就都有比较充足的底气了。

6.8 完成分析报告和落地应用建议

在上述模型优化和验证的基础上，提交给业务方一份详细完整的项目结论和应用建议，包括以下内容：

- 模型的预测效果和效率，以及在最新的实际数据中验证模型的结果，即模型的稳定性。
- 通过模型整理出来的可以作为运营参考的重要自变量及相应的特征、规律。
- 数据分析师根据模型效果和效率数据提出的落地应用的分层建议，以及相应的运营建议，其包括：预测模型打分应用基础上进一步的客户特征分层、相应细分群体运营通道的选择、运营文案的主题或噱头、运营引导的方向和目的、对照组与运营组的设置、效果监控的方案等。

6.9 制定具体的落地应用方案和评估方案

经过与业务方的讨论，最终的运营方案确定为如下内容。

鉴于在打分靠前的 Top30% 的用户里，模型可以有效圈定大约 75% 的流失用户，业务方决定将这群得分最高的 Top30% 用户作为运营的重点群体。在该重点群体中抽取 5% 样本作为对照组，不做任何运营触碰，用于后期对运营组的效果进行比较；该重点群体的剩余 95% 则作为运营组，进行个性化的运营。并且根据业务方提出的一些抓手对作为运营组的群体进行了进一步的细分。共分成 6 个细分群体，每个细分群体有一个明确的抓手（特征）可以进行针对性的运营方案的设计和执行。举例来说，其中一个细分群体的特点是开通了 WP 产品但是还没有升级，相应的运营文案的主题就是您的 WP 还没有自测评分，评分系统是为您量身订做的测评工具，帮您发现 WP 中的不足，并提供改进建议，建议您即刻升级使用，升级可以一键完成，并且是完全免费的。

运营的通道以电子邮件传递为主，以即时通信工具 IM 为辅。

6.10 业务方实施落地应用方案并跟踪、评估效果

按照上述的运营和监控方案对运营组和对照组进行分层的精细化运营，一周后效果结论出来了，效果结论是从以下两方面来测量的。

- 预测模型的稳定性评测。根据对照组的模型来进行验证，经验证，模型的稳定性非常好，与当初模型拟合时的稳定性完全一致，得分最高的 30% 用户群里，可以有效覆盖 75% 的流失用户。

- 运营效果，即流失客户的挽留效果的评测。6个细分群体的运营组与未作运营触碰的对照组相比，没有流失率上的差别，换句话说，本次运营没有达到挽留客户，降低流失率的目的。

根据对邮件运营方式每个环节的完成率进行分析，有充足的理由可以认为电子邮件通道的打开率和行动率非常低。总体的运营效果非常差，如图6-5所示。

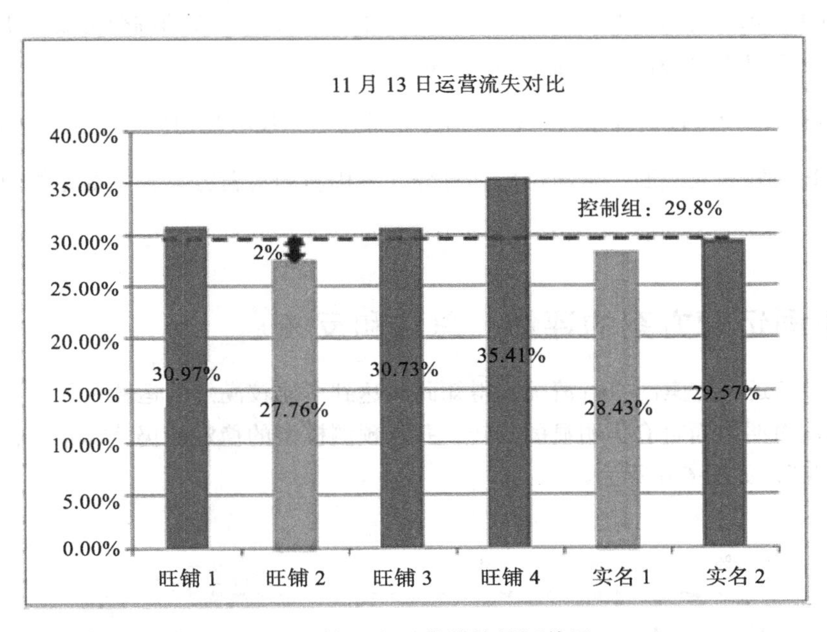

图6-5 第一次运营的效果评估图

面对该模型落地应用后的首次实战评估效果不佳，业务方和数据分析师一起讨论了原因并寻找突破口。当时会议主要的焦点如下：

- 从电子邮件运营的效果来看，邮件运营组相比于对照组没有实质性的流失降低，个别组甚至流失率高于对照组。同时，电子邮件运营的打开率和行动率都非常低，是运营文案的问题？还是运营通道即电子邮件的问题？或者是其他的问题呢？
- 从IM运营的效果看，除了个别细分组的效果好些外，大部分的效果也跟对照组没有区别，是否是文案和运营策略需要调整……
- 接下来的运营策略是什么？

6.11 落地应用方案在实际效果评估后，不断修正完善

通过对第一次运营效果的评估和反思，大家基本认为问题主要出在以下两方面，也是接下来需要改进的方面。

- 运营通道的选择从以电子邮件为主，转向以即时通信工具 IM 为主。
- 在预测模型打分圈定核心流失群体的基础上，修改进一步的细分方案。更改细分的抓手，由于涉及企业隐私，细节在此从略。

从预测模型的稳定性监控来看，模型本身非常稳定，没有任何问题，可以放心使用。

做了这些调整和改进后，重新用模型打分并采用新的运营方案，主要是修改了运营通道和运营抓手。

6.12 不同运营方案的评估、总结和反馈

通过监控新运营方案的执行情况，得知此次达到了比较满意的运营效果，运营组的流失挽留效果相比对照组而言有了明显的好转，并且预测模型的稳定性仍然非常好，真是“一分耕耘一分收获”，如图 6-6 所示。

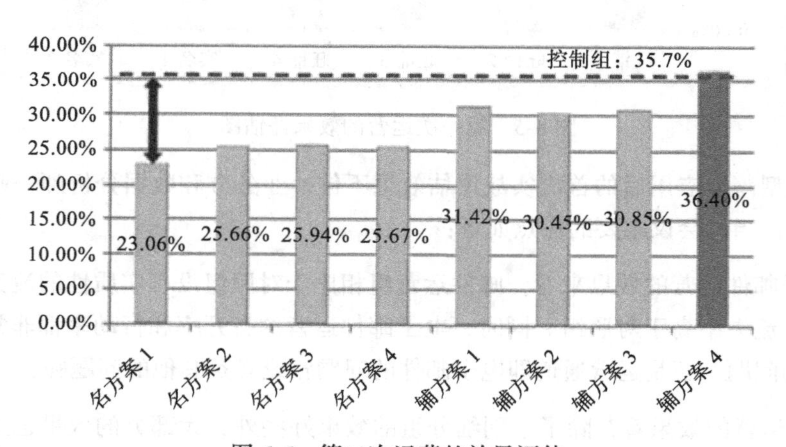

图 6-6 第二次运营的效果评估

从图 6-6 中可以看出，控制组的流失率为 35.7%，而 8 个运营组中的 7 个相比控制组而言其流失率都有不同程度的下降，其中，下降最显著的是“名方案 1”的运营组，其流失率降为 23.06%。

6.13　项目应用后的总结和反思

经过不断的方案完善和严格科学的效果监控，本项目的后期落地应用环节在不断优化后，越来越突出在建模基础上的数据化运营所拥有的高效、精准的优势。

这次比较成功地用结果数据说话的项目应用，在坚定了业务方“以数据分析挖掘为基础的数据化运营”的信心，同时也生动地教育了相关的数据分析师“完美的分析结论和模型搭建只是数据化运营万里长征的第一步”，要想模型真正推动业务的效率和效益，模型落地应用的环节更加关键、更加重要、更加复杂。

正如本项目所经历的那样，再好的模型，如果没有合适的运营通道、合适的运营文案、合适的运营资源配合，也是无法达成最终的商业目的的。

第7章
数据挖掘建模的优化和限度

没有最好，只有更好。

“没有最好，只有更好”这个广告语之所以能成为经典，是因为它揭示了“任何事物的发展和进步都是可以无限深入的”这样一个真理。一个人可以不断进步，一个产品也可以不断升级，同样，一个数据挖掘模型也是可以不断完善、不断优化、不断提升的。只是，数据挖掘模型的每一次优化、每一次提升都需要有资源的投入，而且都是为了满足特定的业务需求。在模型优化和资源投入之间，在投入数据分析资源和满足特定业务需求之间，又有一个微妙的平衡点——性价比。这个微妙的平衡点决定了**模型的优化和完善是有限度的**。本章的主题是模型优化的总体原则、模型评价的指标体系、模型优化的具体思路和方向，以及具体考虑优化的限度时应注意的几个典型因素。

7.1 数据挖掘模型的优化要遵循有效、适度的原则

任何一个数据挖掘模型都是针对一个特定业务需求的，围绕着一个具体的业务需求，数据挖掘模型总是可以有办法不断完善、不断提升，即提升精确度、提升转化率等。这里自然就出现了一个限度的问题，到底模型优化到什么程度才算可以呢？或者说模型到了什么程度算可以接受？什么程度不能接受，要继续优化呢？这是数据挖掘商业实践中经常碰到的问题，对此，有一个有效、适度的总原则必须坚持。

既然任何一个数据挖掘模型都是针对一个特定业务需求的，那么评价模型是否合格的一个原则性标准就是模型的结论或应用效果是否满足当初的业务需求，即有效的原则。虽然这个原则的表述听上去比较虚，但是具体到业务实践和具体的分析需求中，一般都是有一系列具体、明确、可量化的指标和尺度的。比如，一个某付费产品的续费客户预测模型的建模需求，必然要求所构建的预测模型能有效锁定最可能续费的用户群体，从而可以提升续费转化率，是相对于不做客户细分时的总体续费转化率来说的，即原始转化率，或者称为随机转化率，最起码在对最终模型进行验证后，确实可以得出模型挑选出的优质群体的续费转化率显著高于随机转化率这样的结论，这时才可以称为有效。

一旦模型满足了有效的标准，是否还要继续优化呢？此时要考虑第二个原则，即适度的原则。所谓适度，是说此时模型还是可以继续投入资源、投入精力去持续优化的，即继续不断提升模型的精度、转化率等，但是必须要考虑投入产出之间的性价比是否合适，是否适度。如果花了很大的力气，投入了很多的资源，但是模型的提升不明显，即模型优化的投入与产出相比得不偿失，那么就违反了适度的原则；如果花了较少的力气，增加了不多的资源，但是模型的提升很明显，很显著（相比当初已经有效的模型而言），那么可以认为这种持续性的优化是适度的，是具有较好的性价比的。

在第 6 章分享的案例中，包含了模型优化的详细思路、过程、效果对比，以及落地应用

的跟踪。从这个详细的案例可以发现，换个思路、新添分析变量、不断尝试不同的算法、对算法的参数进行调整、将数据的处理方式进行变化等，常常是可以有效提升模型效果的。

有效和适度作为模型优化的总原则听上去很简单，但是在实际操作中则需要数据分析师具备一定的项目经验，且要对业务有足够的理解和把握，否则是不容易实现有效和适度目的的。数据挖掘建模的王道是有丰富的项目经验积累，个中没有捷径可走，唯有踏踏实实多实践、多做项目、多动手、多思考，仅此而已。

7.2 如何有效地优化模型

7.2.1 从业务思路上优化

从业务思路上优化模型是最重要的模型优化措施（没有“之一”），这也是很多数据分析师在尝试模型优化时最容易忽视或根本就没想过的方法。很多时候，这个思路和方法对于模型效用的提升是根本性的，是源头上的突破，因而常常更有效。之所以说它常常有效果，主要是因为经过前期的数据熟悉、分析和初步建模之后，我们对数据逻辑之间的关系更加敏锐了，而且对于需求目标的认识更加深刻了，并且前期建模过程中常常会有一些新的关联和联想给我们提供了新的更加贴切的灵感，所有这些正面的因素形成合力，拓宽了我们的业务思路，加强了我们的业务洞察力，换个角度看问题，又是一幅新的风景，通过这种方式常常可以轻松优化、提升模型。

第 6 章里分享过的“H 层会员流失预警模型”，其建模过程中的优化思路就属于从业务思路上优化：在初步建模完成后，我们审视当初的建模思路，发现有一个潜在的、致命的思路漏洞、那就是我们没有考虑到在提取数据的那个时间窗口里，虽然当时处于 H 层但是非常接近 H 层最低点位置的人群，他们所处的这个低层位置的指标，是否可以直接取代预测模型的作用而有效引导出随后两周这类人群从 H 层流失的结论？换言之，这个群体是否会整体上或者绝大多数流失？由于我们发现了这个漏洞，重新增加了对这个假设的验证过程，更重要的是因此增添了一系列与此相关的新的变量，从后期的模型优化和最终的解决方案来看，正是由于这些新的思路和新关键字段的增添，使得模型的预测效果得到显著提升。这个案例非常具体、生动地说明了从思路上优化模型是多么有效，多么给力。

从业务思路上优化主要可以从以下几个层面进行考虑。

- **有没有更加明显且直观的规则、指标可以代替复杂的建模**？通过对这些直观的假设进行验证、思考并增添相关的新衍生变量，有时候就可以有效优化模型。上面的案例就是这种思路的成果：如果“近 30 天登录 ## 助手的 PV 量”接近“近 30 天行业标准

的登录 ## 助手的 PV 量，即活跃层与中间层的分界线”，那么，对于符合该指标条件的这部分 H 层会员在随后两周后大批量流失（或跌落）到中间层是否有明显的趋势？只要这个直观的猜测（或规则）经过数据验证是事实，那么就没有必要去搭建复杂的模型了，可以直接用这个简单的规则去判断。正是基于这个思考，我们一方面对这个猜想进行了验证，另一方面在模型中增加了核心的新的相关输入变量，包括：H 层用户近 30 天登录 ## 助手的 PV 量，与相应的近 30 天行业标准的登录 ## 助手的 PV 量差值 Visit_Assist_pv_Gap，以及两者的比值 Visit_Assist_pv_Rate 等）相信这些新增的变量从业务直觉上看是与用户流失的结果有密切关系的。虽然上面直观的猜想并没有被实际的数据所证实，但是由此带来的新的变量成了最终模型得以优化的最核心指标。

- **有没有一些明显的业务逻辑（业务假设）在前期的建模阶段被疏忽了呢**？比如要搭建一个类似于“竞价排名”业务的续费用户（提前充值）预测模型，那么除了直接从数据仓库中提取相关的字段、数据之外，是否考虑到了用户提前充值的行为很可能跟其当前账户里的余额多少有关，或者跟其最近月均消耗金额与余额的比例有关？这些深入的思考可以让我们增添一些衍生的变量、字段，而这些衍生的变量常常能给模型带来明显的效果提升。
- **通过前期的初步建模和数据熟悉，是否有新的发现，甚至能颠覆之前的业务推测或业务直觉呢**？如果有，适时调整新的分析思路，常常就会有明显的模型效果提升作用。比如，起初我们会猜想有佛教信仰的人应该是寺庙收入的主流目标群体，其承担了寺庙的绝大多数门票和捐款收入，但是仔细观察数据我们会发现其实在现实生活中不一定信仰佛教，但是一定有愿望乞求佛菩萨保佑，即保佑发财、保佑升官、保佑平安等的香客才是寺庙收入真正的主流目标群体。这种观察直接颠覆了之前的猜想，如果要为某寺庙寻找收入提升的方式，那么修改原先的目标群体，重新定位于那些乞求佛菩萨保佑的信众，宣传有求必应的灵验性，或许是提升收入的重要策略。针对这个新的目标群体构建的数据模型，理论上来说其效果会有明显的提升。
- **目标变量的定义是否稳定（在不同时间点抽样验证）**？如果不稳定，通常应该考虑一个更加合适的相关的稳定的变量作为目标，并重新建模。

通过与业务需求方的“头脑风暴”，可以发掘出新的想法和思路，从更多的角度、更多的层次考虑业务逻辑，从而更全面地增加衍生字段。对于数据分析师来说，不仅自己要多角度、多层次考虑业务逻辑，更重要的是要与业务团队充分沟通、共同探讨，在大家的思维碰撞中发现新的火花。

7.2.2 从建模的技术思路上优化

从建模的技术思路上优化是指在建模的总体技术思路、总体技术方向上进行比较、权衡。建模的总体技术思路包括不同的建模算法、不同的抽样方法、有没有必要通过细分群体来分别建模等。

一般来讲，不同的建模算法针对不同的具体业务场景会有不同的表现，没有哪种算法可以永远优越于其他算法，所以数据分析师在具体的业务项目实践中应该多尝试不同的建模算法，从中比较、权衡，择其优者而用之（在本章的后半部分，会详细介绍模型的评价指标体系和评估方向）。这里的建模算法是广义上的，包括基本的统计分析技术，只要是可以解决业务问题，都是我们的候选算法。而对于不同建模算法的比较，既包括预测响应（或分类）模型思路里不同算法的比较，如综合考虑逻辑回归算法、决策树算法、神经网络算法、支持向量机算法等，又有广义上的算法比较。比如，在 A 产品付费用户特征分析项目中，实际上有至少 3 种完全不同的技术思路可以应用，包括基本的统计分析方法，如找出有统计差异显著性的特征字段及组合、常规的聚类分析方法，如对付费用户群体进行几个重要业务变量的聚类划分，以及预测项目模型的思路，它不仅可以找出特征字段，还可以有效预测潜在的最可能付费的目标人群。很明显，3 种不同的思路有更多种不同的算法可以尝试，究竟哪种思路和算法最适合本项目，要权衡的因素很多，包括项目的资源是否充足、现有数据的完整情况、项目的时间节点、模型精度要求等，但是从模型优化的角度来考虑，对不同的算法多尝试、多比较，是数据分析师常用的一种优化思路。

同样的道理，如何抽样对于模型的效果也有着非常重要的影响。基于业务背景的判断和现有的数据资源状况，数据分析师要决定是否抽样，以及如何抽样。对于稀有事件的建模预测，还会涉及过抽样，过抽样的浓度需要调整，需要结合具体的业务背景考虑。有关数据抽样的问题，将在本书第 8 章中做进一步的总结和分享。

针对细分群体分别建模也是建模过程中常用的、有效的模型优化思路和方法之一。细分建模的思路和作用很容易理解，细分本身就是对分析对象的一次筛选，即所谓的物以类聚，人以群分。细分后的各个群体相比之前的整体对象来说一定是多了些精细化的分割，群里多了一些共性，群里的数据因此更加“整齐，少了噪声”，群间多了一些差异，所以更适合分别建模，分别分析，基于这些精细化的群体分别建模，常能更明显提升模型的效果。当然了，不是说只要做了细分，模型就一定会得到明显的提升，因为模型的提升还涉及具体的细分方案是否合理、是否合适，细分的关键指标的挑选是否精准，细分后核心群体里的逻辑关系是否与建模所希望寻找的逻辑关系相吻合等因素。但是，总体来说，细分后的群体，尤其是核心群体（占有最大比例的目标事件）的模型效果提升常常是很明显的。比如，某产品是用于线上店铺装修的一个付费产品，其功能是帮助店家有效装修网上的店铺。在有关该产品的付费用户预测模型中，初期的模型效果不太理想，但我们通过建模和数据摸底发现了一个有趣的现象，那就是过去 30 天主动查看自己店面外观（该变量是指卖家像买家那样浏览自己的店铺前台，而不是作为卖家进行后台打理）的用户相比于过去 30 天完全不查看自己店面外观的用户来说，前者购买该产品的比例远远高于后者，并且在最终成为该产品的付费用户中，来自前者的付费用户数量远远高于来自后者的付费用户。其比例为 91 ∶ 9，限于企业的商业隐私，无法提供更具体的数据规模，不过，相信现有的数据和背景已经足够让读者充分理解项目背景，并体会项目中的思路和方法了。因此在该模型的优化过程中，我们采用了细分建模的优化思路，并针对重点细分群体（该群体中付费用户数量占总付费用户数量的 91%，其基本阀值是“过去 30 天内主动查看自己店面外观达 1 天次以上的用户）重新建模，结果模型的效果有了明显的提升；而对于另外剩下的那个小群体（该群体中付费用户数量占总付费用户数量的 9%，其基本阀值是“过去 30 天内主动查看自己店面外观为 0 天次的用户），我们用简单的统计分析工具做了一个简单的重要变量筛选，有效锁定了该群体中更有可能转化为付费用户的人群，并找出其特征。其实，就算在这个小群体里无法找出付费用户的特征，整个项目的优化也是比较明显的，因为虽然我们放弃了 9% 的付费用户，但是通过细分优化后的模型，可以更有效地覆盖可能产生付费用户中 91% 的目标用户的预测模型，并且模型的提升和效率更加明显。因此从这个案例中，**也可以得到这样的认识，即细分建模有时候会通过故意漏掉一小部分目标用户，从而可以针对剩下的绝大多数目标用户进行更有效的预测。**

当然了，针对细分群体分别建模更多的时候并非如上面的案例一样操作，即只针对“过去 30 天主动查看自己店面外观的用户”建模，放弃对“过去 30 天没有查看自己店面外观的用户”建模，而是真正地分别建立多个模型，从而一一对应不同的核心客户群体。同样是苹果手机 iPhone 的核心目标群体，即目标消费者，其实可以细分成苹果发烧友消费者、非发烧友消费者，两个群体的购买动机、消费心理等一定有比较明显的差异，从理论上来说，对两个不同群体分别建模来进行分析应该比笼统地分析建模更加精准，这是很容易理解的。

7.2.3　从建模的技术技巧上优化

之所以本节专门针对建模技巧进行总结和分享，对应于 7.2.2 节的建模技术思路上优化，是想强调，在建模过程中，**业务思路上的优化比建模技术思路上的优化更重要，而建模技术思路上的优化又比单纯的建模技巧的优化更重要**。很多数据分析师，尤其是刚刚涉足该职业的分析师，总是非常热衷于对技巧的掌握和应用，殊不知在真正成功的数据挖掘应用中这些建模技巧最多只是“术”层面上的，而所谓“术”更多的是“锦上添花”而不能“雪中送炭”。与之相对应的是，思路上的优化，尤其是业务思路上的优化才是真正“道”层面上的，是方向性的，是可以产生质变的因素和条件，所以它是可以“雪中送炭”的，是最有可能显著提升模型效果的。

既然建模技巧更多起到的是“锦上添花”的作用，这倒也很符合模型优化的初衷，如果业务思路正确了，建模技术思路正确了，再加上这些建模技巧，的确是可以有效优化和提升模型的。

事实上，本书相当的篇幅都涉及了各种类型课题即模型的分析技巧和建模技巧。第 8 ~ 13 章分别介绍了大量的建模技巧和需要注意的事项，这些所罗列、分享的各种技术细节和技巧，当然也可以用于建模优化的技巧和措施，有关这 6 章所罗列的技术措施和技巧，本章就不重复了，希望读者在实践中将它们有机地结合起来，并应用到具体的业务实践中。

7.3 如何思考优化的限度

在已经可以满足业务需求的情况下，是否继续优化模型呢？这里要考虑的就是优化限度，即适度的问题。其中有以下两个主要因素需要重点思考。

数据化运营实践中的数据分析和数据挖掘非常强调时效性，在业务需求给出的有限时间里完成优化并投入应用。因此，时间因素是思考适度的主要维度。分析师要对模型继续优化的方案、思路有非常大的把握对由此决定的优化完成的时间节点有准确的判断，以确保是在业务需求规定的时间节点之前完成优化的。

从投入与产出的对比来考虑是思考适度的另一个主要思路。成熟的、经验丰富的数据分析师对于模型优化的投入比较清楚，比如，需要什么技术、什么思路，具体如何优化，大概需要多少资源配合等，在对这些优化的投入进行综合考虑后，再对比预计优化后的提升效果大概有多大，两者权衡之后，即可判断出是否有必要继续优化。当然，这里的权衡和比较需要数据分析师本身有较好的分析功底和丰富的项目经验，所谓运筹帷幄之中，决胜千里之外，这种预判的能力是高级数据分析师应该也必须具备的技术能力和功底。

7.4 模型效果评价的主要指标体系

模型的评价指标和评价体系是建模过程中的一个重要环节，不同类型的项目、不同类型的模型有各自的评价指标和体系。在 7.2 节我们也提到，从第 8 章一直到第 13 章将针对不同类型的模型分别进行详述，包括相应的技术、思路、应用、技巧，当然也包括相应的评价体系和指标，所以本节不再重复。**本节将重点介绍关于目标变量是二元变量（即是与否，1 与 0）的分类（预测）模型的评价体系和评价指标。**之所以在这里强调目标变量是二元变量的分类（预测）模型（Binary Models），主要是因为在数据化运营实践场景中，大量的模型属于二元变量的分类（预测）模型，比如预测用户是否响应运营活动、预测用户是否会流失、预测用户是否在最近 1 个月内会购买某产品等；而且，这类二元变量的分类（预测）模型相比于其他类型的模型来说有更多的评价维度和评价指标，也更繁杂。

7.4.1　评价模型准确度和精度的系列指标

在介绍系列指标之前，先明确以下 4 个基本的定义：

- True Positive（TP）：指模型预测为正（1）的，并且实际上也的确是正（1）的观察对象的数量。
- True Negative（TN）：指模型预测为负（0）的，并且实际上也的确是负（0）的观察对象的数量。
- False Positive（FP）：指模型预测为正（1）的，但是实际上是负（0）的观察对象的数量。
- False Negative（FN）：指模型预测为负（0）的，但是实际上是正（1）的观察对象的数量。

上述 4 个基本定义可以用一个表格形式简单地体现，如表 7-1 所示。

表 7-1　二元目标变量分类响应模型的 4 种基本定义

		预测的类别	
		1	0
实际的类别	1	TP	FN
	0	FP	TN

基于上面的 4 个基本定义，可以延伸出下列评价指标：

- Accuracy（正确率）：模型总体的正确率，是指模型能正确预测、识别 1 和 0 的对象数量与预测对象总数的比值，公式如下：

$$\frac{TP+TN}{TP+FP+FN+TN}$$

- Error rate（错误率）：模型总体的错误率，是指模型错误预测、错误识别 1 和 0 观察对象的数量与预测对象总数的比值，也即 1 减去正确率的差，公式如下：

$$1-\frac{TP+TN}{TP+FP+FN+TN}$$

- Sensitivity（灵敏性）：又叫击中率或真正率，模型正确识别为正（1）的对象占全部观察对象中实际为正（1）的对象数量的比值，公式如下：

$$\frac{TP}{TP+FN}$$

- Specificity（特效性）：又叫真负率，模型正确识别为负（0）的对象占全部观察对象中实际为负（0）的对象数量的比值，公式如下：

$$\frac{TN}{TN+FP}$$

- Precision（精度）：模型的精度是指模型正确识别为正（1）的对象占模型识别为正（1）的观察对象总数的比值，公式如下：

$$\frac{TP}{TP+FP}$$

- False Positive Rate（错正率）：又叫假正率，模型错误地识别为正（1）的对象数量占实际为负（0）的对象数量的比值，即 1 减去真负率 Specificity，公式如下：

$$\frac{FP}{TN+FP}$$

- Negative Predictive Value（负元正确率）：模型正确识别为负（0）的对象数量占模型识别为负（0）的观察对象总数的比值，公式如下：

$$\frac{TN}{TN+FN}$$

- False Discovery Rate（正元错误率）：模型错误识别为正（1）的对象数量占模型识别为正（1）的观察对象总数的比值，公式如下：

$$\frac{FP}{TP+FP}$$

可以很容易地发现，**正确率是灵敏性和特效性的函数**：

$$Accuracy=Sensitivity\frac{(TP+FN)}{(TP+FP+TN+FN)}+Specificity\frac{(TN+FP)}{(TP+FP+TN+FN)}$$

上述各种基本指标，从各个角度对模型的表现进行了评估，在实际业务应用场景中，可以有选择地采用其中某些指标（不一定全部采用），关键要看具体的项目背景和业务场景，针对其侧重点来选择。

另一方面，上述各种基本指标看上去很容易让人混淆，尤其是与业务方讨论这些指标时更是如此，而且这些指标虽然从各个不同角度对模型效果进行了评价，但指标之间是彼此分散的，因此使用起来需要人为地进行整合。

鉴于此，在实际业务应用中，数据分析师更多使用的是其他一些可帮助综合性判断的指标，这些就是 7.4.2 ～ 7.4.4 节将要介绍的 ROC 曲线、KS 值和 Lift 值。

7.4.2　ROC 曲线

ROC 曲线是一种有效比较（或对比）两个（或两个以上）二元分类模型（Binary Models）的可视工具，ROC（Receiver Operating Characteristic，接收者运行特征）曲线来源于信号检测理论，它显示了给定模型的灵敏性（Sensitivity）真正率与假正率（False Positive Rate）之间的比较评定。给定一个二元分类问题，我们通过对测试数据集的不同部分所显示的模型可以正确识别“1”实例的比例与模型将“0”实例错误地识别为“1”的比例进行分析，来比较不同模型的准确率的比较评定。**真正率的增加是以假正率的增加为代价的，ROC 曲线下面的面积就是比较模型准确度的指标和依据。面积大的模型对应的模型准确度要高，也就是要择优应用的模型**。面积越接近 0.5，对应的模型的准确率就越低。

图 7-1 是两个分类模型所对应的 ROC 曲线图，其横轴是假正率，其纵轴是真正率，该图同时显示了一条对角线。ROC 曲线离对角线越近，模型的准确率就越低。从排序后的最高“正”概率的观察值开始，随着概率从高到低逐渐下降，相应的观察群体里真正的“正”群体则会逐渐减少，而假“正”真“负”的群体则会逐渐增多，ROC 曲线也从开始的陡峭变为逐渐水平了。图中最上面的曲线所代表的神经网络模型（Neural）的准确率就要高于其下面的曲线所代表的逻辑回归模型（Reg）的准确率。

要绘制 ROC 曲线，首先要对模型所做的判断即对应的数据做排序，把经过模型判断后的观察值预测为正（1）的概率从高到低进行排序（最前面的应该是模型判断最可能为“正”的观察值），ROC 曲线的纵轴（垂直轴）表示真正率（模型正确判断为正的数量占实际为正的数量的比值），ROC 曲线的横轴（水平轴）表示假正率（模型错误判断为正的数量占实际为负的数量的比值）。具体绘制时，要从左下角开始，在此真正率和假正率都为 0，按照刚才概率从高到低的顺序，依次针对每个观察值实际的“正”或“负”进行 ROC 图形的绘制，如果它是真正的“正”，则在 ROC 曲线上向上移动并绘制一个点；如果它是真正的“负”，则在 ROC 曲线上向右移动并绘制一个点。对于每个观察值都重复这个过程（按照预测为“正”的概率从高到低的顺序来绘制），每次对实际上为“正”的在 ROC 曲线上向上移动一个点，对实际为“负”的在 ROC 曲线向右移动一个点[⊖]。当然了，很多数据挖掘软件包已经可以自动实现对 ROC 曲线的展示了，所以更多的时候只是需要知道其中的原理，并且知道如何评价具体模型的 ROC 曲线就可以了。

⊖ Jiawei Han，Micheline Kamber．数据挖掘概念与技术[M]．2版．范明，孟小峰，译．北京：机械工业出版社，2006.

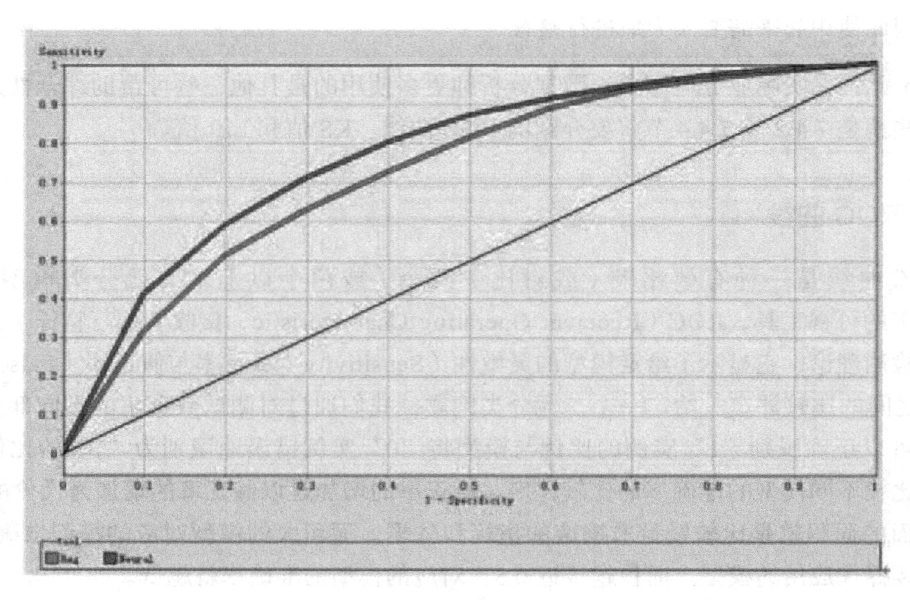

图 7-1 两个分类模型的 ROC 曲线

7.4.3 KS 值

KS 值也是比较常用的一种判断二元分类（预测）模型准确度的方法，该方法来源于统计学中的 Kolmogorov-Smirnov Test。KS 值在评价二元分类模型的预测能力时，主要体现在：如果 KS 值越大，表示模型能够将正（1）、负（0）客户区分开来的程度越大，模型预测的准确性也就越高。通常来讲，KS 大于 0.2 就表示模型有比较好的预测准确性了。

如何绘制 KS 曲线呢？其操作步骤如下：

1）将测试集里所有的观察对象经过模型打分预测出各自为正（1）的概率，然后将这个概率的值按照从高到低的顺序排序（排在最前面的当然是模型预测其为正（1）的概率最大的观察对象），如图 7-2 所示。

2）分别计算（从高到低）每个概率数值分数所对应的实际上为正（1）、负（0）的观察对象的累计值，以及它们分别占全体总数，实际正（1）或负（0）的总数量的百分比，如图 7-3 所示。

3）将这两种累计的百分比与评分分数绘制在同一张图上，得到 KS 曲线，如图 7-4 所示。

4）各分数对应下累计的、真正的正（1）观察对象的百分比与累计的、真正的负（0）观察对象的百分比之差的最大值就是 KS 值。在本示范中，KS 值为 46.7%，如图 7-5 所示。

A	B	C
预测分数区间	1	0
(1-0.9】	2300	1124
(0.9-0.8】	1572	1682
(0.8-0.7】	1179	2094
(0.7-0.6】	890	2282
(0.6-0.5】	680	2526
(0.5-0.4】	602	2994
(0.4-0.3】	324	2838
(0.3-0.2】	215	2812
(0.2-0.1】	75	3170
(0.1-0】	4	3198
总计	7841	24720

图 7-2　KS 曲线绘制步骤 1）示意图

	1,0 相应的累计值和累计占比			
预测分数区间	1	1	0	0
(1-0.9】	2300	29.3%	1124	4.5%
(0.9-0.8】	3872	49.4%	2806	11.4%
(0.8-0.7】	5051	64.4%	4900	19.8%
(0.7-0.6】	5941	75.8%	7182	29.1%
(0.6-0.5】	6621	84.4%	9708	39.3%
(0.5-0.4】	7223	92.1%	12702	51.4%
(0.4-0.3】	7547	96.3%	15540	62.9%
(0.3-0.2】	7762	99.0%	18352	74.2%
(0.2-0.1】	7837	99.9%	21522	87.1%
(0.1-0】	7841	100.0%	24720	100.0%

图 7-3　KS 曲线绘制步骤 2）示意图

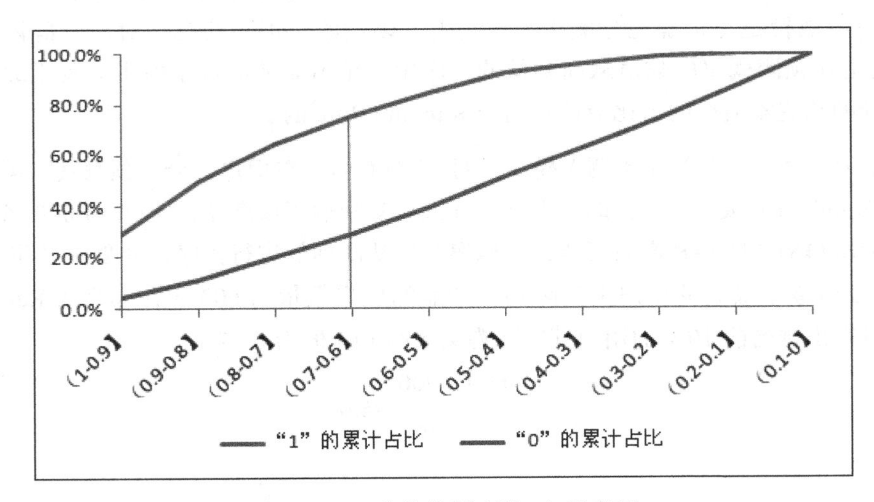

图 7-4　KS 曲线绘制步骤 3）示意图

	1,0 相应的累计值和累计占比				累计占比差值
预测分数区间	1	1	0	0	
(1-0.9】	2300	29.3%	1124	4.5%	24.8%
(0.9-0.8】	3872	49.4%	2806	11.4%	38.0%
(0.8-0.7】	5051	64.4%	4900	19.8%	44.6%
(0.7-0.6】	5941	75.8%	7182	29.1%	46.7%
(0.6-0.5】	6621	84.4%	9708	39.3%	45.2%
(0.5-0.4】	7223	92.1%	12702	51.4%	40.7%
(0.4-0.3】	7547	96.3%	15540	62.9%	33.4%
(0.3-0.2】	7762	99.0%	18352	74.2%	24.8%
(0.2-0.1】	7837	99.9%	21522	87.1%	12.9%
(0.1-0】	7841	100.0%	24720	100.0%	0.0%

图 7-5　KS 曲线绘制步骤 4）示意图

7.4.4 Lift 值

虽然前几节分享了不同的评价指标和方法，但是在数据挖掘建模的业务实践中，用得最多的评价模型方法其实是 Lift 值，它直观、通俗易懂，容易为业务方理解，更重要的是这种方法可以根据业务需要的不同，直接显示对应不同目标群体规模（不同数量规模）的模型效果，方便业务应用时挑选最恰当的受众群体规模。比如，挑选打分人群里预测分数最高的 10% 的人群，还是 20% 的人群，或者是 40% 的人群等。

Lift 值是如何计算的呢？我们知道，二元分类（预测）模型在具体的业务场景中，都有一个 Random Rate，所谓 Random Rate，是指在不使用模型的时候，基于已有业务效果的正比例，也就是不使用模型之前“正”的实际观察对象在总体观察对象中的占比，这个占比也称作“正”事件的随机响应概率。如果经过建模，有了一个不错的预测模型，那么这个模型就可以比较有效锁定（正确地分类出、预测出大多数的“正”的观察对象）群体了，所谓“有效”是指在预测概率的数值从高到低的排序中，排名靠前的观察值中，真正的“正”观察值在累计的总观察值里的占比应该是高于 Random Rate 的。

举例来说，某二元分类（预测）模型针对 10 000 名潜在用户打分（预测其购买某产品的可能性），Random Rate 为 9%，即其中有 900 人会实际购买该产品，将这 10 000 名用户经过模型打分后所得的（购买某产品可能性）概率分数从高到低进行排序，如果排名前 10% 的用户，即 1000 名概率最高的用户里实际购买产品的用户数量为 600 人，那么与 Random Rate 相比较，可得出排名前 10% 的用户其实际购买率的 Lift 值为 6.67。

$$\frac{600 \div 900}{10\%} = 6.67$$

或

$$\frac{600 \div 1000}{9 \div 100} = 6.67$$

上述两种算法，得到的结果都是 6.67，两种算法的思路有什么区别？为什么它们可以殊途同归？感兴趣的读者可以自己进行揣摩和思考。

上述两种算法，引出了跟 Lift 相关且在模型评估中也常常用到的两个评价指标，分别是响应率（%Response）和捕获率（%Captured Response），这两个指标反映的是与 Lift 基本相同的意思，都是评估模型的效果和效率，但是它们比 Lift 更加直观，更加容易理解，因此在实践中，尤其是在与业务方交流、沟通模型效果评价时）经常采用。

对 %Response 和 %Captured Response 的应用，也如 Lift 的应用一样，首先要把经过模

型预测后的观察对象按照预测概率的分数从高到低进行排序，然后对这些排序后的观察对象按照均等的数量划分成10个区间，或者20个区间，每个区间里观察对象的数量一致（概率分数的顺序不变），这样各个区间可以被命名为排序最高的前10%的对象、排序最高的前20%的对象等。

响应率是指上述经过概率分数排序后的某区间段或累计区间观察对象中，属于正（1）的观察对象占该区间或该累计区间总体观察对象数量的百分比。很明显，响应率越大，说明在该区间或该累计区间模型的预测准确度越高，如图7-6所示。

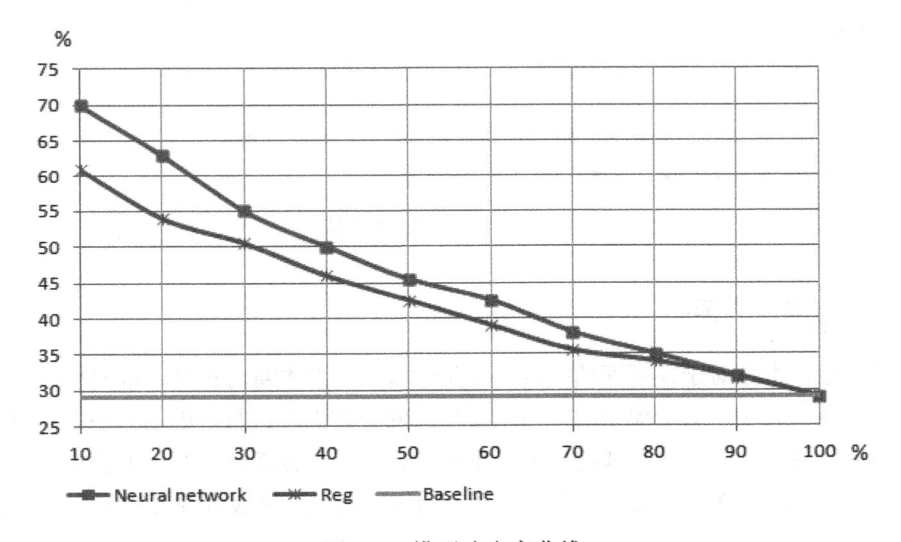

图7-6　模型响应率曲线

从图7-6可以发现，最上面的一条线是神经网络模型的响应率曲线，在概率得分从高到低排序的前10%的观察对象中，有70%是实际上属于正（1）的；前20%的观察对象中，有将近63%是实际上属于正（1）的，在后面的观察对象也可以依次找出对应的响应率。

捕获率是指上述经过概率分数排序后的某区间段或累计区间的观察对象中，属于正（1）的观察对象占全体观察对象中属于正（1）的总数的百分比。捕获率顾名思义就是某区间或累计区间模型可以抓住的正（1）的观察对象占总体，正（1）的观察对象的比例，如图7-7所示。

从图7-7可以看出，最上面的一条线是神经网络模型的捕获率曲线，在概率得分从高到低排序的前10%的观察对象中，实际是正（1）的观察对象占全部正（1）总体数量的近25%；前20%的观察对象中，实际是正（1）的观察对象占全部正（1）总体数量的近44%。

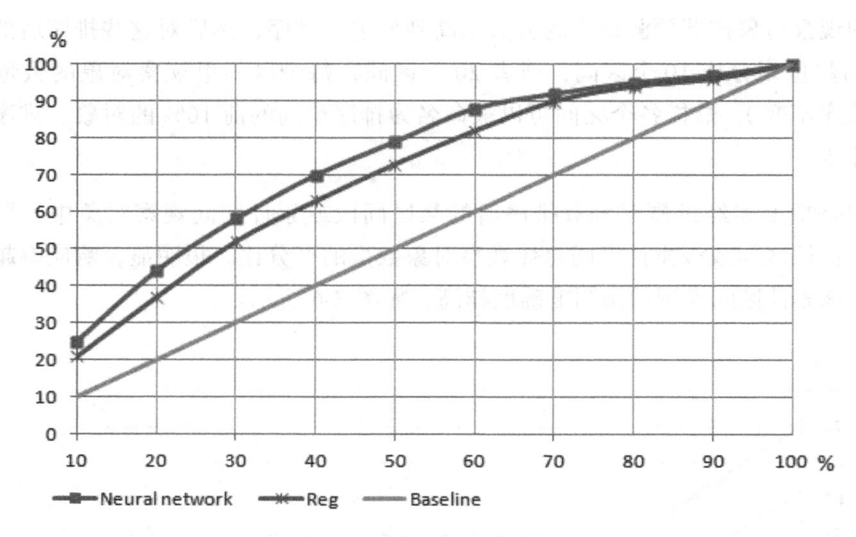

图 7-7 模型捕获率曲线

7.4.5 模型稳定性的评估

到目前为止，本章对于模型评估的内容都是侧重于模型本身的精度、准确度、效果、效率等的总结和分享。其实，对于模型的评估主要是从两个方面来进行考虑的，一方面就是模型的精度、准确度、效果、效率等，如前面所介绍的内容，另一方面就是对模型稳定性的评估。一个模型无论多么准确，多么有效，如果其表现不稳定，也是无法投入业务落地应用的。

一个模型搭建完成后，即使它在训练集和验证集里表现都令人满意，也并不能说现在这个模型就可以投入业务应用了，我们仍然有相当的理由怀疑模型在面对新的数据时是否也能有稳定的表现。这个怀疑的理由是充分的，也是必要的，因为不能排除模型过拟合的情况产生，也不能排除不同时间窗口的业务背景会产生 重大变化，包括模型此刻的表现还有一点偶然的成分等因素，都有理由要我们对模型的稳定性进行进一步评估。

考察稳定性最好的办法就是抽取另外一个时间段（时间窗口）的数据，最好是最新时间的数据，通过模型对这些新数据、新对象进行预测（打分），然后与实际情况进行比较（参考本章前面所介绍的关于模型准确度、效果、效率的评估指标和方法），并且跟模型在测试集和验证集里的表现相比较，看模型是否稳定，其效果衰减的幅度是否可以接受，如果条件许可，最好用几个不同时间窗口的数据分别进行观察比较，多比较、多测试才有说服力。

第8章 常见的数据处理技巧

工欲善其事，必先利其器。

——《论语·卫灵公》

在前面的章节里，重点谈到了数据挖掘实践中值得我们警惕和预防的错误观念（第5章），以及模型优化中主要用到的优化原则和方法（第7章）。虽然在“道”层面上的内容对于数据挖掘应用的影响是决定性的和根本性的，但是在“术”层面上的内容对于数据挖掘应用来说也是不可或缺的，只要应用得当定能“锦上添花”。另外，常见挖掘技术上的使用技巧，即所谓的“术”，属于数据分析师分析的基本功，有了基本功不代表你就可以进行完美的数据挖掘应用，但是如果没有基本功，你的数据挖掘应用肯定不会成功，从这个角度来看，这些“术”应该成为每个数据分析师必备的技能和知识，它们很重要也很基础。

提到数据挖掘中的技巧，首当其冲就是数据处理中的技巧，另外还包括各种挖掘算法的应用技巧，以及数据化运营整个闭环中的各环节所涉及的一些相应技巧。**鉴于数据挖掘项目实践中有将近60%左右的时间和精力是用来熟悉、清理和转换数据的，因此本章专门针对数据处理中一些普遍性的，同时也是非常重要的一些技巧进行分析、总结和提炼。**至于各种挖掘算法应用中的技巧和数据化运营中的其他技巧，将在随后相关的章节中分别进行讲解。

本章将对数据挖掘中最常见的一些判断和处理数据的方法进行展开阐述，对于本章的各节都可以看成是一个独立的环节，其中介绍了常见的容易犯错误的地方，同时每一节又会独立地从技术角度来思考挖掘过程中的风险点和需要注意的地方。

8.1 数据的抽取要正确反映业务需求

一个数据挖掘（分析）需求一旦被分析师接受和认可，数据分析师接下来要做的事情就是抽取分析用的数据，并熟悉数据。在数据挖掘实践中，因为抽取的数据不能正确反映业务需求而导致挖掘项目失败的例子并不少见，原因很简单，从错误的数据里，肯定是不能找到正确的分析挖掘结论的。举例来说，某业务分析需求是找出因为使用店铺装修工具而带来显著销售收入提升的用户群体特征，如果不对此需求详加思考，仅仅凭借字面意思，就去抽取使用了该装修工具并且有明显销售收入提升的人群，然后对该人群加以特征分析，其结果就很有可能是“垃圾进，垃圾出（Garbage In, Garbage Out）”，错误的结论将严重误导业务方接下来的业务应用。本案例里为什么上面的抽取数据思路有误呢？是其没有正确反映业务需求吗？难道不是严格按照需求描述来抽取数据的吗？

之所以说上述的抽取思路是错误的，是因为对于本案例所在的平台来说，用户可以有很多不同的付费工具、付费服务去提升他们的销售收入，比如用户在平台上的竞价排名就可以很有效地提升其销售额。很有可能在购买和使用了店铺装修工具的用户中，有相当数量和相当比例的人也同时使用了竞价排名等多种方式去提升销售额，换句话说，如果仅仅抽取使用了店铺装修工具并且带来显著销售收入提升的用户，而没有排除同时也使用了其他诸如竞价排名等方式的用户，那得到的特征人群的描述肯定是不符合当初的业务需求定义的。

在本案例中，要如何避免出现上述的错误呢？如何保证数据的抽取能尽可能反映和满足业务的需求呢？一个常用的方法就是使用控制变量，确保抽取的用户群里，不包含使用了竞价排名等主要的提升流量和销售收入手段的用户，尽可能使得这个用户群的确是因为仅仅使用了店铺装修工具而带来的销售收入提升。

在数据挖掘分析的实践中，如何尽量确保数据的抽取能正确反映业务需求呢？以下一些方法、原则及技巧可供参考和借鉴。

- 真正熟悉业务背景，这是确保数据抽取能正确反映业务需求的王道。如果分析师对于业务背景非常熟悉，那么在上述的案例中，面对相应的分析需求，他在脑海里的第一反应就应该是排除掉诸如竞价排名之类的影响，真正过滤出仅仅使用了店铺装修工具并且提升了销售收入的特定用户群体。熟悉业务背景，这句话看似老生常谈，却是历久弥坚。在很多时候最朴素的总是最珍贵的，最平凡的总是最核心的，生活的哲理也是数据挖掘的哲理，即所谓的万法归宗。
- 确保抽取的数据所对应的当时业务背景，与现在的业务需求即将应用的业务背景没有明显的重大改变。数据挖掘分析所针对的分析数据是有时效性的，如果应用场景的基础条件发生了根本变化，根据历史数据做出的挖掘结论对于变化了的业务环境来说是没有意义的。举例来说，如果最初的产品销售是基于猛烈的折扣和赠品活动来推动的，后期的销售并没有类似的折扣和赠品，那么基于前面折扣和赠品所带来的销售数据所做的付费用户特征分析，或者付费用户预测模型，是不能用到后期（没有折扣和赠品）对付费用户的预测上的。类似的业务环境改变的场景在瞬息万变的企业经营中是司空见惯的，数据分析师在分析挖掘实践中，一定要有意识地提醒自己，建模数据所对应的当时的业务环境，与现在业务需求所对应的业务环境是否已发生了根本性的变化，这样才能确保数据的抽取可正确反映业务需求。

8.2　数据抽样

“抽样”对于数据分析和挖掘来说是一种常见的前期数据处理技术和阶段，之所以要采取抽样措施，主要原因在于如果数据全集的规模太大，针对数据全集进行分析运算不但会消耗更多的运算资源，还会显著增加运算分析的时间，甚至太大的数据量有时候会导致分析挖掘软件运行时崩溃。而采用了抽样措施，就可以显著降低这些负面的影响；另外一个常见的需要通过抽样来解决的场景就是：在很多小概率事件、稀有事件的预测建模过程中，比如信用卡欺诈事件，在整个信用卡用户中，属于恶意欺诈的用户只占 0.2% 甚至更少，如果按照原始的数据全集、原始的稀有占比来进行分析挖掘，0.2% 的稀有事件是很难通过分析挖掘得到有意义的预测和结论的，所以对此类稀有事件的分析建模，通常会采取抽样的措施，即人为增加样本中的“稀有事件”的浓度和在样本中的占比。对抽样后得到的分析样本进行分析挖掘，可以比较容易地发现稀有事件与分析变量之间有价值、有意义的一些关联性和逻辑性。

在抽样的操作中，有下列一些思考点需要引起数据分析师的注意：

- 样本中输入变量（或自变量）的值域要与数据全集中输入变量（或自变量）的值域一致。如果自变量是连续型变量（Interval），样本中自变量的值域要与数据全集中的一致；如果自变量是类别型变量（Category），样本中自变量的种类要与数据全集中的保持一致。
- 样本中输入变量（或自变量）的分布要与数据全集中输入变量（或自变量）的分布保持一致，或者说至少要高度相似。无论自变量是连续型变量还是类别型变量，其在样本中的分布要能代表其在数据全集里的分布。
- 样本中因变量（或目标变量）的值域或者种类的分布，也要与数据全集中目标变量值域或者种类的分布保持一致，或者说要高度相似。
- 缺失值的分布。样本中缺失值的分布（频率）要与数据全集中缺失值的分布（频率）保持一致，或者说至少要高度相似。
- 针对稀有事件建模时要采用抽样措施。由于抽样所造成的目标事件在样本中的浓度被人为放大了，样本中的事件与非事件的比例与数据全集中两者的比例将不一致，所以在建模过程中，数据分析师要记得使用加权的方法恢复新样本对全体数据集的代表性。在目前主流的数据挖掘软件里，对这种加权恢复已经做了自动处理，这给数据分析师带来了很大的便利。

正因为数据分析师要对比样本与全集的一致性，所以在数据分析挖掘实践中，会发生多次抽样的情况，以决定合适的样本。

8.3 分析数据的规模有哪些具体的要求

“分析数据的规模”与 8.2 节介绍的“抽样”有很大的关联性，但是，抽样的目的主要是降低数据集的规模，而本节要探讨的“分析数据的规模”，主要是指用于数据分析挖掘建模时最起码的数据规模大小。在数据挖掘实践中，如果分析数据太少，是不适合进行有价值的分析挖掘的。那么，对于分析数据的规模有没有一个大致的经验判断呢？

分析数据的规模，重点是考量目标变量所对应的目标事件的数量。比如在银行信用卡欺诈预警模型里，目标事件就是实际发生了信用欺诈的案例或者涉嫌欺诈的信用卡用户，而目标事件的数量就是分析样本中实际的欺诈案例的数量或者涉嫌欺诈的信用卡的用户数量。一般情况下，数据挖掘建模过程会将样本划分为 3 个子样本集，分别为训练集（Training Set）、验证集（Validation Set）、测试集（Testing Set）。不过，在具体的挖掘实践中，根据样本数量的大小，有时候也可以只将样本划分为两个子集，即训练集和验证集，对于模型的实践验证，通常是通过另外的时间窗口的新数据来进行测试的。相对来说，训练集的样本数量要比验证集的数量更多。训练集的数据量大概应该占到样本总数据量的 40% ~ 70%。在理想的状况下，训练集里的目标事件的数量应该有 1000 个以上，因为在太少的目标事件样本基础上开发的模型很可能缺乏稳定性。但是，**这些经验上的参考数据并不是绝对的，在数据挖掘的项目实践中数据分析师需要在这些经验值与实际的业务背景之间做出权衡或进行折中。比如，如果训练集里的目标事件数量少于 1000 个，只要分析师根据业务判断觉得可行也是可以进行分析挖掘的，只是需要更加关注模型的稳定性的检验。**

另外，预测模型的自变量一般应控制在 8~20 个之间，因为太少的自变量会给模型的稳定性造成威胁，而任何一个自变量的缺失或者误差都可能引起模型结果的显著变动。但是，太多的自变量也会让模型因为复杂而变得不稳定。

前面说过，训练集里目标事件最好要在 1000 个以上，在此基础上，训练集样本的规模一般应该在自变量数量的 10 倍以上，并且被预测的目标事件至少是自变量数目的 6 ~ 8 倍。

正如之前所强调的，上述的参考数据源于经验，仅供参考。在数据挖掘实践中，数据分析师还应该综合考虑实际的业务背景和实际的数据质量、规模来进行综合的判断。

8.4　如何处理缺失值和异常值

如果说前面的 3 节内容谈到的数据处理问题并不会在每个分析场景都能明显引起分析师的关注，那么本节讨论的“数据缺失和异常值”却是几乎在每个数据分析、挖掘实践中，分析师都会碰到的、最常见的数据问题。

8.4.1　缺失值的常见处理方法

在数据分析挖掘实践中，数据样本里的数据缺失是常见的现象，而这其中有的是数据存储错误造成的，有的是原始数据本身就是缺省的，比如用户登记的信息不全。在大多数情况下，数据分析师需要对缺失数据进行处理；在个别情况下，比如应用决策树算法的时候，该算法本身允许数据缺失值直接进入分析挖掘，因为在这种情况下缺失值本身已经被看做是一个特定的属性类别了。下列一些方法是数据分析师常用的处理数据缺失值的方法：

- 数据分析师首先应该知道数据缺失的原因，只有知根知底，才可以从容、正确地处理缺失值。不同数据的缺失有不同的原因，因此也应该有不同的解读和解决方法，而不应该一概而论，眉毛胡子一把抓。举例来说，如果用户问卷里的缺失值是因为被调查者漏掉了一个问题选项，那么这个缺失值代表了用户没有回答该问题；而一个信用卡激活日期的缺失，不能表明是“丢失”了信用卡的激活日期，按照系统的计算逻辑来看，凡是还没有激活的信用卡，其激活日期都是记为缺失的，即 NULL；还有的缺失是因为系统本身的计算错误造成的，比如某个字段除以零，某个负数取对数等错误的数学运算。上述 3 种缺失场景有着完全不同的缺失原因，所代表的意义也不同，分析师只有真正找到了缺失的原因，才可以有的放矢，并采取相应的对策进行有效处理。
- 分析师基于数据缺失的原因进行正确查找后，还要对于数据的缺失进行判断。这种数据缺失是本身已经具有特定的商业意义呢？还是的确需要进行特别的处理。在上面所列举的 3 种完全不同的缺失原因里，很明显，信用卡激活日期的缺失其本身是具有特定商业意义的，这种缺失代表了该用户还没有激活信用卡，这个商业的含义非常明确，已经不用对此类缺失进行任何处理了；而诸如系统本身的计算错误所造成的缺失，比如，某个字段除以零，或某个负数取对数，就应该采取相应的措施修正计算错误，比如，重新定义计算逻辑，或者采用后面提到的一系列的处理方法。
- 直接删除带有缺失值的数据元组（或观察对象）。这种操作手法最大的好处在于删除带缺失值的观察对象后，留下来的数据全部是有完整记录的，数据很干净，删除的操作步骤也很简单方便。但是，此种操作手法最大的不足在于，如果数据缺失的比例很大，直接删除带有缺失值的观察值后剩下的用于分析挖掘用的数据集可能会太少，不足以进行有效的分析挖掘；其次，直接删除含有缺失值的观察对象很可能会丢失一些重要的信息，因为这些被删除的观察对象还可能包含了很多没有缺失的别的字段或者变量的属性，这些属性或者数据也是很有意义的；另外，在建模完成后进行业务应用时，如果用来打分的新数据也带有缺失值，那么先前完全基于不带缺失值的分析样本所搭建起来的预测模型，面对这些数据进行打分预测时，很有可能无法对此进行打分赋值。所以，直接删除带有缺失值的观察对象的方法只适用于建模样本里缺失值比例很少，并且后期打分应用中的数据的缺失值比例也很少的情况。
- 直接删除有大量缺失值的变量。这种方法是针对那些缺失值占比超过相当比例变量，比如缺失值超过 20% 或者更多的情况。但是采用这种方法之前需要仔细考虑，这种大规模的缺失是否有另外的商业背景和含义，比如前面提到的信用卡激活日期的缺失实际上表明这些用户还没有激活信用卡，那么这群用户是属于另外一个类别，即还未激活的用户群体，在这种情况下，轻率地删除就会丢失这群用户的重要信息，得不偿失。

- 对缺失值进行替换（Substitute）。这种方法包括利用全集中的代表性属性，诸如众数或者均值等，或者人为定义的一个数据去代替缺失值的情况。具体来说，包括：对于类别型变量（Category）而言，用众数或者一个崭新的类别属性来代替缺失值；对于次序型变量（Ordinal）和区间型变量（Interval）而言，用中间值、众数、最大值、最小值、用户定义的任意其他值、平均值或仅针对区间型变量来代替缺失值。上述对缺失值进行替换的做法最大的好处在于简单、直观，并且有相当的依据，比如说，众数本身就说明了该值出现的几率最大。但是，不管怎么说，这种替换毕竟是人为的替换，不能完全代表缺少数据本身真实的含义，所以也属于“不得已而为之”的策略。
- 对缺失值进行赋值（Impute）。这种方法将通过诸如回归模型、决策树模型、贝叶斯定理等去预测缺失值的最近替代值，也就是把缺失数据所对应的变量当做目标变量，把其他的输入变量作为自变量，为每个需要进行缺失值赋值的字段分别建立预测模型。从理论上看，该种方法最严谨，但是成本较高，其包括时间成本和分析资源的投入成本。是否采用该方法，取决于具体数据挖掘的业务背景、数据资源质量以及需要投入的力度。

8.4.2　异常值的判断和处理

数据样本中的异常值（Outlier）通常是指一个类别型变量（Category）里某个类别值出现的次数太少、太稀有，比如出现的频率只占0.1%或更少，或者指一个区间型变量（Interval）里某些取值太大，比如，互联网买家用户最近30天在线购买的交易次数，个别用户可以达到3000次，平均每天购买100次，相比数据全集里该字段均值为2次而言，这里的3000交易次数就属于异常值。

通常来讲，如果不把异常值清理掉，对于数据分析结论或者挖掘模型效果的负面影响是非常大的，很可能会干扰模型系数的计算和评估，从而严重降低模型的稳定性。

对于异常值的判断内容如下：

- 对于类别型变量（Category）来说，如果某个类别值出现的频率太小，太稀有，就可能是异常值。具体拿经验值来参考，一般某个类别值的分布占比不到1%或者更少就很可能是异常值了。当然，这还需要数据分析师根据具体项目的业务背景和数据实际分布作出判断和进行权衡。有些情况下，纵然某个类别值的占比很少，但是如果跟目标变量里的目标事件有显著的正相关关系，这种稀有类别值的价值就不是简单的异常值所可以代表的。
- 对于区间型变量（Interval）来说，最简单有效的方法就是把所有的观察对象按照变量的取值按从小到大的顺序进行排列，然后从最大的数值开始倒推 0.1% 甚至更多的观察值，这些最大的数值就很可能属于异常值，可再结合业务逻辑加以判断。另外一个常用的判断异常值的方法就是以“标准差”作为衡量的尺度，根据不同的业务背景和变量的业务含义，把超过均值 n 个标准差以上的取值定义为异常值，这里 n 的取值范围取决于具体的业务场景和不同变量的合理分布，比如超过均值在正负 4 个标准差以上的数值就要认真评估，确定其是否是异常值。

对于异常值的处理相对来说就比较简单，主要的措施就是直接删除。

需要提醒读者的是，在数据挖掘实践中，对于“异常值”的处理是辩证的，在多数情况下，异常值的删除可以有效降低数据的波动，使得处理后的建模数据更加稳定，从而提高模型的稳定性。但是，在某些业务场景下，异常值的应用却是另一个专门的业务方向。比如在前面章节里提到的信用体系中的恶意欺诈事件，从数据分析的角度来看那也是对异常值的分析挖掘应用。对这些有价值的异常值的分析应用包括利用聚类分析技术识别异常值，利用稀有事件的预测模型搭建去监控、预测异常值出现的可能性等。这些应用，将在第 9 章和第 10 章专门进行介绍。

8.5 数据转换

对于数据挖掘分析建模来说，数据转换（Transformation）是最常用、最重要，也是最有效的一种数据处理技术。经过适当的数据转换后，模型的效果常常可以有明显的提升，也正因为这个原因，数据转换成了很多数据分析师在建模过程中最喜欢使用的一种数据处理手段。另一方面，在绝大多数数据挖掘实践中，由于原始数据，在此主要是指区间型变量（Interval）的分布不光滑（或有噪声）、不对称分布（Skewed Distributions），也使得数据转化成为一种必需的技术手段。

按照采用的转换逻辑和转换目的的不同，数据转换主要可以分为以下四大类：

- 产生衍生变量。
- 改善变量分布特征的转换，这里主要指对不对称分布（Skewed Distributions）所进行的转换。
- 区间型变量的分箱转换。
- 针对区间型变量进行的标准化操作。

8.5.1 生成衍生变量

这类转换的目的很直观，即通过对原始数据进行简单、适当的数学公式推导，产生更加有商业意义的新变量。举个简单的例子，在对原始数据中的用户出生年月日进行处理时，把当前的年月日减去用户出生年月日，得到一个新的字段“用户年龄”，这个新的字段作为一个区间型变量（Interval）明显比原始变量用户出生年月日要更有商业含义，也更加适合进行随后的数据分析建模应用。一般常见的衍生变量如下。

- 用户月均、年均消费金额和消费次数。
- 用户在特定商品类目的消费金额占其全部消费金额的比例。
- 家庭人均年收入。
- 用户在线交易终止的次数占用户在线交易成功次数的比例。
- 用户下单付费的次数占用户下单次数的比例。

从中不难发现，得到这些衍生变量所应用到的数学公式都很简单，但是其商业意义都是很明确的，而且跟具体的分析背景和分析思路密切相关。

衍生变量的产生主要依赖于数据分析师的业务熟悉程度和对项目思路的掌控程度，是数据分析师用思想创造出来的“艺术品”。如果没有明确的项目分析思路和对数据的透彻理解，是无法找到有针对性的衍生变量的。

8.5.2 改善变量分布的转换

在数据挖掘实践中，大多数区间型变量（Interval）原始分布状态偏差都较大，而且是严重不对称的。这种大偏度，严重不对称的分布出现在自变量中常常会干扰模型的拟合，最终会影响模型的效果和效率，如图 8-1 所示。如果**通过各种数学转换，使得自变量的分布呈现（或者近似）正态分布，并形成倒钟形曲线，如图 8-2 所示，那么模型的拟合常常会有明显的提升，转换后自变量的预测性能也可能得到改善**，最终将会显著提高模型的效果和效率。

常见的改善分布的转换措施如下：

- 取对数（Log）。
- 开平方根（Square Root）。
- 取倒数（Inverse）。
- 开平方（Square）。
- 取指数（Exponential）。

图 8-1　某区间型变量的原始分布图（明显的偏差大，严重不对称）

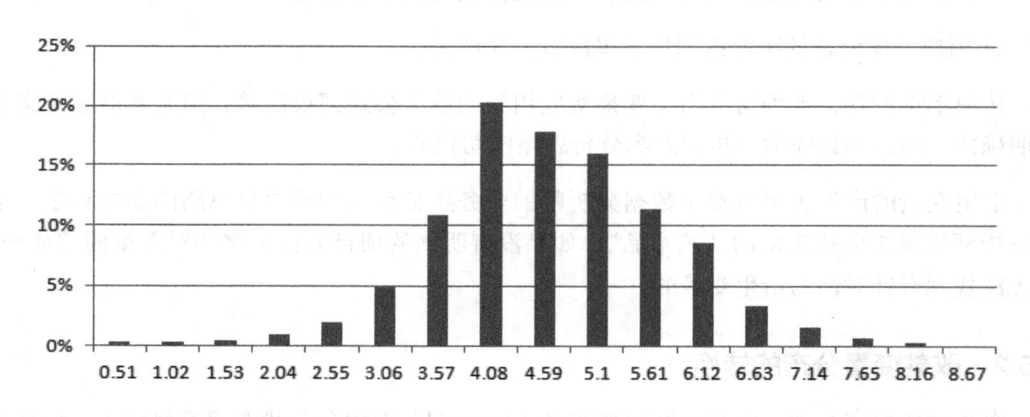

图 8-2　变量经过取对数的转换，呈现倒钟形的正态分布图

8.5.3　分箱转换

对于区间型变量（Interval），除了进行上面提到的改善分布的转换措施之外，还可以进行另外的转换尝试，即分箱转换。

分箱转换（Binning）就是把区间型变量（Interval）转换成次序型变量（Ordinal），其转换的主要目的如下：

- 降低变量（主要是指自变量）的复杂性，简化数据。比如，有一组用户的年龄，原始数据是区间型的，从 20 ～ 80 岁，每 1 岁都是 1 个年龄段；如果通过分箱转换，每 10 岁构成 1 个年龄组，就可以有效简化数据。
- 提升自变量的预测能力。如果分箱恰当，是可以有效提升自变量和因变量的相关性的，这样就可以显著提升模型的预测效率和效果；尤其是当自变量与因变量之间有比较明显的非线性关系时，分箱操作更是不错的手段，可用于探索和发现这些相关性；另外，当自变量的偏度很大时，分箱操作也是值得积极尝试的方法。

从上面的分析可以看出，分箱操作的价值与改善分布转换的价值类似，都是努力提升自变量的预测能力，强化自变量与因变量的线性（或非线性）关系，从而可以明显提升预测模型的拟合效果。两者有异曲同工之处，在数据挖掘实践中，经常会对这两种方式分别进行尝试，择其优者而用之。

8.5.4 数据的标准化

数据的标准化（Normalization）转换也是数据挖掘中常见的数据转换措施之一，数据标准化转换的主要目的是将数据按照比例进行缩放，使之落入一个小的区间范围之内，使得不同的变量经过标准化处理后可以有平等分析和比较的基础。

最简单的数据标准化转换是 Min-Max 标准化，也叫离差标准化，是对原始数据进行线性变换，使得结果在［0,1］区间，其转换公式如下：

$$x^* = \frac{x - \min}{\max - \min}$$

其中，max 为样本数据的最大值，min 为样本数据的最小值。

关于数据的标准化转换，将在 9.3.2 节详细介绍。

总地来说，数据转换的方式多种多样，操作起来简单、灵活、方便，在实践应用中的价值也是比较明显的。但是，它也有缺点，其中主要的缺点在于，在具体的数据挖掘实践中有些非线性转换如 Log 转换、平方根转换、多次方转换等的含义无法用清晰的商业逻辑和商业含义向用户（业务应用方）解释。比如，你无法解释“把消费者在线消费金额取对数”在商业上是什么意思，这在一定程度上影响了业务应用方对模型的接受程度和理解能力。

当然，瑕不掩瑜，毕竟预测模型的最终目的是预测的准确度和精确度，数据转换在商业解释中的这点小小的遗憾当然无损其在强大的数据处理中的重要价值。

8.6 筛选有效的输入变量

虽然“筛选有效的输入变量”属于模型搭建的技术问题，可以放在后面有关模型搭建的章节里做专门的介绍，但是这个问题在很大程度上也会涉及数据的清洗、整理、探索等数据处理的技巧，所以这里将“筛选有效的输入变量”作为数据处理技巧来进行深入讲解。

不同类型的模型对于输入变量的要求各不相同，在本书涉及的各种模型和各种项目中，**鉴于预测（响应）和分类模型所涉及的变量的筛选最为复杂，最为常见，所以本节将聚焦预测（响应）和分类模型中的输入变量筛选进行深入讲解**，至于聚类中的变量筛选将在 9.3.3 节做深入讲解，其他类型的模型和应用中的输入变量筛选相对来说非常直观和简单，将在相应章节中进行讲解。

8.6.1 为什么要筛选有效的输入变量

为什么要筛选有效的输入变量？有以下 3 个方面的理由：

- 筛选有效的输入变量是提高模型稳定性的需要。过多的输入变量很可能会带来干扰和过拟合等问题，这会导致模型的稳定性下降，模型的效果变差。所以，优质的模型一定是遵循输入变量少而精原则的。
- 筛选有效的输入变量是提高模型预测能力的需要。过多地输入变量会产生共线性问题，所谓共线性是指自变量之间存在较强的，甚至是完全的线性相关性。当自变量之间高度相关时，数据的小小变化，比如误差的发生都会引起模型参数严重震荡，明显降低模型的预测能力，关于共线性问题，将在 8.6.3 节做详细介绍。并且，共线性的发生也增加了对模型结果的解释困难，因为要更深入地分析和判断每个自变量对目标变量的影响程度。
- 当然，筛选有效的输入变量也是提高运算速度和运算效率的需要。

在采取各种评价指标筛选有价值的输入变量之前，可以先直接删除明显的无价值的变量，这些明显的无价值变量包括的内容如下：

- 常数变量或者只有一个值的变量。
- 缺失值比例很高的变量，比如缺失值高达 95%，或者视具体业务背景而定。
- 取值太泛的类别型变量，最常见的例子就是邮政编码，除非采取进一步措施将各个地区的编码整合，减少类别的数量，否则原始的邮政编码数据无法作为输入变量来提供起码的预测功能。

8.6.2 结合业务经验进行先行筛选

这是所有筛选自变量的方法中最核心、最关键、最重要的方法。在本书之前讲解的内容中也反复强调了业务经验和业务判断对数据挖掘的重要影响。正如数据挖掘商业实战的其他各个环节一样，筛选自变量的环节也应该引进业务专家的意见和建议，很多时候业务专家一针见血的商业敏感性可以有效缩小自变量的考察范围，准确圈定部分最有价值的预测变量，从而提高判断和筛选的效率。

另一方面，业务经验和业务专家的建议难免碎片化，也可能难以面面俱到，更关键的是业务经验和业务专家的建议也需要数据进行科学的验证。所以，在本章的后面的内容中，将详细介绍在数据挖掘实战领域里比较成熟、有效的方法和指标，用于筛选目标变量。**在这里要强调的是，下面的具体介绍主要是从原理和算法上进行剖析的，读者只需要从思想上知道并了解这些方法背后的原理就可以了。在实战操作中，不需要大家运用这些最基础的公式进行繁琐的计算。目前有很多成熟的数据挖掘分析软件能够把这些繁琐的计算工作完成得很出色。作为数据分析人员只需要知道其中的原理、思路、分析方法就可以了。当然只有真正从思想上理解并掌握了这些具体的原理和思路，才可以在数据挖掘商业实战中游刃有余，得心应手；如果仅仅知其然，不知其所以然，在具体的数据挖掘商业实战中将会举步维艰，束手无策。**

8.6.3　用线性相关性指标进行初步筛选

最简单、最常用的方法就是通过自变量之间的线性相关性指标进行初步筛选。其中，尤以皮尔逊相关系数（Pearson Correlation）最为常用。Pearson 相关系数主要用于比例型变量与比例型变量、区间型变量与区间型变量，以及二元变量与区间型变量之间的线性关系描述。其计算公式如下：

$$r=\frac{\sum(x-\bar{x})(y-\bar{y})}{\sqrt{\sum(x-\bar{x})^2\sum(y-\bar{y})^2}}=\frac{x\text{与}y\text{的协方差}}{x\text{标准差与}y\text{标准差的乘积}}$$

线性相关性的相关系数 r 的取值范围为 $[-1, +1]$，根据经验来看，不同大小的 r，表示不同程度的线性相关关系。

- $|r|<0.3$, 表示低度线性相关。
- $0.3\leqslant|r|<0.5$，表示中低度线性相关。
- $0.5\leqslant|r|<0.8$，表示中度线性相关。
- $0.8\leqslant|r|<1.0$，表示高度线性相关。

在建模前的变量筛选过程中，如果自变量属于中度以上线性相关的（>0.6 以上）多个变量，只需要保留一个就可以了。

上述相关系数的计算公式只是从状态上计算了变量之间的相关关系，但是相关系数是通过样本数据得到的计算结果，来自样本的统计结果需要通过显著性检验才能知道其是否适用于针对总体数据的相关性。关于类似的统计显著性问题，作为统计分析中的基本知识，不在本书的讨论范围之内，并且在目前所有的分析软件里都可以自动计算，有心的读者可以自己在实践中进行体会和学习。

需要强调的是，有时候尽管上述公式计算出来的相关系数 r 等于 0，也只能说明线性关系不存在，不能排除变量之间存在其他形式的相关关系，比如曲线关系等。

尽管线性相关性检验是模型的变量筛选中最常用也最直观的有效方法之一，但是在很多时候，某个自变量和因变量的线性相关性却很小，这时可以通过跟其他自变量结合在一起而让其成为预测力很强的自变量。正因为如此，在挑选输入变量的时候，应该多尝试不同的评价指标和不同的挑选方法，减少因采用单一方法而导致的误删除，避免在一棵树上吊死的情况发生。

8.6.4 *R* 平方

R 平方（*R*-Square），也叫做 R^2 或 Coefficient of Multiple Determination，该方法将借鉴多元线性回归的分析算法来判断和选择对目标变量有重要预测意义及价值的自变量。

最通俗的解释，R^2 表示模型输入的各自变量在多大程度上可以解释目标变量的可变性，R^2 的取值范围在［0,1］之间，R^2 越大，说明模型的拟合越好。R^2 的计算公式如下：

$$R^2 = 1 - \frac{\sum_{i=1}^{n}(y_i - f_i)^2}{\sum_{i=1}^{n}(y_i - \bar{y})^2} = 1 - \frac{\text{SSE}}{\text{SST}} = \frac{\text{SSR}}{\text{SST}}$$

在上述 R^2 公式中，R^2 表示回归方程拟合的好坏，$R^2 \in (0, 1)$，R^2 越大表示回归方程同样本观测值的拟合程度越好。R 又被称为因变量 Y 与自变量 $X_1, X_2, \cdots, X_p$ 的样本复相关系数，它表示整体的 $X_1, X_2, \cdots, X_p$ 和 Y 的线性关系。

在 R^2 计算公式中：

y_i 表示目标变量的真实值；

f_i 表示模型的预测值；

$\bar{y}$ 表示目标变量真实值的均值；

SSE 称为残差平方和，自由度为 P，P 代表自变量的个数；

SST 称为总平方和，自由度为 $N-1$，N 代表样本数量；

SSR 称为回归平方和，自由度为 $N-P-1$。

总平方和 SST 反映了因变量（目标变量）Y 的波动程度，SST 是由回归平方和 SSR 和残差平方和 SSE 两部分组成的。其中，回归平方和 SSR 是由解释变量，即自变量，输入变量 X 所引起的，残差平方和 SSE 是由其他随机因素所引起的。

在回归方程中，回归平方和越大，回归效果越好，因此可构造如下的统计量：

$$F = \frac{SSR/_{p}}{SSE/_{(N-p-1)}}$$

在零假设 $H_0: \beta_1 = \beta_2 = \cdots \beta_p = 0$ 成立时（β 为各自变量在回归方程中的回归系数），$F = \frac{SSR/_{p}}{SSE/_{(N-p-1)}}$ 统计量服从自由度为（$p, N-p-1$）的 f 分布。如果给定显著水平 α，则否定域为 $F > F_{1-\alpha}$（$p, N-p-1$）。

当 F 值没有落在否定域之中时，零假设 $H_0: \beta_1 = \beta_2 = \cdots = \beta_p = 0$ 成立，表明解释变量（自变量）$X_1, X_2, \cdots, X_p$ 对因变量（目标变量）Y 的多元线性回归不成立，$X_1, X_2, \cdots, X_p$ 与 Y 之间没有显著的线性关系。

对于每个自变量 X_i 做偏回归显著性检验，其公式为：$F_i = \frac{SSR - SSR_{-i}}{SSR/_{(N-p-1)}}$，其中，$SSR_{-i}$ 为剔除变量 X_i 之后的回归平方和，$SSR - SSR_{-i}$ 反映了在引入 X_i 之后，X_i 对于回归平方和的贡献。

分别检查各自变量的 F_i 是否都大于相应的 $F_{0.05}$。

如果全部 F_i 都大于 $F_{0.05}$，则结束。

如果经检查发现有几个自变量的 F_i 小于 $F_{0.05}$，则每次只能删除其中的一个 X_i，这个 X_i 是所有自变量中其 F_i 最无显著性的，然后再重新用剩下的自变量进行回归的构建，如此反复，直到所有的有显著性意义的自变量都进入回归方程，而没有显著性意义的变量都被剔除为止。

8.6.5 卡方检验

卡方检验（Chi-Square Statistics）在统计学里属于非参数检验，主要用来度量类别型变量，包括次序型变量等定性变量之间的关联性以及比较两个或两个以上的样本率。其基本思想就是比较理论频数和实际频数的吻合程度或拟合度。作为数据挖掘中筛选自变量的重要方法，卡方检验主要是通过类别型目标变量，最常见的就是二元目标变量，0,1 与类别型自变量之间的关联程度来进行检验的，关联性大的类别型自变量就有可能是重要的自变量，可以通过初步的筛选进入下一轮的考察。卡方检验的公式如下：

$$x^2=\sum_{i=1}^{r}\sum_{j=1}^{c}\frac{(f_{ij}^0-f_{ij}^{\mathrm{e}})^2}{f_{ij}^{\mathrm{e}}}$$

其中，f_{ij}^0 表示各交叉分类频数的观测值，f_{ij}^{e} 表示各交叉分类频数的期望值，各交叉分类频数观测值与期望值的偏差为 $f_{ij}^0-f_{ij}^{\mathrm{e}}$ 。

当样本量较大时，X^2 统计量近似服从自由度为 $(R-1)(C-1)$ 的 X^2（卡方）分布。从上述公式可以看出，X^2 的值与期望值、观测值和期望值之差有关，X^2 值越大表明观测值与期望值的差异越大，相对应的 P-Value 就越小，而 P-Value 代表的是上述差异发生的偶然性。所以，通常讲，如果 P-Value 值的小于 0.01，同时 X^2，即是卡方（Chi-Square）比较大，则说明可以拒绝该自变量与因变量之间相互独立的原假设，也就是说该类别型自变量与目标变量之间有比较强的关联性，因此可以认为该自变量可能值得输入模型。

8.6.6 IV 和 WOE

当目标变量是二元变量（Binary），自变量是区间型变量（Interval）时，可以通过 IV（Information Value）和 WOE（Weight of Evidence）进行自变量的判断和取舍。**在应用 IV 和 WOE 的时候，需要把区间型自变量转换成类别型（次序型）自变量，同时要强调的是目标变量必须是二元变量（Binary），这两点是应用 IV 和 WOE 的前提条件。**

举例来说，在一个“预测用户是否在信用卡使用上有信用欺诈嫌疑”的项目里，目标变量是“是否存在信用欺诈行为”，是个二元变量（0,1），0 代表没有欺诈，1 代表有欺诈；同时，自变量里有一个字段“用户的年收入”，在数据仓库的原始记录里，该字段“用户的年收入”是属于区间型变量（Interval）的，如果采用 WOE 和 IV 的指标方法判断其是否具有预测价值，即是否适合作为自变量放进模型里去预测，就需要先把这个区间型的变量“用户的年收入”进行转换，使其变成类别型变量（次序型变量），比如“分箱”成为具有 4 个区间的类别型变量，且这些变量分别为小于 20 000 元、[20 000, 60 000)、[60 000, 100 000)，以及 100 000 元以上，共 4 类。

上述举例中的 4 类区间，又称为变量“用户的年收入”的 4 个属性（Attribute），针对每个属性（Attribute），可以计算样本数据里的 WOE，公式如下：

$$\mathrm{WOE}_{\mathrm{attribute}}=\ln\frac{p_{\mathrm{attribute}}^{\mathrm{nonevent}}}{p_{\mathrm{attribute}}^{\mathrm{event}}}$$

其中

$$p_{\mathrm{attribute}}^{\mathrm{event}}=\frac{n_{\mathrm{attribute}}^{\mathrm{event}}}{N^{\mathrm{event}}}$$

$$p_{\text{attribute}}^{\text{nonevent}} = \frac{n_{\text{attribute}}^{\text{nonevent}}}{N^{\text{nonevent}}}$$

在上述公式中，$N_{\text{attribute}}^{\text{event}}$ 和 $N_{\text{attribute}}^{\text{nonevent}}$ 分别代表在该属性值里，样本数据所包含的预测事件和非事件的数量；N^{event} 和 N^{nonevent} 分别代表在全体样本数据里所包含的预测事件和非事件的总量。

而一个变量的总的预测能力是通过 IV（Information Value）来表现的，它是该变量的各个属性的 WOE 的加权总和，IV 代表了该变量区分目标变量中的事件与非事件的能力，具体计算公式如下。

$$\text{InformationValue} = \sum\nolimits_{\text{attribute}} [(p_{\text{attribute}}^{\text{nonevent}} - p_{\text{attribute}}^{\text{event}}) * \text{WOE}_{\text{attribute}}]$$

与 IV 有相似作用的一个变量是 Gini 分数（Gini Score），Gini 分数的计算步骤如下：

1）根据该字段里每个属性所包含的预测事件（Event）与非事件（Nonevent）的比率，按照各属性的比率的降序进行排列。比如，该字段共有 m 个属性，排序后共有 m 个组，每个组对应一个具体的属性，第一组就是包含预测事件比率最高的那个组。

2）针对排序后的每个组，分别计算该组内的事件数量 n_i^{event} 和非事件数量 n_i^{nonevent}。

3）计算 Gini 指数，其公式如下：

$$\text{Gini} = \left(1 - \frac{2\sum_{i=2}^{m}\left(n_i^{\text{event}} + \sum_{1}^{i-1} n_i^{\text{nonevent}}\right) + \sum_{i}^{m}\left(n_i^{\text{event}} \cdot n_i^{\text{nonevent}}\right)}{N^{\text{event}} \cdot N^{\text{nonevent}}}\right) \times 100\%$$

上述公式中，N^{event} 和 N^{nonevent} 分别代表样本数据里总的事件数量和非事件数量。

总体来说，应用 IV、WOE、Gini Score3 个指标时，可以在数据挖掘实践中实现以下目标：

- 通过 WOE 的变化来调整出最佳的分箱阀值。通常的做法是先把一个区间型变量分成 10~20 个临时的区间，分别计算各自的 WOE 的值，然后根据 WOE 在各区间的变化趋势，做相应的合并，最终实现比较合理的区间划分。
- 通过 IV 值或者 Gini 分数，筛选出有较高预测价值的自变量，投入模型的训练中。

8.6.7　部分建模算法自身的筛选功能

除了上述这些具体的、直接的指标计算和参考的方法之外，在数据挖掘商业实战中，还有一种“借力”的巧妙方法，那就是借助于一些成熟的算法进行初步的运算，利用模型的初步结果筛选出有价值的自变量，再把这些经过初期过滤的自变量放进模型和算法中进行真正意义上的建模和验证工作。

可供“借力”的算法或者模型包括决策树模型、回归（含线性回归和逻辑回归）模型等，在建模前期的变量筛选阶段，借力可以帮助初选出有价值的自变量。需要强调的是，在这些场景中，这些算法工具和模型可能无法实现最终的预测（分类）功能，而仅仅是用作自变量的初步筛选。

比如线性回归和逻辑回归，算法本身通过不断地增加或者剔除变量，来检验各输入变量对于预测的价值，这就是所谓的 Stepwise 算法，**但是，即便如此，最好在使用之前先进行人为的初步筛选，从而把精简后的变量交给算法去选择。在大数据量建模的时候尤其要如此。**

8.6.8 降维的方法

在数据挖掘的实战中，面对数量庞大的原始变量，除了上述种种指标及思路外，还有一种方法也会经常被应用，那就是数据降维，具体来说，包括主成分分析和变量聚类等。其中，对于主成分分析，已在 2.3.8 节中进行了详细介绍；对于变量聚类，将在 8.7 节的共线性问题中做专门介绍。

通过采取降维的措施和方法，可以有效精简输入变量的数目，在一定程度上实现有效筛选模型输入变量的目标。

8.6.9 最后的准则

本节到目前为止，谈到了数据挖掘实战中常见的筛选输入变量的各种方法和原理，这些分析技术层面的技巧和工具的熟练应用可以有效提高我们筛选输入变量的效率和质量。但是，业务环境千差万别，应用场景纷繁复杂，很多时候我们既要考虑技术层面的指标及判断方法，同时又要受实战环境中诸多因素的影响和制约，包括时间、资源、成本和目标等。

有些时候，尽管通过上述的分析技术可发现某个变量很重要，但是具体实战中也可能会选择放弃，个中的原因可能会涉及环境因素，比如说该变量的收集要花费太长的时间，或者花费过多的成本，那么权衡下来，就有可能放弃该变量。毕竟，只要最终的模型能满足初期的业务需求就可以了，模型的优化和提升是需要兼顾和权衡其他因素的制约的。

既要贯彻落实上述种种有效的筛选输入变量的方法和原理，又要在数据挖掘商业实战中综合考虑诸多环境因素和制约条件，并加以权衡和折中，这就是筛选输入变量的方法和原理中最后的准则。这个准则体现了筛选变量的过程是个辩证的、丰富多彩的、充满活力的过程，体现了数据分析挖掘强大的生命力和勃勃生机。

8.7　共线性问题

共线性问题是困扰模型预测能力的一个常见问题。所谓共线性，又叫多重共线性，是指自变量之间存在较强的，甚至完全的线性相关关系。当自变量之间高度相关时，模型参数会变得不稳定，模型的预测能力会降低。同时，严重的共线性增加了对于模型结果的解释成本，因为它致使很难确切分辨每个自变量对因变量的影响。所以，在建模前期的变量筛选环节，就要对共线性问题引起足够的重视，并采取有效措施尽量加以避免。

需要强调的是，理论上来讲，输入变量之间除了存在共线性之外，完全可能存在其他各种非线性的关系，这些非线性的关系也很可能如共线性一样影响模型的预测能力。但是，我们无法完全掌握这些非线性关系，所以，只能以考察它们之间的线性关系为基础来排除一些主要的线性关系的变量。

8.7.1　如何发现共线性

常见的识别共线性的方法如下：

- 相关系数的方法。最常见的就是皮尔逊相关系数（Pearson Correlation），详细内容请参考 8.6.3 节，对于线性相关指标的详细讨论。
- 通过模型结论的观察。比如，在回归模型中，如果回归系数的标准差过大，就可能意味着变量之间存在着共线性问题。
- 主成分分析方法。在主成分分析方法中，主成分里的系数，也就是主成分载荷大小能从一定程度上反映出各个变量的相关性。比如，第一主成分中，某几个原始变量的主成分载荷系数较大，且数值相近，就有可能在其中隐藏着共线性问题。
- 根据业务经验判断的原本应该没有预测作用的变量突然变得有很强的统计性，那其中就有可能隐藏着共线性问题。
- 对变量进行聚类。通过对区间型变量进行聚类，同一类中的变量之间具有较强的相似性，也就可能隐藏着共线性问题。

8.7.2　如何处理共线性

水至清则无鱼，人至察则无徒，对于数据挖掘实战中出现的共线性问题，也需要本着中庸之道灵活处理。轻微的共线性是可以容忍的。比如说模型拟合度较高，样本量大的时候，轻微的共线性可以适当的采用视而不见的方法。但是，当样本量较少，很轻微的共线性问题都有可能导致参数的不稳定。如果发生严重的共线性问题，一般采取以下措施：

- 对相关变量进行取舍。高度共线性的相关变量，可以选择保留对业务方最有价值、最有意义的变量，而过滤掉相关变量。
- 对相关变量组合，生成一个新的综合性变量。
- 当我们利用相关变量通过线性的方式衍生出新的变量时，要记得两者之间的共线性问题，并且及时删除相关的原始变量，不要将其投入到模型中。在实践应用中这种情况会经常出现，也很容易被人忽视。
- 尝试对相关变量进行一些形式的转换（参考 8.5 节），恰当的转换可以在一定程度上减少甚至去除共线性关系。

第9章
聚类分析的典型应用和技术小窍门

物以类聚，人以群分。

——《战国策·齐策三》

从本章开始到第 13 章，将针对常见的分析（课题或算法）类型分别进行详细介绍，包括典型应用、案例、模型的评价指标和体系、相关技术应用在实践中的优点和缺点、主流的应用场景和扩展的应用场景等，还有一些重点技术要领和小窍门。

本章则是针对聚类分析的上述相关问题来展开讲解和进行总结的。之所以把聚类分析作为第一个专题来进行探讨，主要是想强调聚类分析技术在数据分析挖掘中的重要性和常用性，聚类技术一方面本身就是一种模型技术，通过有效聚类后的结果常常就可以直接指导落地应用实践；另一方面聚类技术又常常作为数据分析过程中前期进行数据摸底和数据清洗、数据整理（数据转换）的工具。鉴于聚类技术在实践应用中的上述多样性、多元性，数据分析师应该要对该技术的实践应用有比较深刻的认识和比较熟练地掌握。

9.1 聚类分析的典型应用场景

可以说，聚类分析的典型应用场景是非常普遍的，业务团队几乎每天都要碰到。比如说，把付费用户按照几个特定的维度，如利润贡献、用户年龄、续费次数等进行聚类划分，得到不同特征的群体。举个例子：在将付费用户进行聚类划分后，其中一个群体占总的付费用户人数的 40%，其特征是用户年龄在 25 岁左右，利润贡献不大，但是续费次数多；还有一个群体，占总的付费用户人数的 15%，而该群的特征是用户年龄在 40 岁以上，利润贡献比较大，但是续费次数不多。对于运营方来说，这两个典型群体都是可以“着力”的目标群体，并且分别有不同的运营思路和业务价值。对于第一个群体，虽然利润贡献不大，但是由于续费次数多，其表现出来的产品忠诚度对于企业和产品来说非常重要、非常可贵，因此针对该群体的重要运营目的应该是稳中有升，同时积极预防其流失，密切监控相应的流失率，并且还要进一步分析挖掘该群体的其他特征，从而可以有效复制该群体的规模，针对其 25 岁左右的年龄这个特点，可以考虑在运营方式和内容上更加贴近年轻人的喜好和兴趣；而针对后一个群体，虽然利润贡献大，但是很不稳定，续费次数少，对企业和产品的忠诚度不高，因此针对该群体的运营重点应该是采取积极措施提升续费率，提升其忠诚度。而该群体“40 岁以上的年龄”这个特点，也为相应的运营方式和运营内容的设计提供了比较准确的参考范围。

从上述简单的案例中，可以看出聚类分析的一个重要用途就是针对目标群体进行多指标的群体划分，而类似这种目标群体的分类常常就是精细化运营、个性化运营的基础和核心，只有进行了正确的分类，才可以有效进行个性化和精细化的运营、服务及产品支持等，从这个角度来看，聚类分析技术对于数据化运营而言是非常重要、非常基础的。

总地来说，聚类分析技术在数据化运营实践中常见的业务应用场景如下。

- 目标用户的群体分类：通过为特定运营目的和商业目的所挑选出的指标变量进行聚类分析，把目标群体划分成几个具有明显特征区别的细分群体，从而可以在运营活动中为这些细分群体采用精细化、个性化的运营和服务，最终提升运营的效率和商业的效果。
- 不同产品的价值组合：企业可以按照不同的商业目的，并依照特定的指标变量来为众多的产品种类进行聚类分析，把企业的产品体系进一步细分成具有不同价值、不同目的多维度的产品组合，并且可在此基础上分别制定相应的产品开发计划、运营计划和服务规划。
- 探测、发现孤立点、异常值：孤立点就是指相对于整体数据对象而言的少数数据对象，这些对象的行为特征与整体的数据行为特征很不一致。虽然在一般的数据处理过程中会把孤立点作为噪声而剔除出去，但是在许多业务领域里，孤立点的价值非常重要。比如说，互联网的风险管理里，就非常强调对于风险的预防和预判，而相关的风险控制分析中的孤立点很多时候又是风险的最大嫌疑和主要来源。及时发现这些特殊行为对于互联网的风险管理来说至关重要。比如，某B2C电商平台上，比较昂贵的、频繁的交易，就有可能隐含着欺诈的风险成分，需要风控部门提前关注、监控，防患于未然。

9.2 主要聚类算法的分类

聚类算法的深入研究到今天已经持续了半个多世纪，聚类技术也已经成为最常用的数据分析技术之一。其各种算法的提出、发展、演化也使得聚类算法家族“家大口阔，人丁兴旺”。下面就针对目前数据分析和数据挖掘业界主流的认知将聚类算法进行介绍。

9.2.1 划分方法

给定具有 n 个对象的数据集，采用划分方法（Partitioning Methods）对数据集进行 k 个划分，每个划分（每个组）代表一个簇，$k \leqslant n$，并且每个划分（每个簇）至少包含一个对象，而且每个对象一般来说只能属于一个组。对于给定的 k 值，划分方法一般要做一个初始划分，然后采取迭代重新定位技术，通过让对象在不同组间移动来改进划分的准确度和精度。一个好的划分原则是：同一个簇中对象之间的相似性很高（或距离很近），而不同簇的对象之间相异度很高（或距离很远）。目前主流的划分方法如下。

- K-Means 算法：又叫K均值算法，这是目前最著名、使用最广泛的聚类算法。在给定一个数据集和需要划分的数目 k 后，该算法可以根据某个距离函数反复把数据划分

到 k 个簇中，直到收敛为止。K-Means 算法用簇中对象的平均值来表示划分的每个簇，其大致的步骤是，首先从随机抽取的 k 个数据点作为初始的聚类中心（种子中心），然后计算每个数据点到每个种子中心的距离，并把每个数据点分配到距离它最近的种子中心；一旦所有的数据点都被分配完成，每个聚类的聚类中心（种子中心）按照本聚类（本簇）的现有数据点重新计算；这个过程不断重复，直到收敛，即满足某个终止条件为止，最常见的终止条件是误差平方和（SSE）局部最小。

- K-Medoids 算法：又叫 K 中心点算法，该算法用最接近簇中心的一个对象来表示划分的每个簇。K-Medoids 算法与 K-Means 算法的划分过程相似，两者最大的区别是 K-Medoids 算法是用簇中最靠近中心点的一个真实的数据对象来代表该簇的，而 K-M eans 算法是用计算出来的簇中对象的平均值来代表该簇的，这个平均值是虚拟的，并没有一个真实的数据对象具有这些平均值。

9.2.2 层次方法

在给定 n 个对象的数据集后，可用层次方法（Hierarchical Methods）对数据集进行层次分解，直到满足某种收敛条件为止。按照层次分解的形式不同，层次方法又可以分为凝聚层次聚类和分裂层次聚类：

- 凝聚层次聚类：又叫自底向上方法，一开始将每个对象作为单独的一类，然后相继合并与其相近的对象或类，直到所有小的类别合并成一个类，即层次的最上面，或者达到一个收敛，即终止条件为止。
- 分裂层次聚类：又叫自顶向下方法，一开始将所有对象置于一个簇中，在迭代的每一步中，类会被分裂成更小的类，直到最终每个对象在一个单独的类（簇）中，或者满足一个收敛，即终止条件为止。

层次方法最大的缺陷在于，合并或者分裂点的选择比较困难，对于局部来说，好的合并或者分裂点的选择往往并不能保证会得到高质量的全局的聚类结果，而且一旦一个步骤（合并或分裂）完成，它就不能被撤销了。

9.2.3 基于密度的方法

传统的聚类算法都是基于对象之间的距离，即距离作为相似性的描述指标进行聚类划分，但是这些基于距离的方法只能发现球状类型的数据，而对于非球状类型的数据来说，只根据距离来描述和判断是不够的。鉴于此，人们提出了一个密度的概念，基于密度的方法（Density-Based Methods），其原理是：只要邻近区域里的密度（对象的数量）超过了某个阈值，就继续聚类。换言之，给定某个簇中的每个数据点（数据对象），在一定范围内必须包含一定数量的其他对象。该算法从数据对象的分布密度出发，把密度足够大的区域连接在一起，因此可以发现任意形状的类。该算法还可以过滤噪声数据（异常值）。基于密度的方法的典型算法包括 DBSCAN（Density-Based Spatial Clustering of Application with Noise）以及其扩展算法 OPTICS（Ordering Points to Identify the Clustering Structure）。其中，DBSCAN 算法会根据一个密度阀值来控制簇的增长，将具有足够高密度的区域划分为类，并可在带有噪声的空间数据库里发现任意形状的聚类。尽管此算法优势明显，但是其最大的缺点就是，该算法需要用户确定输入参数，而且对参数十分敏感。

9.2.4 基于网格的方法

基于网格的方法（Grid-Based Methods）将把对象空间量化为有限数目的单元，而这些单元则形成了网格结构，所有的聚类操作都是在这个网格结构中进行的。该算法的优点是处理速度快，其处理时间常常独立于数据对象的数目，只跟量化空间中每一维的单元数目有关。基于网格的方法的典型算法是 STING（Statistical Information Grid）算法。该算法是一种基于网格的多分辨率聚类技术，将空间区域划分为不同分辨率级别的矩形单元，并形成一个层次结构，且高层的低分辨率单元会被划分为多个低一层次的较高分辨率单元。这种算法从最底层的网格开始逐渐向上计算网格内数据的统计信息并储存。网格建立完成后，则用类似 DBSCAN 的方法对网格进行聚类。

9.3 聚类分析在实践应用中的重点注意事项

在数据化运营实践中，由于针对大规模数据集所采用的聚类算法主要是 K-Means 算法应用，因为其简洁、高效、易理解、易实施。因此，**除非特别说明，本章所展开讲解的聚类技术的具体内容都是针对 K-Means 算法进行分析和阐述的。**

9.3.1 如何处理数据噪声和异常值

K-Means 算法对噪声和异常值非常敏感，这些个别数据对于平均值的影响非常大，相对而言，K- 中心点的方法不像 K-Means 算法，它不是求样本的平均值，而是用类中最接近于中心点的对象来代表类，因此 K- 中心点的方法对于噪声和异常值没有 K-Means 算法那么敏感。鉴于 K-Means 算法的这一局限性，我们应用该算法时需要特别注意这些数据噪声和异常值。

针对聚类中的数据噪声和异常值，常用的处理方法如下：

- 直接删除那些比其他任何数据点都要远离聚类中心点的异常值。为了防止误删的情况发生，数据分析师需要在多次的聚类循环中监控这些异常值，然后依据业务逻辑与多次的循环结果进行对比，再决定是否删除这些异常值。

- 随机抽样的方法也可以较好地规避数据噪声的影响。因为是随机抽样，作为稀有事件的数据噪声和异常值能被随机抽进样本中的概率会很小，这样随机抽出的样本就比较干净。针对该随机样本进行聚类分析时不仅可以避免数据噪声的误导和干扰，而且其聚类后的结果作为聚类模型可以应用到剩余的数据集中，完成对整个数据集的聚类划分。利用这种随机抽样方式得到的聚类模型，在应用于整个数据集时至少有以下两种方式。

1）直接用该聚类模型对剩余的数据集进行判断，也就是把剩余的数据分配给那些离它们最近的聚类中心，这种方法最简单、最直观、最快捷。

2）利用监督学习中的分类器的原理，每个聚类被认为是一个类别，已经参与聚类的这些随机抽样数据则被看做是学习样本，由此产生的分类器可以用于判断剩余的那些数据点最适合放进哪个类别或者哪个聚类群体中。这种方式相比第一种方式来说比较费时，尤其是当聚类出来的群体较多的时候，利用分类器的原理去分别判断时会更加耗时，不过其作为一种思路和方法倒是未尝不可。

9.3.2 数据标准化

在数据化运营的商业实战中，参与聚类的变量绝大多数都是区间型变量（Interval），不同区间型变量之间的数量单位不同，如果不加处理直接进行聚类，很容易造成聚类结果的失真。比如，长度单位有的是公里，有的是毫米；质量单位有的是吨，有的是克；一般而言，变量的单位越小，变量可能的值域就越大，对聚类结果的影响也就越大。为了避免对度量单位选择的依赖，在聚类之前所要采取的一个重要的技术措施就是进行数据标准化。

数据标准化是聚类分析中最重要的一个数据预处理步骤，这主要是因为它不仅可以为聚类计算中的各个属性赋予相同的权重，还可以有效化解不同属性因度量单位不统一所带来的潜在的数量等级的差异，这些差异如果不处理，会造成聚类结果的失真。

数据的标准化有多种不同的方式，其中，尤以标准差标准化最常用。标准差标准化，又叫 Z-Score 标准化（Zero-Mean Normalization），经过这种方法处理后的数据符合标准正态分布，即均值为 0，标准差为 1，其转化公式如下：

$$x^* = \frac{x-\mu}{\sigma}$$

其中，μ 为所有样本数据的均值，σ 为所有样本数据的标准差。

9.3.3 聚类变量的少而精

在聚类分析中，参与聚类的指标变量不能太多，如果太多，一方面会显著增加运算的时间，更重要的是变量之间或多或少的相关性会严重损害聚类的效果，并且太多的变量参与其中会使随后的聚类群体的业务解释变得很复杂。鉴于此，聚类之前，如何精心挑选特定的少数变量参与聚类是聚类分析技术应用中的又一个关键点。

具体到数据化运营的聚类实践中，要如何落实聚类变量少而精的原则呢？以下一些经验可以作为参考。

- 紧紧围绕具体分析目的和业务需求挑选聚类变量。在分析展开之前，密切保持与业务需求方的沟通，借鉴业务方的业务经验和业务直觉，直接排除大量无关的指标变量，锁定与项目需求关系最密切的核心变量。任何数据挖掘项目都是有明确挖掘任务定义的，聚类分析也是如此，在聚类之前应该有明确的聚类应用目的，然后根据这个目的挑选一些相应的字段。举个简单的例子，如果在10 000个用户样本中，想从产品使用习惯不同的角度来细分群体，以此调整我们的客户服务，可以优先考虑把产品使用频率、产品档次、主要损耗件的类别等作为其中的聚类字段；而如果要从不同的购买习惯的角度来划分群体，以供营销策划参考，则会把付费的方式、产品档次、是否响应促销等作为优先考虑的聚类字段。这个案例主要是想说明，对于任何具体的聚类项目，都应该事先在脑海里有一些相应的基本核心字段可以与该项目相匹配，而不能不管是什么项目、什么任务、什么目的，一股脑把所有变量统统放进去，这种胡子眉毛一把抓的做派是没有任何意义的。
- 通过相关性检测，可防止相关性高的变量同时进入聚类计算。比如，在互联网行业的分析中，登录次数、在线时长、PV浏览量等这些变量相互之间都是明显相关的，只取其中一个变量就足够了。
- 数据分析也好，数据挖掘也罢，其本身是充满想象艺术的，所谓一半是科学，一半是艺术，相信你在聚类实践中也会体会这个特点。数据分析在很多时候是需要一些衍生变量来画龙点睛的。我们常常容易从现有的数据库中提取现成的字段，而经常忘记一些衍生的新字段，如比率。很多时候，我们的分析中有太多直接提取的绝对值字段，而常会忘记增添一些有价值的相对值（比率）字段，什么时候要考虑哪些有价值的比率字段，这需要业务知识和挖掘经验来支持的。
- 主成分分析，作为一种常用的降维方法，可以在聚类之前进行数据的清理，帮助有效精简变量的数量，确保参与聚类运算变量的少而精。然而，任何事物都是具有两面性的，主成分分析在帮助聚类算法精简输入变量数目的同时，也会造成聚类结论的可解释性、可理解性上相对于原始变量而言更复杂，在直观上不容易理解。

9.4 聚类分析的扩展应用

前面内容中谈到的聚类分析都是在典型业务场景中的应用。除此以外，聚类分析还有更多的扩展应用，这些扩展应用有的能显著提升单纯聚类分析所无法实现的商业应用价值，有的可作为辅助工具提升其他建模工具的应用效果，而且效果很显著，还有的突破了常规聚类应用的场景，参与到个性化推荐的应用中了。聚类分析技术的这些扩展应用，生动体现了数据挖掘分析技术在业务实践中的生命力，也对数据分析师提出了自我专业提升的方向和思路，即与时俱进、紧贴业务需求、以不变的聚类原理，从容应对万变的业务场景和业务需求。

9.4.1 聚类的核心指标与非聚类的业务指标相辅相成

聚类分析技术在实践应用中有个比较明显的不足之处，那就是参与聚类的变量数目不能多，需要坚持少而精的原则，否则不仅运算耗时，而且聚类的效果也不好。但是，另一方面，从业务需求的实际出发，业务应用应让尽可能多的指标进入分析范围，这样得到的信息更丰富、更全面，也才更有可能发现业务线索。那如何协调两者的矛盾呢？

在实践中，已经有了比较成熟且行之有效的方法可以较好地解决上述矛盾。**一方面坚持参与聚类的变量少而精的原则，另一方面把非聚类的业务指标与聚类结果一起拿来分析、提炼、挖掘，这种相辅相成的做法在聚类分析的应用实践中已经得到了普遍的认可和采用。**

具体来说，先通过用户行为属性里的核心字段进行聚类分群，在得到比较满意的聚类分群结果之后，针对每个具体细分的对象群体，再分别考察用户的会员属性，包括年龄、性别、地域、收入、爱好等一系列的基础信息。如果这些属性在聚类细分后的群体里有显著的区别或特征，将会明显丰富仅仅依靠参与聚类的少数字段所能揭示的业务特征和线索。

当然，在具体的聚类分析业务实践中，是否采用这种聚类核心指标与非聚类的业务指标相辅相成的策略，要视具体的分析目的和分析背景而定，但是这种相互结合的方法在大多数的项目实践中被证明是一种简单、有效、快捷的好办法，值得信赖。

9.4.2 数据的探索和清理工具

前面的内容已经多次提到，聚类技术不仅仅是一种模型技术，可以直接应用于相应的业务需求和项目目的；同时，聚类技术也可以作为一种数据清理工具，在其他数据模型分析的前期，可使用聚类技术进行数据的探索、清理工作，作为其他建模技术有效应用的“清道夫”。聚类技术的这种基础性价值，主要表现在以下几个方面：

- 聚类技术产生的聚类类别可以作为一个新的字段加入其他的模型搭建过程中，在适当的项目场景里，这种新的类别字段很可能会有效提高建模的效率和增强效果。

- 聚类技术产生的聚类类别在合适的项目场景里，可以作为细分群体的建模依据，并且通常来说，细分建模的模型精度常常比整体建模的模型精度要高些。
- 聚类技术的应用本身就是数据探索和熟悉的过程，这个过程对于其他算法的模型搭建来说常常也是必不可少的。而且这种基于聚类技术对数据的认知比盲目的、没有体系的数据认知要来得更加有效率、有章法。
- 聚类技术针对变量的聚类是精简变量的有效方法。变量聚类用来检验变量之间的关系，目的是对数量较多的变量进行分类。归于同一组里的变量之间关系紧密，组内变量间的相关性会很高；而不同组群里的变量间相异性很大，即组间变量相互独立。变量聚类的结果可以用作减少变量的依据和方法，在利用变量聚类产生的几个类别中，每个类别里只选取有代表性的变量作为模型的输入变量，就可大大减少输入变量的数量，有利于提升建模的效率。在 SAS 里，变量聚类可以用简单的代码来实现：PROC VARCLUS DATA=table A。
- 聚类技术还可以用来检查数据的共线性问题。关于共线性问题，已经在第 8 章里进行了详细讲解。识别共线性的方法很多，聚类技术只是其中的一种。具体来说，通过变量聚类，同一组里的变量相似性明显，因此如果将同一聚类组里的变量同时放入建模过程中，就很有可能会产生共线性的问题。通过变量聚类，可以有效锁定可能发生共线性的一些变量，从而通过取舍，减少共线性的产生。

9.4.3 个性化推荐的应用

个性化推荐是电子商务时代产生的一个新的专业方向，在很多互联网公司里，个性化推荐已经作为一个单独的部门独立于数据分析部门之外了。个性化推荐目前已经产生了诸多的相关算法，其中以协同过滤算法最为普及。聚类分析的思想和原理也可以用到个性化推荐的应用场景里，我们来看以下的业务场景。

在电子商务平台上，买家与卖家如何高效、精准匹配是个性化推荐的核心任务。当买家进入平台浏览第一个页面时，个性化推荐就需要计算其可能感兴趣的卖家或者特定商品页面，或者特定店面的页面，并第一时间把与之相关的页面发送到买家面前。一般情况下，通过对买家的历史浏览行为进行统计分析，可以确定其感兴趣的特定商品大类，但在此基础上如何进一步精确锁定商品大类下面的具体小类呢？聚类技术提供了一个独特的思路和方法。通过历史数据对该商品大类的买家进行聚类分析，找出不同小类目的买家细分群体（聚类结果），然后用这个聚类模型去判别这个新的买家最可能属于哪个细分群体，再去匹配跟该细分群体最相近的卖家或者卖家的商品小类目，这就是聚类思想在个性化推荐中的应用思路。当然在具体的项目操作中，数据的清理是非常复杂的，前期的阀值确定和规则梳理也非常关键。在个性化推荐的大场景里，聚类技术只是其中的一个思路或环节，不过，聚类技术能突破传统的应用场景，尝试应用于类似个性化推荐之类的崭新的业务需求方面，正体现了包括聚类技术在内的数据分析挖掘技术与时俱进的活力和生命力。

9.5 聚类分析在实际应用中的优势和缺点

聚类分析的优势在实践应用中是很明显的，无论是从其原理上来理解，还是从其应用的普遍程度上来看。尤其是针对大数据集的时候，K-Means 算法几乎是目前最主流的算法和应用了。具体来讲，其应用优势体现在以下几个方面：

- 目前聚类技术已经比较成熟，算法也比较可靠，而且长期的商业实践应用已经证明它是一个不错的数据群体细分的工具和方法。
- 聚类技术不仅本身是一种模型技术，可以直接响应业务需求，提出细分的具体方案来指导实践；同时，聚类技术还经常作为数据分析前期的数据摸底和数据清洗的有效思想和工具。这种多样性的特点使得聚类技术的应用场景更加丰富，其价值也因此更加明显。
- 如果聚类技术应用得好，其聚类的结果比较容易用商业和业务的逻辑来理解和解释。可理解、可解释在数据化运营实践中非常重要，它决定了业务应用方是否可以理解模型的结论，在此基础上才谈得上业务方是否真心支持、全力配合、共同推进数据分析（模型）的有效地落地应用。
- K-Means 算法具有简洁、高效的特点。K-Means 算法的时间复杂度是 $O(tkn)$，其中，t 是循环次数，也就是算法收敛时已经迭代的次数；k 是聚类的个数，也就是聚类的类别数量；n 是数据点的个数，也就是样本数量。由于 t 和 k 都要远远小于 n，所以 K-Means 算法的时间复杂度与数据集的大小是线性相关的。
- K-Means 算法是一个不依赖顺序的算法。给定一个初始类分布，无论样本算法的顺序如何，聚类过程结束后的数据分区结果都会是一样的。

K-Means 算法有这么多的好处，那它的劣势又有哪些呢？

尽管在众多的聚类算法中，尤其是针对大数据集的应用场景里，K-Means 算法几乎是唯一主流的算法，但是其本身也有一些缺点和不足，主要表现在以下几个方面：

- 数据分析师需要事先指定聚类的数目 k。在实践中，要测试多个不同的 k 值才能根据效果比较来选择最合适的 k 值，这个过程有可能会比较耗时。

- 算法对数据噪声和异常值比较敏感。异常值是数据中那些与其他数据点相隔很远的数据点，其可能是数据采集时的失误，也可能是本质不同的数据。由于 K-Means 算法是采用均值作为每个聚类的聚类中心的，所以异常值会严重干扰正常的聚类中心的计算，造成聚类失真。

9.6 聚类分析结果的评价体系和评价指标

正如第 7 章里谈到的，每一个算法都有自身的优势和局限性，因此没有哪个算法是永远优于其他算法的。在聚类分析的实际应用中，针对聚类结果的评估也有很多的维度和指标。但是，从数据化运营的实践经验来看，任何模型的评估，包括聚类分析的评估既要考虑统计学意义上的指标、维度，同时更要关注其实践效果上的价值及业务背景下的价值。尤其是对于聚类项目来说，它跟分类（预测）项目的一个显著不同之处在于，后者的评判有训练集、验证集、测试集的客观参照，而对于聚类结果的评判来说，一个对象分配到 A 类与分配到 B 类，中间并没有太明确、太客观的参照依据。鉴于此，聚类结果的评判常常更加复杂和困难。下面就来介绍一下常用的聚类评估方法及其指标体系。

9.6.1 业务专家的评估

聚类分析的结果评估首先要跟相应的落地应用场景相结合。尽管目前关于聚类的评价指标和评价体系已经比较成熟，但是总体来说，业务专家的评估才是最重要的评价层面。这一方面是由数据化运营的最终目的即落地应用效果所决定的，另一方面也是由聚类技术本身（与分类、预测技术相比，一个对象到底应该分到 A 簇，还是 B 簇，中间没有明显的效果区别）的特点决定的。

业务专家虽然可能不太了解聚类原理，但是他们对于具体对象的大概所属群体特征还是有非常深刻的商业直觉和业务敏锐性的。如果对于聚类的结果，多数业务专家都不满意、不认可、看不懂，那么这个聚类的结果很可能是有问题的，是值得怀疑的。虽然对于每个业务专家来说，他们的评判非常主观，但是采用全体专家平均分的技术手段，是可以比较有效降低主观因素对于聚类效果评价的影响的。

业务专家对聚类结果进行评判时不仅仅只是对结果的合理性、理解性进行评判，更重要的是常常会结合具体应用的业务场景来进行评判。很多时候，尽管聚类的结果看上去很合理，很容易理解，很符合业务逻辑，但是如果没有落地应用价值，或者说没有落地应用的前景，那这个聚类的结果仍然是不合格的，是无法满足业务需求的。举例来说，如果业务分析需求的目的是找出产品付费用户的网络行为特征，并根据该特征有效发现、复制潜在的付费用户，而聚类的结果只是从付费用户中发现了不同群体的产品使用特征和续费特征，尽管这些发现都是正确的、符合业务逻辑的，都是满足聚类评价技术指标的，但是这种发现对于当初的分析目的而言是没有价值的，是不合格的，因为该结果并没有实现当初的分析目的——发现付费用户群体的典型的网络行为特征，从而可以让业务方、运营方有方向、有目标地去锁定潜在的付费用户群体。

9.6.2 聚类技术上的评价指标

从 9.2 节中讲解了，不同的聚类算法遵循不同的聚类原理和思路，因此它们必然也会有不同的评价标准和评价指标。鉴于 K-Means 算法和凝聚层次聚类算法在数据化运营实践中占绝对的主流应用地位，其中 K-Means 算法比后者应用更广泛，因此本节主要针对这两种算法的效果进行总结，当然这些指标的思路对于其他聚类算法而言也是有积极的借鉴和参考价值的。

- RMSSTD（Root-Mean-Square Standard Deviation）：群体中所有变量的综合标准差，RMSSTD 越小表明群体内（簇内）个体对象的相似程度越高，聚类效果越好。计算公式如下：

$$\text{RMSSTD} \quad \sqrt{\sum \ {}^{Si}\!\Big/}$$

其中，Si 代表第 i 个变量在各群内的标准差之和，p 为变量数量。

- R-Square：聚类后群体间差异的大小，也就是聚类结果可以在多大比例上解释原数据的方差，R-Square 越大表明群体间（簇间）的相异性越高，聚类效果就越好。计算公式如下：

$$\text{R\_Square} = 1 - \frac{W}{T} = \frac{B}{T}$$

其中，W 代表聚类分组后的各组内部的差异程度，B 代表聚类分组后各组之间的差异程度，T 代表聚类分组后所有数据对象总的差异程度，并且 $T=W+B$。

按照聚类的思想来看，一个好的聚类结果，应该是在 R-Square $\in [0,1]$ 的范围内，并且 R-Square 越接近 1 越好，这说明了各个群类之间的差异，即 B 越大，而同组内（群内）各对象间的差异，即 W 越小，这正是聚类分析所希望达到的效果。计算公式如下：

$$T = \sum_{s=1}^{p} \sum_{i=1}^{n} (Xis - \overline{Xs})^2$$

其中，p 代表有 p 个指标（变量），n 代表有 n 个组员，$\overline{Xs}$ 代表总体平均值。

- SPR（Semi Partial R-Square）：该指标适用于层次方法中的凝聚层次聚类算法，它表示当原来两个群体合并成新群体的时候，其所损失的群内相似性的比例。一般来说，SPR越小，表明合并成新的群体时，损失的群内相似性比例越小，新群体内的相似性越高，聚类效果就越好。
- Distance Between Clusters：该指标适用于层次方法中的凝聚层次聚类算法，它表示在要合并两个细分群体（簇）时，分别计算两个群体的中心，以求得两个群体的距离。一般来说，距离越小说明两个群体越适合合并成一个新群体。虽然该指标主要应用于层次方法中的凝聚层次聚类算法，但是从其算法原理来看，该指标也可应用于其他聚类算法中，包括K-Means算法，也就是说，在K-Means算法的聚类结果里，一样可以有这个指标，用于显示聚类的结果里各个群体间是否有足够的距离。这个指标越大，说明聚类分群效果越好。

上面总结的4个主要评价指标只是在聚类分析实践应用中最常用的指标，并不是针对聚类结果的全部评价指标，在实践应用中还有更多的指标可以供我们参考，其中最重要的是从业务背景的角度所提出来的指标，比如，特定群体的数量不能太少，聚类的结果要有很好的业务解释性等。另外，不同的数据挖掘软件或聚类软件，也会自带一些相关的指标，在实际应用中，数据分析师通常都是相互参考，再结合业务逻辑和业务专家的意见做综合评价的。

9.7 一个典型的聚类分析课题的案例分享

9.7.1 案例背景

A公司推出了一个在线转账的产品，用户通过该产品在线转账时交易费用相比普通的网银要便宜。在经过一段时间的测试性运营之后，企业积累了一定数量的、使用该产品的付费用户数据，现在产品运营团队需要基于该批实际使用的付费用户数据，来分析找出有价值的特定群体，进而通过精细化运营提升付费用户数量。

由于该产品上线时间很短，业务方对于付费用户的特点并不十分清楚，另外前期运营阶段并没有做专门的定向推广，所以常规的分类（响应）模型并不适合当前的业务场景。在此情况下，数据分析师想到通过聚类分析技术锁定部分特征明显的目标群体，通过精细化运营促进付费用户的有效增长。

9.7.2 基本的数据摸底

数据分析师与运营方协商，针对前期测试性运营时所产生的那部分实际付费的用户来整理特征，根据业务逻辑推测和业务经验判断，大致整理出了15个可能的特征字段。

在进行聚类分析之前，先对部分异常值进行了删除处理。关于异常值的详细介绍，可参考8.4.2节的内容。

由于在聚类分析中参与聚类的变量不能太多，同时考虑到聚类样本数量有限，因此本项目实际聚类的变量数量为4个。更多的其他变量指标可以在聚类完成后进行群体描述时添加进来，再进行群体特征分析。在聚类之前，针对所有数值型变量进行相关性检验，对于高度线性相关的变量只保留一个进入聚类过程。

考虑到企业的商业隐私，下面展示的分析过程和聚类结果是基于抽样的部分样本得到的，聚类中的群体数量不代表企业的真实用户规模，特此说明。

9.7.3 基于用户样本的聚类分析的初步结论

聚类分析过程是个不断探索、反复尝试的过程，经过多次比较，最终决定基于login freq、tp index、pv3个指标来进行聚类，在聚类完成后根据有价值的群体再增加其他有意义的字段，来进行特征描述，并得到如表9-1所示的聚类结论。

表9-1 聚类结论表格

聚类分群	群内人数	RMSSTD	距离簇中心的最远距离	最近的群	login freq 均值	tp index 均值	pv 均值
1	9	0.5 811 918	1.59 574	8	171.44	52.66	6 287 6.55
2	35	0.5 567 138	1.66 656	3	174.21	90.65	24 402.51
3	51	0.495 173	1.31 204	2	138.17	68.98	8028.51
4	38	0.481 037	1.39 408	7	155.63	19.78	31 202.74
5	304	0.258 068	1.45 512	7	21.32	2.56	1808.43
6	20	0.434 291	1.19 353	2	157.8	141.25	10 470.4
7	192	0.436 632	1.28 846	3	148.92	11.34	8133.23
8	4	0.847 965	1.67 331	1	170.25	15.5	78 859.75

上述样本共聚类成8个群体，整体的Over-All R- Square为0.755 34，说明群体间的差异性比较明显。考虑到部分群体内样本数量太少，在实际应用中可以忽略不计，所以上述聚类结论中比较有代表性的群体为：

- 第7组，聚类样本中该组共有192个用户，占样本总量的30%。该组RMSSTD（Root-Mean-Square Standard Deviation）为0.436 632，该组login freq均值为148.92，tp index均值为11.34，pv均值为8133.23。
- 第3组，聚类样本中该组共有51个用户，占样本总量的8%。该组RMSSTD（Root-

Mean-Square Standard Deviation）为 0.495 173，该组 login freq 均值为 138.17，tp index 均值为 68.98，pv 均值为 8028.51。该组与第 7 组中的各指标非常类似（除了 tp index 差别较大之外）。另外，这两组都是可以作为优质用户群体合并的，这是后来业务方的理解。

- 第 5 组，聚类样本中该组共有 304 个用户，占样本总量的 47%。该组 RMSSTD（Root-Mean-Square Standard Deviation）为 0.258068，该组 Login freq 均值为 21.32，tp index 均值为 2.56，pv 均值为 1808.43。

上述 3 组共占样本总量的 85%，具有相当的代表性。

在上述基本聚类的基础上，又增加了业务方认为值得考虑的一些其他变量到这 3 个群组中，来进行特征描述，最后总共得到 5 类典型付费用户群体。经过与业务方的讨论，决定挑选其中两个群体的特征指标进行目标用户圈定，并进行具体的精细化运营。这两个群体的典型特征如下：

- 群体 A。占样本数量的 15%，主要特征为：全部是企业俱乐部用户，全部有在线交易历史，俱乐部年限小于 4 年，登录次数大于 110 次，pv 量大于 10 000，进一步过滤发现，绝大部分有 P4P 消耗记录。
- 群体 B。占样本数量的 10%，主要特征为：全部是个人俱乐部用户，全部有在线交易历史，俱乐部年限小于 2 年，登录次数大于 100 次，并且俱乐部指数小于 80。

运营方根据上述两个群体特征，从参考数据中提取出了满足上述特征阀值的 20000 潜在目标受众，并进行了为期 1 周的定向在线运营活动，通过 3 轮营销推广活动（不同的渠道，不同的文案），产生了以下运营成果。

在为期 1 周的定向运营活动里，这 20 000 名目标受众中共 937 名用户被成功转化为付费用户，付费转化率为 4.69%，与前期无特定目标的即时通讯工具群体运营的付费转化率不足 1% 进行对比，可以看到这次运营活动的效率提升是非常明显的。

为了让读者能更清楚、直观地认识到本次在线精细化运营的价值，在这里还分享一下传统领域的营销推广转换率数据，以便于大家参考和比较。2006 年，世界知名的计算机硬件和软件系统服务提供商 Oracle 公司在中国市场做过一次比较成功的定向运营推广活动。先向 200 000 企业高层相关人士通过 EDM（电子邮件营销）、Banner（官方网站的横幅广告）、直邮、电话访问以及夹报广告等各种传播方式传达 Oracle 的产品理念，经过两个月运营，有 20 000 目标受众对此表示出了兴趣，其阅读了宣传资料或者访问了产品宣传网站，进一步跟进，有 2000 人填写了反馈问卷，并下载了相关资料，最终，Oracle 得到了 900 个销售机会。Oracle 公司本次为期 3 个月的定向运营，得到的销售计划转化率为 0.45%。

第10章

预测响应（分类）模型的典型应用和技术小窍门

卖弄杀周易阴阳谁似你，还有个未卜先知意。

——《桃花女》

预测响应（分类）模型是数据挖掘实战中最常见的应用模型，它最直接地涉及了精细化运营中的客户分层以及随后的个性化区别对待，从某种意义上来说，基于预测响应（分类）模型的客户分层运营已经成为精细化运营的代名词。

本章围绕预测响应（分类）模型的典型应用，对神经网络、决策树、逻辑回归、多元线性回归等最常见的4种算法在数据挖掘实战应用中的优缺点和技术重点进行了分析、归纳，从而帮助读者在今后的项目实践中有的放矢，扬长避短。

不同的模型算法，需要不同的数据准备；不同的算法，输出不同的产出物；不同的算法，在实践应用中有各自独特的优势和不足之处。数据分析人员只有对这些有了足够的了解和掌握，才可以实现有效的数据挖掘实践应用。

10.1　神经网络技术的实践应用和注意事项

对神经网络的研究始于20世纪40年代，作为一门交叉学科，它是人类基于对其大脑神经认识理解的基础上，人工构造实现某种功能的网络模型。经过将近70年的发展，神经网络技术已经成为机器学习的典型代表，它不依照任何概率分布，而是模仿人脑功能进行抽象运算。

简单来讲，神经网络是一组互相连接的输入/输出单元，其中每个连接都会与一个权重相关联。在学习阶段，通过调整这些连接的权重，就能够预测输入观察值的正确类标号。因此可以理解为人工神经网络是由大量神经元通过丰富完善的连接、抽象、简化和模拟而形成的一种信息处理系统。

10.1.1　神经网络的原理和核心要素

人工神经网络的结构大致分为两大类：前向型网络和反馈型网络。

具体来说，所谓前向型网络，是指传播方向是从输入端传向输出端，并且没有任何的反馈；所谓反馈型网络是指在传播方向上除了从输入端传向输出端之外，还有回环或反馈存在。两种类型的网络原理图如图10-1所示。

在上述的典型结构里，神经网络通过输入多个非线性模型，以及不同模型之间的加权互联，最终得到一个输出模型。具体来说，多元输入层是指一些自变量，这些自变量通过加权结合到中间的层次上，称为隐蔽层。隐蔽层中主要包含的是非线性函数，也叫转换函数或者挤压函数。隐蔽层就是所谓的黑箱（Black Box）部分，几乎没有人能在所有的情况下读懂隐蔽层中那些非线性函数是如何对自变量进行组合的，这是计算机思考代替人类思考的一个典型案例。

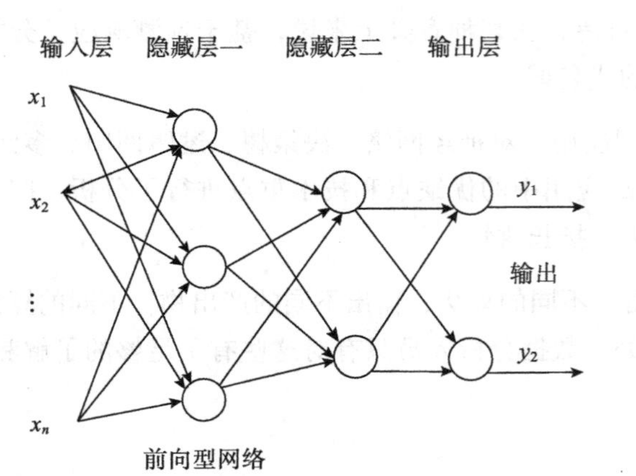

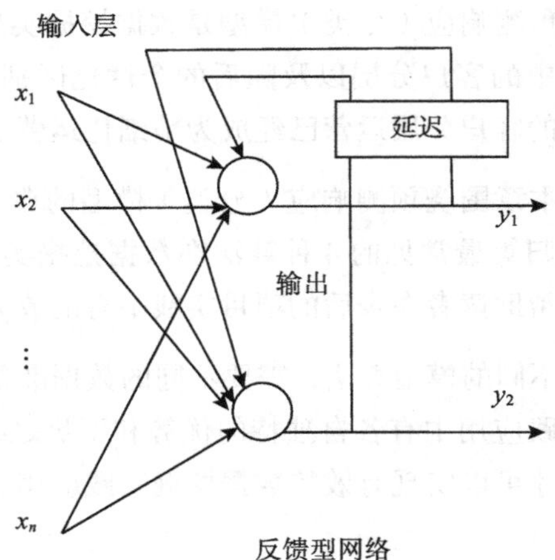

图 10-1　人工神经网络的典型结构图

利用神经网络技术建模的过程中，有以下 5 个因素对模型的结果有重大影响[⊖]：

- 层数。对于一定的输入层和输出层，需要有多少个隐蔽层，这点无论是在理论上，还是在实践中都非常有意义。虽然没有不变的规律，但是有经验的数据分析师通常要尝试不同的设置，力求找到满意的模型结构。
- 每层中输入变量的数量。太多的自变量很可能会造成模型的过度拟合，使得模型搭建时看上去很稳定，可是一旦用到新数据中，模型的预测与实际结果却相差很大，这时模型就失去了预测的价值和意义。所以，在使用神经网络建模之前，输入变量的挑选、精简非常重要。
- 联系的种类。神经网络模型中，输入变量可以有不同方向的结合，可以向前，可以向后，还可以平行。采用不同的结合方式，可能就会对模型的结果产生不同的影响。
- 联系的程度。在每一层中，其元素可以与他层中的元素完全联系，也可以部分联系。部分联系可以减少模型过度拟合的风险，但是也可能减弱模型的预测能力。
- 转换函数。转换函数也称为挤压函数，因为它能把从正无穷大到负无穷大的所有输入变量挤压为很小范围内的一个输出结果。这种非线性的函数关系有助于模型的稳定和可靠性。选择转换函数的标准很简单，即在最短时间内提供最好的结果函数。常见的转换函数包括阀值逻辑函数、双曲正切函数、S 曲线函数等。

大部分神经网络模型的学习过程，都是通过不断地改变权重来使误差达到总误差的最小

⊖ 罗茂初．数据库营销[M]．北京：经济管理出版社，2007:239.

绝对值的。比如，以常见的前向型网络模型为例，其设计原理如下：

- 隐蔽层的层数。从理论上讲，两层就足够了；在实践中，经常是一层隐蔽层就足够了。
- 每层内的输入变量。输出层的变量由具体分析背景来决定；隐蔽层的数量为输入数与输出数的乘积开平方；输入层的数量应该尽量精简，遵循少而精的原则，这在后面要详细阐述。
- 联系的程度。一般都选择所有层次间全部联系。
- 转换函数。选用逻辑斯蒂函数为主要转换函数，因为逻辑斯蒂函数可以提供在最短时间内的最佳拟合。
- 模型开发样本要足够充分，避免过拟合现象发生。

10.1.2　神经网络的应用优势

在数据挖掘实践应用中，人工神经网络的应用主要有以下优点：

- 有良好的自组织学习功能。神经网络可以根据外界数据的变化来不断修正自身的行为，对未经训练的数据模式的分类能力也比较强。
- 有比较优秀的在数据中挑选非线性关系的能力，能有效发现非线性的内在规律。在纷繁复杂的业务实践中，数据间非线性关系出现的机会远比线性关系多得多，神经网络的这种有效发现非线性关系的能力，大大提高了其在数据化运营等各种商业实践中的应用价值和贡献潜力。
- 由于神经网络具有复杂的结构，因此在很多实践场合中其应用效果都明显优于其他的建模算法；它对异常值不敏感，这是个很不错的“宽容”个性。
- 对噪声数据有比较高的承受能力。

10.1.3　神经网络技术的缺点和注意事项

虽然神经网络有上述这多优点，但是人无完人，金无足赤，它同样也有以下一些典型的不足之处需要引起数据分析师的注意：

- 神经网络需要比较长的模型训练时间，在面对大数据量时尤其如此。
- 对于神经网络模型来说少而精的变量才可以充分发挥神经网络的模型效率。但是，神经网络本身是无法挑选变量的。因此，对于神经网络的实际应用来讲，之前的变量挑选环节就必不可少了。虽然变量的选择对于任何一个模型的搭建来说都是很重要的环节，但是必须强调的是，对于神经网络模型来说尤为重要，这是由其复杂的内部结构决定的。

- 如果搭建模型后直接将其投入应用，可能会得不到想要的效果。为了确保模型投入应用后具有稳定的效果，最好先尝试几种不同的神经网络模型，经过多次验证后，再挑选最稳定的模型投入应用。
- 神经网络本身对于缺失值（Missing Value）比较敏感。所以，应用该技术时要注意针对缺失值进行适当的处理，或者赋值，或者替换，或者删除，参见本书 8.4.1 节。
- 它具有过度拟合（Over-Fitting）数据的倾向，可能导致模型应用于新数据时效率显著下降。鉴于此，针对神经网络模型的应用要仔细验证，在确保稳定的前提下才可以投入业务落地应用。
- 由于其结构的复杂性和结论的难以解释性，神经网络在商业实践中远远没有回归和决策树应用得广泛，人们对它的理解、接纳还有待提高。它也缺乏类似回归那样的丰富多样的模型诊断指标和措施。正因为如此，很多数据分析师视之为"黑盒子"，只是在实在无计可施的时候才"放手一搏"。

10.2 决策树技术的实践应用和注意事项

决策树模型是数据挖掘应用中常见的一种成熟技术，因其输出规则让人容易理解而备受数据分析师和业务应用方的喜欢和推崇。自从 1960 年 Hunt 等人提出概念学习系统框架方法（Concept Learning System Framework, CLSF）以来，决策树多种算法一直在不断发展、成熟，目前最常用的 3 种决策树算法分别是 CHAID、CART 和 ID3，包括后来的 C4.5，乃至 C5.0。

决策树，顾名思义，其建模过程类似一棵树的成长，从根部开始，到树干，到分叉，到继续细枝末节的分叉，最终到一片片的树叶。在决策树里，所分析的数据样本形成一个树根，经过层层分枝，最终形成若干个结点，每个结点代表一个结论。从决策树的根部到叶结点的一条路径就形成了对相应对象的类别预测。

10.2.1 决策树的原理和核心要素

构造决策树采用的是自顶向下的贪婪算法，它会在每个结点选择分类效果最好的属性对样本进行分类，然后继续这个过程，直到这棵树能准确地分类训练样本，或者所有的属性都已被用过。

决策树算法的核心是在对每个结点进行测试后，选择最佳的属性，并且对决策树进行剪枝处理。

最常见的结点属性选择方法（标准）有信息增益、信息增益率、Gini 指数、卡方检验（Chi-Square Statistics）等。在 10.2.2 ~ 10.2.4 节将对它们分别进行介绍。

决策树的剪枝处理包括两种方式：先剪枝（Prepruning）和后剪枝（Postpruning）。

所谓先剪枝，就是决策树生长之前，就人为定好树的层数，以及每个结点所允许的最少的样本数量等，而且在给定的结点不再分裂。

所谓后剪枝，是让树先充分生长，然后剪去子树，删除结点的分枝并用树叶替换。后剪枝的方法更常用。CART 算法就包含了后剪枝方法，它使用的是代价复杂度剪枝算法，即将树的代价复杂度看做是树中树叶结点的个数和树的错误率的函数。C4.5 使用的是悲观剪枝方法，类似于代价复杂度剪枝算法。

10.2.2　CHAID 算法

CHAID（Chi-Square Automatic Interaction Detector）算法历史较长，中文简称为卡方自动相互关系检测。CHAID 是依据局部最优原则，利用卡方检验来选择对因变量最有影响的自变量的，CHAID 应用的前提是因变量为类别型变量（Category）。

关于卡方检验的具体公式和原理，此处从略，详情可参考本书 8.6.5 节。

关于 CHAID 算法的逻辑，简述如下。

首先，对所有自变量进行逐一检测，利用卡方检验确定每个自变量和因变量之间的关系。具体来说，就是在检验时，每次从自变量里抽取两个既定值，与因变量进行卡方检验。如果卡方检验显示两者关系不显著，则证明上述两个既定值可以合并。如此，合并过程将会不断减少自变量的取值数量，直到该自变量的所有取值都呈现显著性为止。在对每个自变量进行类似处理后，通过比较找出最显著的自变量，并按自变量最终取值对样本进行分割，形成若干个新的生长结点。

然后，CHAID 在每个新结点上，重复上述步骤，对每个新结点重新进行最佳自变量挑选。整个过程不断重复，直到每个结点无法再找到一个与因变量有统计显著性的自变量对其进行分割为止，或者之前限度的条件得到满足，树的生长就此终止。

卡方检验适用于类别型变量的检验，如果自变量是区间型的变量（Interval），CHAID 改用 F 检验。

10.2.3　CART 算法

CART（Classification and Regression Trees）算法发明于 20 世纪 80 年代中期，中文简称

分类与回归树。CART 的分割逻辑与 CHAID 相同，每一层的划分都是基于对所有自变量的检验和选择。但是，CART 采用的检验标准不是卡方检验，而是 Gini（基尼系数）等不纯度指标。两者最大的不同在于 CHAID 采用的是局部最优原则，即结点之间互不相干，一个结点确定了之后，下面的生长过程完全在结点内进行。而 CART 则着眼于总体优化，即先让树尽可能地生长，然后再回过头来对树进行修剪（Prune），这一点非常类似统计分析中回归算法里的反向选择（Backward Selection）。CART 所生产的决策树是二分的，即每个结点只能分出两枝，并且在树的生长过程中，同一个自变量可以反复多次使用（分割），这些都是不同于 CHAID 的特点。另外，如果自变量存在数据缺失（Missing）的情况，CART 的处理方式是寻找一个替代数据来代替（或填充）缺失值，而 CHAID 则是把缺失数值作为单独的一类数值。

10.2.4 ID3 算法

ID3（Iterative Dichotomiser）与 CART 发明于同一时期，中文简称迭代的二分器，其最大的特点在于自变量的挑选标准是基于信息增益度量的，即选择具有最高信息增益的属性作为结点的分裂（或分割）属性，这样一来，分割后的结点里分类所需的信息量就会最小，这也是一种划分纯度的思想。至于 C4.5，可以将其理解为 ID3 的发展版本（后继版），主要区别在于 C4.5 用信息增益率（Gain Ratio)代替了 ID3 中的信息增益，主要的原因是使用信息增益度量有个缺点，就是倾向于选择具有大量值的属性，极端的例子，如对于 Member_id 的划分，每个 Id 都是一个最纯的组，但是这样的划分没有任何实际意义，而 C4.5 所采用的信息增益率就可以较好地克服这个缺点，它在信息增益的基础上，增加了一个分裂信息（Split Information）对其进行规范化约束。

10.2.5 决策树的应用优势

在数据挖掘的实践应用中，决策树体现了如下明显的优势和竞争力：

- 决策树模型非常直观，生成的一系列“如果……那么……”的逻辑判断很容易让人理解和应用。这个特点是决策树赢得广泛应用的最主要原因，真正体现了简单、直观、通俗、易懂。
- 决策树搭建和应用的速度比较快，并且可以处理区间型变量（Interval）和类别型变量（Category）。但是要强调的是“可以处理区间型变量”不代表“快速处理区间型变量”，如果输入变量只是类别型或次序型变量，决策树的搭建速度是很快的，但如果加上了区间型变量，视数据规模，其模型搭建速度可能会有所不同。

- 决策树对于数据的分布没有特别严格的要求。
- 对缺失值（Missing Value）很宽容，几乎不做任何处理就可以应用。
- 不容易受数据中极端值（异常值）的影响。
- 可以同时对付数据中线性和非线性的关系。
- 决策树通常还可以作为有效工具来帮助其他模型算法挑选自变量。决策树不仅本身对于数据的前期处理和清洗没有什么特别的要求和限制，它还会有效帮助别的模型算法去挑选自变量，因为决策树算法里结点的自变量选择方法完全适用于其他算法模型，包括卡方检验、Gini 指数、信息增益等。
- 决策树算法使用信息原理对大样本的属性进行信息量分析，并计算各属性的信息量，找出反映类别的重要属性，可准确、高效地发现哪些属性对分类最有意义。这一点，对于区间型变量的分箱操作来说，意义非常重大。关于分箱操作，请参考本书 8.5.3 节。

10.2.6 决策树的缺点和注意事项

事物都是具有两面性的，有缺点不可怕，关键在于如何扬长避短，数据分析师不仅要清楚知道决策树的缺点，更需要掌握相应的注意事项，才可能取长补短，达到事半功倍的效果。

- 决策树最大的缺点是其原理中的贪心算法。贪心算法总是做出在当前看来最好的选择，却并不从整体上思考最优的划分，因此，它所做的选择只能是某种意义上的局部最优选择。学术界针对贪心算法不断进行改进探索，但是还没有可以在实践中大规模有效应用的成熟方案。
- 如果目标变量是连续型变量，那么决策树就不适用了，最好改用线性回归算法去解决。
- 决策树缺乏像回归或者聚类那样的丰富多样的检测指标和评价方法，这或许是今后算法研究者努力的一个方向。
- 当某些自变量的类别数量比较多，或者自变量是区间型时，决策树过拟合的危险性会增加。针对这种情况，数据分析师需要进行数据转换，比如分箱和多次模型验证和测试，确保其具有稳定性。
- 决策树算法对区间型自变量进行分箱操作时，无论是否考虑了顺序因素，都有可能因为分箱丧失某些重要的信息。尤其是当分箱前的区间型变量与目标变量有明显的线性关系时，这种分箱操作造成的信息损失更为明显。

10.3 逻辑回归技术的实践应用和注意事项

回归分析，在此主要是指包括逻辑回归技术和多元线性回归技术，是数量统计学中应用最广泛的一个分析工具，也是数据分析挖掘实践中应用得最广泛的一种分析方法（技术）。尽管从狭隘的界定来看，回归分析技术属于统计分析的范畴，但是正如本书开头所阐述的那样，绝对地划清统计分析和数据挖掘的界线，对于数据分析挖掘实践来说是没有任何意义的。只要能解决实际的业务问题，只要能提升企业的运营效率，它就是好技术，况且目前在数据挖掘实践中也大量应用回归分析技术。因此，本节将专门讨论逻辑回归技术。

10.3.1 逻辑回归的原理和核心要素

当目标变量是二元变量（即是与否）的时候，逻辑回归分析是一个非常成熟的、可靠的主流模型算法。

对于二元（是与否）的目标变量来说，逻辑回归的目的就是要预测一组自变量数值相对应的因变量是“是”的概率，这个概率 P 是介于［0,1］之间的。如果要用线性回归方法来进行概率计算，计算的结果很可能是超出［0,1］范围的。在这种情况下，就需要用到专门的概率计算公式了，或叫 Sigmoid 函数，其计算公式如下：

$$P(y=1)=\frac{1}{1+e^{-(\beta_0+\beta_1x_1+\beta_2x_2+\cdots+\beta_kx_k)}}$$

上述概率算法可以确保二元目标变量的预测概率 P 是介于［0,1］之间的。

其中，β_0 是常数，β_1 到 β_k 是自变量 x_1 到 x_k 各自所对应的系数。

按上述公式应用后的 Sigmoid 分布曲线如图 10-2 所示。

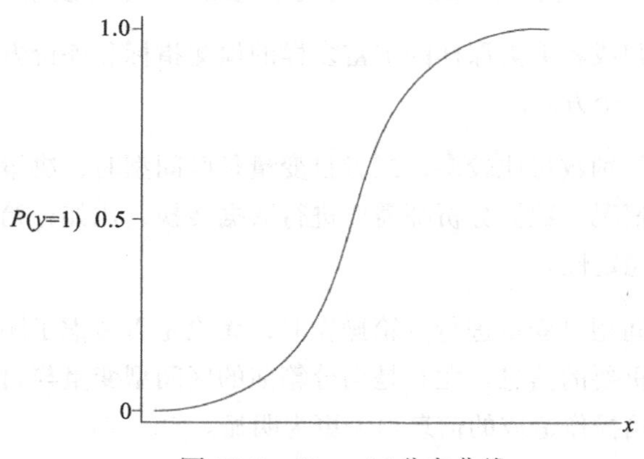

图 10-2　Sigmoid 分布曲线

接下来进一步深入理解，这里引入了可能性比率（ODDS）这个概念。

可能性比率（ODDS）是指一件事情发生的概率除以这件事情不发生的概率后得到的值，博彩活动中的赔率就是可能性比率，其在现实生活中是一个广为人知的应用案例。

可能性比率为 5，说明一件事件发生的可能性比不发生的可能性高 5 倍；

可能性比率为 0.2，说明一件事情发生的可能性为不发生的可能性的 1/5；

可能性比率小于 1，说明一件事情发生的概率低于 50%；

可能性比率大于 1，说明一件事件发生的概率高于 50%；

与概率不同的是，可能性比率的最小值为 0，但最大值可以是无穷大。

可能性比率是逻辑回归中连接自变量和因变量的纽带，我们可以从下面的公式演变中体会这句话的意思。

$$\text{ODDS}=\frac{P(y=1)}{1-P(y=1)}$$

$$P(y=1)=\frac{1}{1+\mathrm{e}^{-(\beta_0+\beta_1x_1+\beta_2x_2+\cdots+\beta_kx_k)}}$$

将上述两个公式合并，就会成为现在广泛应用的逻辑回归算法：

$$\text{ODDS}=\mathrm{e}^{(\beta_0+\beta_1x_1+\beta_2x_2+\cdots+\beta_kx_k)}$$

该公式也可以表现为：

$$\log(\text{ODDS})=\log\left(\frac{P(y=1)}{1-P(y=1)}\right)=\beta_0+\beta_1x_1+\beta_2x_2+\cdots+\beta_kx_k$$

逻辑回归使用的参数估计方法通常是最大似然法，利用最大似然法进行参数的估计时，通常有如下步骤：

设 Y 为 0-1 型变量，$X=(x_1, x_2, \cdots, x_p)$ 是与 Y 相关的变量，n 组观测数据为 $(x_{i1}, x_{i2}, \cdots, x_{ip}; y_i)(i=1, 2, \cdots, n)$，$y_i$ 与 $x_{i1}, x_{i2}, \cdots, x_{ip}$ 的关系如下：

$$E_{(y_i)}=\pi_i=f(\beta_0+\beta_1x_{i1}+\beta_2x_{i2}+\cdots+\beta_px_{ip})$$

其中，函数 $f(x)$ 是值域在［0,1］区间的单调递增函数，对于逻辑回归（Logistic Regression），有 $f(x)=\frac{\mathrm{e}^x}{1+\mathrm{e}^x}$。

于是，y_i 是均值为 $\pi_i=f(\beta_0+\beta_1x_{i1}+\beta_2x_{i2}+\cdots+\beta_px_{ip})$ 的 0-1 分布，其概率函数为

$$P(y_i=1)=\pi_i$$

$$P(y_i=0)=1-\pi_i$$

可以把 y_i 的概率函数合写为 $P(y_i)=\pi_i^{y_i}(1-\pi_i)^{1-y_i}$, y_i=0, 1, i=1, 2, …, n

于是 $y_1, y_2, \cdots, y_n$ 的似然函数则为 $L=\prod_{i=1}^{n}P(y_i)=\prod_{i=1}^{n}\pi_i^{y_i}(1-\pi_i)^{1-y_i}$

对上述似然函数取对数，得

$$\ln L=\sum_{i=1}^{n}[y_i\ln\pi_i+(1-y_i)\ln(1-\pi_i)]=\sum_{i=1}^{n}\left[y_1\ln\frac{\pi_i}{1-\pi_i}+\ln(1-\pi_i)\right]$$

对于逻辑回归，将 $\pi_i=\frac{e^{\beta_0+\beta_1x_{i1}+\beta_2x_{i2}+\cdots+\beta_px_{ip}}}{1+e^{\beta_0+\beta_1x_{i1}+\beta_2x_{i2}+\cdots+\beta_px_{ip}}}$ 代入上式，得

$$\ln L=\sum_{i=1}^{n}\left[y_i(\beta_0+\beta_1x_{i1}+\beta_2x_{i2}+\cdots+\beta_px_{ip})-\ln\left(1+\exp(\beta_0+\beta_1x_{i1}+\beta_2x_{i2}+\cdots+\beta_px_{ip})\right)\right]$$

上述式子被称为对数似然函数，其目的就是求出该式子的最大值，其中会涉及非线性方程组的求解，运算量非常大，所幸的是这些工作现在都有现成的软件可以代替人工计算了，数据分析师只需要知道其中的原理就可以了。

需要强调的是，对于通过上述最大似然法得到的参数估值，还需要进行相应的显著性检验，对于回归系数 β_i 的估计值 $\tilde{\beta}_1$ 的显著性检验通常使用的是Wald检验，其公式为 $W=\left(\frac{\tilde{\beta}_1}{D(\tilde{\beta}_1)}\right)$。

其中，$D(\tilde{\beta}_1)$ 为回归系数 β_i 的估计值 $\tilde{\beta}_1$ 的标准差。如果 β_i 的估计值 $\tilde{\beta}_1$ 的 Wald 检验显著，通常来讲，变量对应的 P-Value 如果小于 0.05，这时可以认为该自变量对因变量的影响是显著的，否则影响不显著。

10.3.2 回归中的变量筛选方法

无论是线性回归，还是逻辑回归，在回归拟合的过程中，都要进行变量的筛选，并且有各种不同的筛选方法，其中最常见、最著名的 3 种方法分别是向前引入法（Forward Selection）、向后剔除法（Backward Elimination）、逐步回归法（Stepwise Selection）。

- 向前引入法（Forward Selection）。即采用回归模型逐个引入自变量。刚开始，模型中没有自变量，然后引入第一个自变量进入回归方程，并进行 F 检验和 T 检验，计算残差平方和。如果通过了检验，则保留该变量。接着引入第二个自变量进入回归模型

中，重新构建一个新的估计方程，并进行F检验和T检验，同时计算残差平方和。从理论上说，增加一个新的自变量之后，回归平方和应该增加，残差平方和应该减少。引进一个新自变量前后的残差平方和之差额就是新引进的该自变量的偏回归平方和，如果改值明显偏大，说明新引进的该自变量对目标变量有显著影响，反之则没有显著影响。向前引入法最大的缺点是最先引入回归方程的变量在随后不会被剔除出去，这会对后面引入的变量的评估过程和结果造成干扰。

- 向后剔除法（Backward Elimination）。向后剔除法正好与向前引入法相反，即首先把所有的自变量一次性放进回归模型中进行F检验和T检验，然后逐个删除不显著的变量，删除的原则是根据其偏回归平方和的大小来决定的。如果偏回归平方和很大则保留，否则删除之。向后剔除法最大的缺点是可能会引入一些不重要的变量，并且变量一旦被剔除之后，就没有机会重新进入回归模型中了。
- 逐步回归法（Stepwise Selection）。该方法综合了上述两种方法的特点。自变量仍然是逐个进入回归模型中，在引入变量时需要利用偏回归平方和进行检验，只有显著时才可以加入。当新的变量加入模型之后，又要重新对原来的老变量进行偏回归平方和的检验，一旦某变量变得不显著时就要立即删除该变量。如此循环往复，直到留下来的老变量均不可删除，并且新的变量也无法加入为止。

10.3.3　逻辑回归的应用优势

相比于数据挖掘建模常用的其他算法如决策树、神经网络、邻近记忆推理等，逻辑回归技术是最成熟、应用最广泛的，也是数据分析师和数据化运营业务人员最为熟悉的。在各种新的数据挖掘算法层出不穷的今天，逻辑回归技术仍然具有强大的活力和最广泛的业务应用基础。

10.3.4　逻辑回归应用中的注意事项

逻辑回归实践应用中的注意事项如下：

- 建模数据量不能太少，目标变量中每个类别所对应的样本数量要足够充分，才能支持建模。
- 要注意排除自变量中的共线性问题。关于共线性问题，可参考本书8.7节。
- 异常值（Outliers）会给模型带来很大干扰，应该删除。
- 逻辑回归模型本身不能处理缺失值（Missing Value），所以应用逻辑回归算法的时候，要注意针对缺失值进行适当的处理，或者赋值，或者替换，或者删除，可参考本书8.4.1节。

10.4 多元线性回归技术的实践应用和注意事项

之所以本章在最后才介绍线性回归模型，主要的原因在于线性回归是逻辑回归的基础，同时，线性回归也是数据挖掘中常用的处理预测问题的有效方法。线性回归与逻辑回归最大的区别，也是最直观的区别在于目标变量的类型，线性回归所针对的目标变量是区间型的（Interval），而逻辑回归所针对的目标变量是类别型的（Category）。另外，线性回归模型与逻辑回归模型的主要区别如下：

- 线性回归模型的目标变量与自变量之间的关系假设是线性关系的，而逻辑回归模型中目标变量与自变量之间的关系是非线性的。
- 在线性回归中通常会假设，对应于自变量 X 的某个值，目标变量 Y 的观察值是服从正态分布的；但是，在逻辑回归中，目标变量 Y 是服从二项分布 0 和 1 或者多项分布的。
- 在逻辑回归中，不存在线性回归里常见的残差。
- 在参数的估值上，线性回归通常采用的是最小平方法，而逻辑回归通常采用的是最大似然法。

10.4.1 线性回归的原理和核心要素

线性回归包括一元线性回归和多元线性回归，在数据分析挖掘的业务实践中，用得更多的是多元线性回归。

“多元线性回归”是描述一个区间型目标变量（Interval Variable）Y 是如何随着一组自变量 $X_1, X_2, \cdots, X_p$ 的变化而变化。把目标变量 Y 与自变量 $X_1, X_2, \cdots, X_p$ 联系起来的公式就是多元线性回归方程。

在目标变量 Y 的变化中包括两个部分：系统性变化和随机变化。系统性变化是由自变量引起的；而自变量不能解释的那部分变化就是所谓的残差，该部分可以认为是随机变化。

在多元线性回归方程中，目标变量 Y 与一组自变量之间的线性函数关系，可以用如下公式表示：

$$Y=\beta_0+\beta_1x_1+\beta_2x_2+\cdots+\beta_px_p+\varepsilon$$

其中，Y 是目标变量，$X_1, X_2, \cdots, X_p$ 是自变量，β_0 是常数（截距），$\beta_0, \beta_2, \cdots, \beta_p$, 是每个

自变量的系数（权重），ε 是随机误差。

常用来估算多元线性回归方程中自变量系数的方法就是最小平方法，即找出一组参数（与 $\beta_1, \beta_2, \cdots, \beta_p$ 相对应），使得目标变量 Y 的实际观察值与回归方程的预测值之间总的方差最小。

对于多元线性回归方程的检验，一般从模型的解释程度、回归方程的总体显著性和回归系数的显著性等方面进行检验。

- 模型的解释程度，又称回归方程的拟合度检验。R 的平方（R-Square），也叫做 R^2 或 Coefficient of Multiple Determination 表示拟合度的优劣，其取值范围为［0,1］。关于 R^2 的详细介绍，请参考本书 8.6.4 节。需要强调的是，R^2 的数值与自变量的个数有关，自变量的个数越多，R^2 越大，这在一定程度上削弱了 R^2 的评价能力，因此在实践中通常要考虑剔除自变量数目影响后的 R^2，即修正的 R^2（Adjustable R^2）。
- 回归方程的总体显著性检验。主要是检验目标变量与自变量之间的线性关系是否显著，也就是自变量的系数是否不全为 0，其原假设为：H_0: $\beta_1=\beta_2=\cdots=\beta_p=0$；而其备选假设为：$H_1$: β_p 不全为 0。该检验利用 F 检验完成。
- 回归方程系数的显著性检验。回归方程系数的显著性检验要求对所有的回归系数分别进行检验。如果某个系数对应的 P 值小于理论显著性水平 α 值，则可认为在显著性水平 α 条件下，该回归系数是显著的。

10.4.2 线性回归的应用优势

线性回归模型作为应用最为广泛的算法，其主要的优势如下：

- 通俗易懂。多元线性回归模型非常容易被解读，其自变量的系数直接跟权重挂钩，因此很容易解释每个自变量对于目标变量的预测价值大小（贡献大小），解读出的这些信息可以为数据化运营提供有效的思考方向。
- 速度快，效率高。相比于其他的建模算法而言，多元线性回归的计算速度是最快的。
- 可以作为查找异常值的有效工具。那些与多元线性回归方程的预测值相差太大的观察值通常值得进一步考察，确定其是否是异常值。

10.4.3 线性回归应用中的注意事项

线性回归应用中的注意事项如下：

- 算法对于噪声和异常值比较敏感。因此，在实践应用中，回归之前应该努力消除噪声和异常值，确保模型的稳定和准确度。
- 该算法只适合处理线性关系，如果自变量与目标变量之间有比较强烈的非线性关系，直接利用多元线性回归是不合适的。不过，在这种情况下，可以尝试对自变量进行一定的转换，比如取对数、开平方、取平方根等，尝试用多种不同的运算进行转换。
- 多元线性回归的应用还有一些前提假设：自变量是确定的变量，而不是随机变量，并且自变量之间是没有线性相关性的；随机误差项具有均值为 0 和等方差性；随机误差呈正态分布等。

10.5 模型的过拟合及对策

模型的过拟合（Over Fitting）是指模型在训练集里的表现让人非常满意，但是一旦应用到真实业务实践中，效果会大打折扣。换成学术化语言描述，就是模型对样本数据拟合得非常好，但是对于样本数据外的应用数据，拟合效果非常差。在数据分析挖掘业务实践中，即为模型搭建时的表现看上去非常好，但是应用到具体业务实践时，模型的效果显著下降，包括准确率、精度、效果等都显著下降了。

过拟合现象是数据挖掘中常见的一种挫折，尤其是在预测响应（分类）模型的应用场景里。在模型的实践应用中如果发生了模型的过拟合，不仅会大幅度降低模型的效果和效率，也会严重浪费运营业务资源，同时，还会严重打击数据分析师的自信心和影响力。所以，数据分析师应该比较清楚地了解过拟合产生的主要原因以及可以采用的相应措施，尽量去避免过拟合的发生。

总的来说，过拟合产生的主要原因如下：

- 建模样本抽取错误。包括但不限于样本数量太少，抽样方法错误，抽样时没有足够正确地考虑业务场景或业务特点等，以致抽出的样本数据不能足够有效地代表业务逻辑或业务场景。
- 样本里的噪声数据干扰过大。样本噪声大到模型过分记住了噪声特征，反而忽略了真实的输入输出间的关系。
- 在决策树模型的搭建过程中，如果对于决策树的生长没有合理的限制和修剪，由着决策树自由的生长，那有可能会使每片叶子里只包含单纯的事件数据（Event）或非事件数据（No Event）。可以想象，这种决策树当然是可以完美匹配（拟合）训练数据的，但是一旦应用到新的业务真实数据中，效果就会一塌糊涂。

- 建模时的逻辑假设到了应用模型时已经不能成立了。任何预测模型都是在假设的基础上才可以搭建和应用的，常用的假设包括：假设历史数据可以推测未来，假设业务环节没有发生显著变化，假设建模数据与后来的应用数据是相似的等。如果上述假设违反了业务场景，那么根据这些假设搭建的模型当然是无法有效应用的。
- 建模时使用了太多的输入变量。这同第二点噪声数据有些类似，数据挖掘新人常常犯这个错误，自己不做分析判断，把所有的变量交给软件或者机器去“撞大运”。须知，一个稳定优良的模型一定要遵循建模输入变量少而精的原则。

上面的原因都是现象，其实本质只有一个，那就是对业务理解错误造成的，无论是抽样，还是噪声，还是决策树、神经网络等，如果我们对于业务背景和业务知识了解得非常透彻，一定是可以避免绝大多数过拟合现象产生的。因为在模型从确定需求、思路讨论、搭建到业务应用验证的各个环节中，都是可以通过业务敏感来防止过拟合产生的。

过拟合的产生，有种种原因，不一而足，对其进行分类和剖析只是为了方便而已，防止过拟合的终极思路就是真正透彻理解业务背景和业务逻辑，有了这个根本，我们一定可以正确抽样，发现并排除噪声数据，一定可以在决策树、神经网络等算法中有效防止过拟合的产生。

当然，除了透彻了解业务本质外，还有一些技术层面的方法来防止过拟合的产生，虽然是“术”层面上的内容，但是很多人热衷于这些技巧，所以，在这里也顺便讲解如下：

- **最基本的技术手段，就是合理、有效地抽样；包括分层抽样、过抽样等，从而用不同的样本去检验模型。**
- 事前准备几个不同时间窗口、不同范围的测试数据集和验证数据集，然后在不同的数据集里分别对模型进行交叉检验，这是目前业界防止过拟合的最常用的手段。
- 建模时目标观测值的数量太少，如何分割训练集和验证集的比例，需要建模人员灵活掌握。
- 如果数据太少，谨慎使用神经网络模型，只有拥有足够多的数据，神经网络模型才可以有效防止过拟合的产生。并且，使用神经网络时，一定要事先有效筛选输入变量，千万不能一股脑把所有的变量都放进去。

10.6 一个典型的预测响应模型的案例分享

10.6.1 案例背景

某垂直细分的 B2B 网站平台，其商业模式是通过买卖双方在平台上产生交易而对卖家抽取交易提成费。对于该网站平台来说，促成买卖双方的线上成交是该平台的价值所在，网站平台的发展和盈利最终取决于是否能有效且规模化地促成买卖双方的线上成交并持续成交。

要有效且规模化地促成买卖双方在线成交，该网站平台有许多事情要做，包括吸引优质卖家、吸引广大有采购意愿的优质买家、帮助卖家在平台上更好地展示商品、帮助买家更快更有效地匹配所需要的卖家、优化网站交易流程以方便交易更有效、提供风险控制措施，保障双方交易的安全等。这里提到的每一个目的其实都是包含着一揽子的分析课题和项目开发的，需要数据分析团队在内的所有相关部门协同合作来实现。

本案例所要分享的就是其中一个细分的项目：初次成交的预测模型和运营应用。对于该平台上的卖家来说，从最开始的注册、发布商品信息，到后期的持续在线获得订单和在线成交，其中有一个结点对于卖家来说是至关重要，具有突破性的，那就是第一次在线成交，也叫初次成交转化，这个初次成交对于卖家的成功体验和激励的价值是不言而喻的；另外，从网站平台的运营方来说，卖家的初次成交也是网站运营工作的一个重要考察环节和考察指标，只有初次成交的卖家数量越多，周期越短，才可以有效保障后期持续性、规模化在线成交的可能性。本着上述背景和考虑思路，网站平台运营方希望通过数据分析找出短期内最有可能实现初次成交的卖家群体，分析其典型特征，运营方可以据此对卖家群体进行分层的精细化运营。最终的目的是一方面希望可以通过数据化运营有效提升单位时间段内初次成交的卖家数量，另一方面为今后的卖家培养找出一些运营可以着力的“抓手”，以帮助卖家有效成长。

10.6.2 基本的数据摸底

为了慎重起见，数据分析团队与运营方协商，先针对网站平台的某一个细分产品类目的卖家进行初次成交的专题分析。视分析和建模的应用效果，再决定后期是否推广到全站的卖家。

因此，本次专题分析只针对代号为 120023 的细分产品类目卖家，根据网站平台的运营规律和节奏，初步的分析思路是通过对第 $N-1$ 月份的卖家行为数据和属性数据的分析，寻找它们与卖家第 N 个月有实际的在线初次成交之间的关系。

在进行数据摸底后发现，截止当时项目进行时，代号为 120023 的细分产品类目卖家共有 170 000 家，交易次数为 0，即是还没有发生初次成交的卖家，经过连续几个月的数据观察，发现每个月实现初次成交的卖家基本上稳定在2000家左右。如果基于总共170 000家来计算每个月初次成交的转换率，大约在1.12%。

根据数据分析师的项目经验以及运营方的业务判断，总数170 000的大池子里应该是可以通过数据分析找出一些简单的阀值过滤掉一批最不可能近期实现初次成交的卖家群体的。通过业务经验和连续几个月对重点字段的数据摸底，得到了如下结果：

- 月度登录"即时通信工具"达10天次以上的潜在卖家，平均每月大概为50 000人，其中在次月实现初次成交的用户有1900人左右（对比原始数据每月大概170 000的潜在卖家，次月实现（初次成交）的用户有2000人左右；浓缩过滤后只保留50 000人（过滤了大约71%的近期可能性很小的大部分卖家），但是次月实现初次成交的用户只过滤掉5%；换句话说，通过设置阀值月度登录即时通信工具达到10天次以上，初次成交的转换率就从原始的1.12%提升到3.5%左右。并且这个阀值的设立只是丢失了5%的初次成交卖家。找到这个阀值的意义在于，基于3.5%的转换率搭建的模型相比在原始转换率1.12%基础上搭建的模型来说要更加准确，更容易发现自变量与因变量之间的关系。
- 来自两个特定省份A省和B省的卖家，其初次成交的转换率约为3.3%，所覆盖的初次成交卖家数为70%左右，即是丢失了将近30%的初次成交卖家。
- 可交易Offer占比大于等于0.5的卖家，其初次成交的转换率约为3.7%，所覆盖的初次成交卖家数为85%左右。

基于上述的一些数据摸底和重要发现，数据分析师与业务方沟通后，决定设置阀值为月度登录即时通信工具达到10天次以上，在此基础上尝试数据分析挖掘建模和后期应用。

在数据摸底环节中，还有一个重要的基础性工作，那就是与业务方一起列出潜在的分析字段和分析指标，如图10-3所示[⊖]。这个工作是后期分析挖掘的基础，可圈定大致的分析指标和分析字段的范围，并据此进行数据的抽取工作。之所以强调要与业务方一起列出潜在的分析字段和分析指标，是因为在项目的前期阶段，业务方的业务经验和灵感非常重要，可以协助数据分析师考虑得更加全面和周详。

在上述原始字段的基础上，数据分析师通过走访业务方，以及经过资深业务专家的检验，增添了一些重要的衍生变量如下：

- 类目专注度。公式是卖家该类目下总的有效商品Offer数量除以该卖家在网站中总的有效商品Offer。因为有足够的理由相信，类目专注度越高，越容易产生成交。

⊖ 限于业务方的商业隐私，这些字段和指标的中文含义就不详述了。

	A
1	
2	bu_name
3	member_id
4	tp_service_year
5	wp_total_score
6	winport_pv_30d
7	valid_sale_offer_cnt
8	repost_offer_d_cnt_30d
9	repost_offer_cnt_30d
10	receive_fb_cnt_30d
11	receive_atm_cnt_30d
12	receive_msg_cnt_30d
13	post_offer_cnt_30d
14	p4p_fin_clkamt_30d
15	offer_dpv_30d
16	login_site_d_cnt_30d
17	best_supplier_score
18	grade45_sale_offer_cnt
19	exposed_cnt_30d
20	company_reg_capital
21	company_level
22	credit_balance_amt
23	credit_status
24	std_member_balance_amt
25	atm_online_times_30d
26	atm_login_d_cnt_30d
27	tradable_sale_offer
28	tradable_sale_offer_g45
29	valid_offer_bu
30	tradable_offer_bu
31	grade45_offer_bu
32	tradable_grade45_offer_bu
33	target

图 10-3 初步分析字段一览

- 优质商品 Offer 占比。公式是卖家的优质 Offer 数量除以该卖家总的有效商品的 Offer 数量。因为有足够的理由相信，优质的商品 Offer 越多，越容易产生成交。
- 可在线交易 Offer 的占比。公式是卖家的可在线交易 Offer 数量除以该卖家总的有效商品的 Offer 数量。

10.6.3 建模数据的抽取和清洗

在完成了前期摸底和变量罗列之后，接下来的工作就是抽取建模数据和熟悉、清洗数据环节了。这个环节的工作量是最大的，它和随后的数据转换环节，所需要消耗的时间占整个数据分析建模项目时间的 70%，甚至更多。

抽取、熟悉、清洗数据的目的主要包括：熟悉数据的分布特征和数据的基本统计指标、发现数据中的缺失值（及规模）、发现数据中的异常值（及规模）、发现数据中明显与业务逻辑相矛盾的错误。这样最终就可以得到比较干净的数据，从而提高随后分析的准确性和后期模型搭建的效果了。

在本项目的数据清洗过程中，发现了以下的数据错误：

- Company_Reg_Capital 这个字段有少数的样本夹杂了中文，与绝大多数观察值中的数字格式不一致，容易引起机器的误判，需要直接把这些少数样本删除。
- Credit_Status 这个字段有将近 40% 是空缺的，经过业务讨论，决定直接删除该字段。
- Bu_Name 这个字段是中文输入，属于类别型变量，为了后期数据分析需要，将其转化为数字格式的类别型变量。
- Credit_Balance_Amt 有将近 20% 的观察值是 N，而其余观察值是区间型数字变量，经过走访数据仓库相关人员，确认这些为 N 的观察值实际上应该是 0。为了后期数据分析需要，将该字段所有为 N 的观察值替换成 0。

同时，对原始变量进行基本的统计观察，图 10-4 是各字段的基本统计指标一览表。

Name	Min	Max	Mean	Std Dev.	Missing %	Skewness	Kurtosis
TP_SERVICE_YEAR	1	11	3.505	2.3581	0%	0.9077	-0.047
WP_TOTAL_SCORE	20.89	100	72.69	14.298	0%	-0.082	-0.337
WINPORT_PV_30D	0	991	7.388	47.039	0%	13.101	220.01
VALID_SALE_OFFER_CNT	1	8369	129.46	278.93	0%	17.008	438.62
REPOST_OFFER_D_CNT_30D	0	30	9.329	9.7653	0%	0.6806	-0.997
REPOST_OFFER_CNT_30D	0	12000	1128.3	1954.3	0%	2.5848	7.1044
RECEIVE_FB_CNT_30D	0	816	60.338	53.799	0%	3.3168	25.44
RECEIVE_ATM_CNT_30D	0	230	26.247	28.38	0%	2.4953	8.6549
RECEIVE_CONTACT_CNT_30D	0	803	34.043	34.042	0%	7.3273	134.59
POST_OFFER_CNT_30D	0	1565	7.1235	44.332	0%	24.427	790.11
P4P_FIN_CLKAMT_30D	0	4251	69.3	299.07	0%	6.7633	60.912
OFFER_DPV_30D	0	4576	221.55	356.15	0%	4.9909	35.329
LOGIN_SITE_D_CNT_30D	1	30	23.349	5.8357	0%	-0.921	0.1852
GRADE45_SALE_OFFER_CNT	0	8369	107.13	271.04	0%	18.883	504.26
EXPOSED_CNT_30D	3	176390	7530.2	12783	0%	5.3503	40.893
COMPANY_REG_CAPITAL	0	200000	240.81	4531.7	1%	43.491	1917.4
CREDIT_BALANCE_AMT	0	33000	3020	5546.6	0%	2.1398	4.2639
STD_MEMBER_BALANCE_AMT	0	12000	43.444	437.84	0%	17.098	382.3
ATM_ONLINE_TIMES_30D	6.6	39721	12748	6543	0%	0.8311	1.053
ATM_LOGIN_D_CNT_30D	10	28	22.094	5.0522	0%	-0.713	-0.48
TRADABLE_SALE_OFFER	1	6195	78.315	192.15	0%	17.991	522.82
TRADABLE_SALE_OFFER_G45	0	6195	71.448	191.25	0%	18.314	535.34
VALID_OFFER_BU	1	8369	117.53	271.78	0%	18.474	496.11
TRADABLE_OFFER_BU	0	6195	72.688	188.49	0%	18.981	566.29
GRADE45_OFFER_BU	0	8369	97.165	265.19	0%	19.907	552.87
TRADABLE_GRADE45_OFFER_B	0	6195	66.206	187.65	0%	19.3	579.09
BU_FOCUS	0.0156	1	0.9075	0.1608	0%	-2.288	5.7541
G_OFFER_RATIO	0	1	0.7991	0.3089	0%	-1.458	0.7286
TRADABLE_OFFER_RATIO	0.0012	1	0.6601	0.3863	0%	-0.608	-1.26

图 10-4　各字段的基本统计指标一览表

10.6.4　初步的相关性检验和共线性排查

在该阶段进行初步的相关性检验，主要有 3 个目的：一是进行潜在自变量之间的相关性检验后，高度相关的自变量就可以择一进入模型，而不需要都放进去。二是通过相关性检验，排除共线性高的相关字段，为后期的模型搭建做好前期的基础清查工作。三是，如果潜在自变量与目标变量之间的高度线性相关，则可以作为筛选自变量的方法之一进行初步筛选。

图 10-5 是相关性检验的部分截屏，从中可以发现，tradable_grade45_offer_bu 与 valid_sale_offer_cnt 线性相关系数为 0.668 53，且 *P* 值小于 0.000 1，这说明这两变量之间有比较强的线性相关性，在后续的建模中至多只能二选一，也就是说只能挑选出来一个作为潜在的自变量，然后根据其他筛选自变量的方法综合考虑是否最终进入模型中。

	bu_name	tp_service_year	wp_total_score	valid_sale_offer_cnt	receive_atm_cnt_30d	receive_contact_cnt_30d
receive_atm_cnt_30d	-0.12479 <.0001	0.11168 <.0001	0.27153 <.0001	0.33932 <.0001	1.00000	0.14416 <.0001
receive_contact_cnt_30d	0.01266 0.0035	0.05450 <.0001	0.05398 <.0001	0.05840 <.0001	0.14416 <.0001	1.00000
post_offer_cnt_30d	-0.03964 <.0001	-0.06641 <.0001	0.10948 <.0001	0.25072 <.0001	0.08685 <.0001	0.01492 0.0006
login_site_d_cnt_30d	-0.05322 <.0001	-0.02491 <.0001	0.25274 <.0001	0.13122 <.0001	0.29402 <.0001	0.04334 <.0001
best_supplier_score	-0.05808 <.0001	-0.06579 <.0001	0.46503 <.0001	0.18209 <.0001	0.25778 <.0001	0.04469 <.0001
atm_login_d_cnt_30d	-0.05949 <.0001	-0.03729 <.0001	0.19652 <.0001	0.11854 <.0001	0.28683 <.0001	0.03654 <.0001
exposed_cnt_30d	-0.05538 <.0001	0.06172 <.0001	0.20925 <.0001	0.27771 <.0001	0.45854 <.0001	0.27092 <.0001
std_member_balance_amt	-0.00218 0.6143	-0.03660 <.0001	0.06804 <.0001	0.01798 <.0001	0.05401 <.0001	0.01552 0.0003
tradable_grade45_offer_bu	-0.08154 <.0001	-0.02669 <.0001	0.24522 <.0001	0.66853 <.0001	0.29776 <.0001	0.04240 <.0001
tradable_offer_ratio	-0.07586 <.0001	-0.27633 <.0001	0.14455 <.0001	-0.08659 <.0001	0.00113 0.7948	-0.02053 <.0001

图 10-5 相关性检验的截屏图

10.6.5 潜在自变量的分布转换

本环节主要是针对前面的基础统计结论，包括偏度 Skewness 和峰度 Kurtosis 进行分箱转换、以正态分布为目的的转换，以及其他形式的转换。

比如，在前面的基础统计结论里，我们发现：

Valid_Sale_Offer_Cnt 偏度（Skewness）为 17.008，峰度 Kurtosis 为 438.62，这样的分布非常不均衡，不利于后期模型的拟合，因此需要对这些分布不均匀的变量进行转换，（如图 10-6 和图 10-7）。

图 10-6 变量 Valid_Sale_Offer_Cnt 的原始分布图

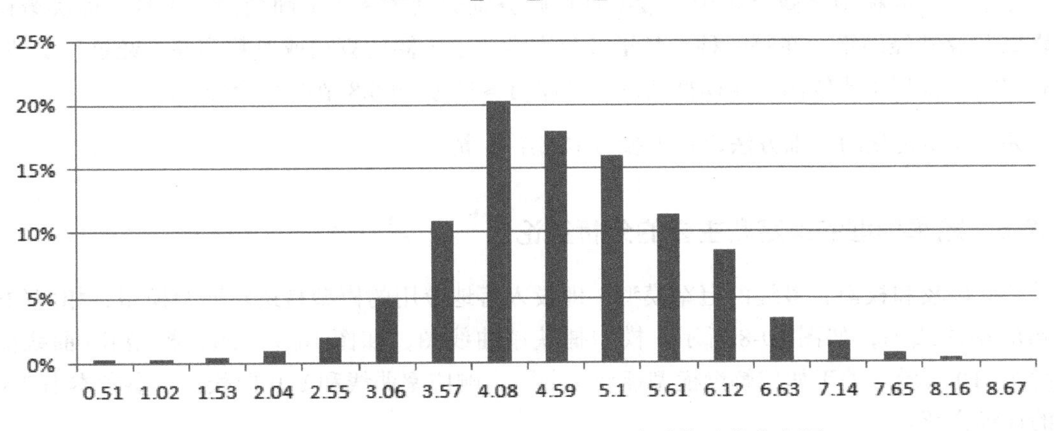

图 10-7 变量 Valid_Sale_Offer_Cnt 取对数后的分布图

10.6.6 自变量的筛选

自变量的筛选有很多方法，比如本书第 8.6 节就具体分享了各种不同筛选输入变量的方法。在数据挖掘商业实战中，通常的做法是分别采用多种方法，这样可以防止单一筛选方法有可能遗漏一些重要的变量。

在本项目里，数据分析师采用了多种筛选方法逐一尝试、对比，最终得到了以下一些重要变量，并将其作为自变量收入模型当中，如表 10-1 所示。

表 10-1 自变量筛选表

入选的自变量	备　注
TP_SERVICE_YEAR	
WP_TOTAL_SCORE	
TRADABLE_OFFER_RATIO	
VALT_T	VALID_SALE_OFFER_CNT 转换
REPO_T	REPOST_OFFER_CNT_30D 转换
RECE_T	RECEIVE_FB_CNT_30D 转换
RECT_TAT	RECEIVE_ATM_CNT_30D 转换
POST_T	POST_OFFER_CNT_30D 转换
OFFE_T	OFFER_DPV_30D 转换

10.6.7 响应模型的搭建与优化

在本项目的模型搭建过程中，数据分析师分别尝试了 3 种不同的模型工具，即决策树、逻辑回归及神经网络，在每一种工具里又分别尝试了不同的算法或参数调整，经过反复的比较和权衡，得到了比较满意的模型结论。具体内容参考 10.6.8 节的结论分析。

关于模型优化的详细方法论，可参考本书第 7 章。

10.6.8 冠军模型的确定和主要的分析结论

经过比较和权衡，最终的冠军模型，即投入落地应用的模型是逻辑回归模型，相应的模型响应率曲线图，如图 10-8 所示，模型捕获率曲线图，如图 10-9 所示，模型 lift 曲线图，如图 10-10 所示。关于如何解读模型捕获率曲线、响应率曲线和 Lift 曲线，可参考本书 7.4.4 节的详细介绍。

之所以最终选择逻辑回归模型作为冠军模型，主要是基于两方面的理由：一方面是逻辑回归模型的效果，即提升率、捕获率及转化率与最高的神经网络模型相差无几，另一方面是逻辑回归的可解释性远远高于神经网络模型，这一点对于落地应用中的业务方来说尤为重要。

模型的最终确定，还需要经过最新的真实数据验证，数据分析师用选好的冠军模型来对最新月度的真实数据进行模拟打分验证，结果表明冠军模型非常稳定，表现非常出色，具体验证结果如图 10-11 所示。

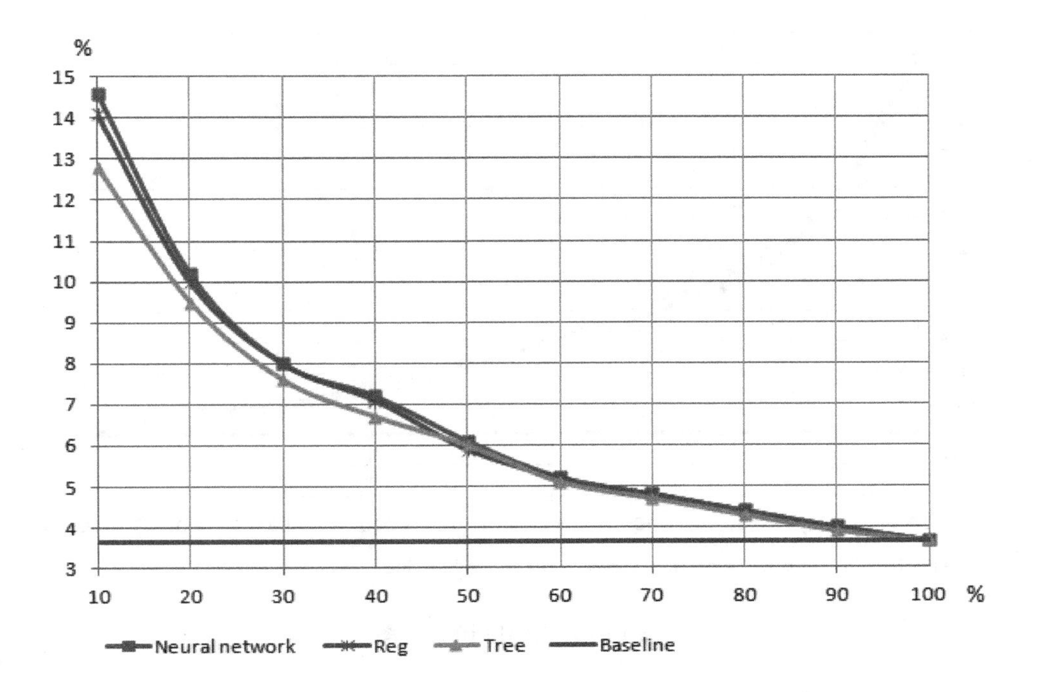

图 10-8　模型响应率曲线图

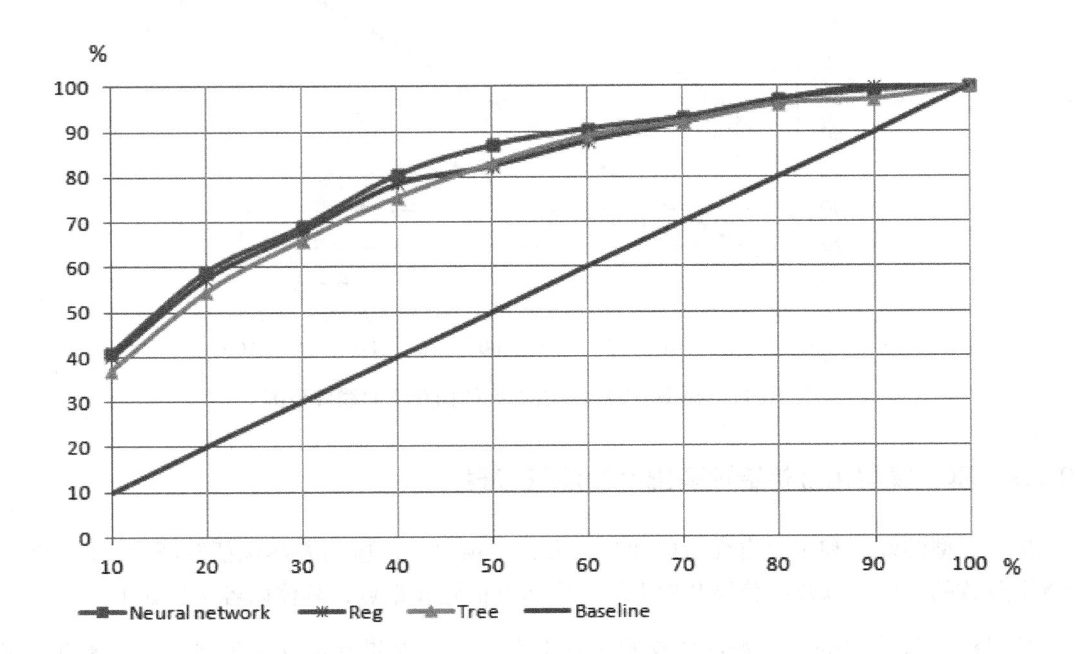

图 10-9　模型捕获率曲线图

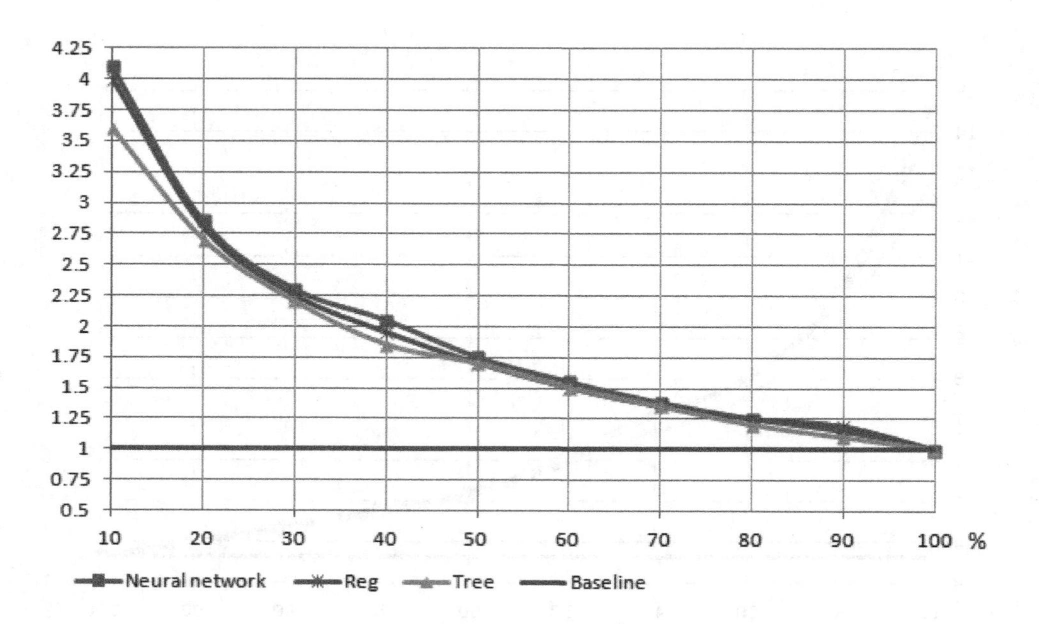

图 10-10　模型 Lift 曲线图

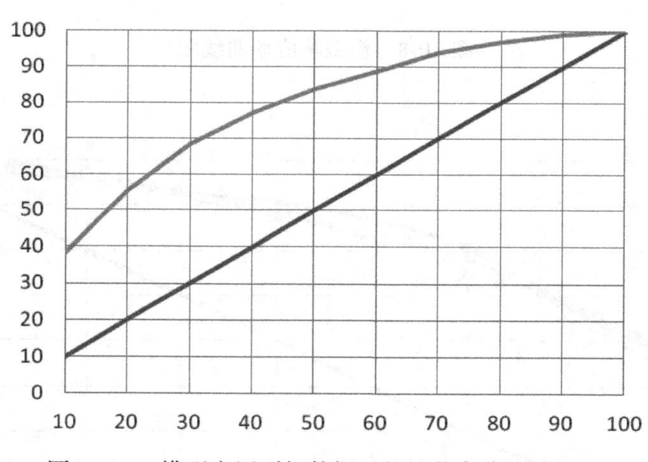

图 10-11　模型应用到新数据后的捕获率曲线效果图

10.6.9　基于模型和分析结论基础上的运营方案

基于模型的效果和主要自变量的业务含义，本项目落地应用方案包括两部分，即卖家基于概率分数的分层，以及在分层基础上的相应运营措施和重点，具体内容讲解如下。

根据模型打分后的次月初次成交概率的分数高低，对潜在成交卖家进行分层精细化运营。比如，模型打分最高的10%的卖家，是最有可能在次月实现初次成交突破的，运营方对该类群体的运营方针应该是临门一脚式的一击即中，也就是与流量资源团队合作，给这批优质客户群体提供更大的流量，有效提升初次成交转化率。

对于模型打分的概率分数为10%～30%之间的群体，这类群体没有前10%的卖家在次月实现初次成交的可能性那么高，但也是仅次于前10%卖家的，根据模型中有价值的输入变量的业务含义，运营方应该作出相应的运营策略，即对于基础操作不够的，要通过运营提升相关的基础操作完成率；对于活跃度不够的，要通过相关的运营帮助卖家提升其活跃度等。

对于模型打分概率在30%之后的群体，尤其是40%之后的群体，由于其在近期实现初次成交的可能性很低，考虑到运营方的运营资源有限，无法面面俱到，所以针对这一群体，不能急功近利，需要有长期培育的心理准备。运营方可以通过线上广而告之的讲座、社区活动等，让这类卖家逐步完善自己的基础建设和深化其参与度，最终完成从量变到质变的转化。

10.6.10 模型落地应用效果跟踪反馈

初期模型，针对代号为120023的细分产品类目的卖家运营的测试效果不错，在此基础上又对模型进行了调整，因涉及企业商业隐私，具体技术手段在此略去，然后延伸到全站全行业应用，经过数据分析团队、业务运营团队等相关部门的通力合作，模型落地应用效果反馈不错。

针对Top30%的优质卖家进行重点运营后，在随后两周对运营效果进行验证，发现各个行业运营后的效果提升（初次成交突破的卖家数量）显著，效果对比如图10-12所示。相比未做专门运营的自然增长效果，本次重点运营的活动效果总体平均提升了99%。

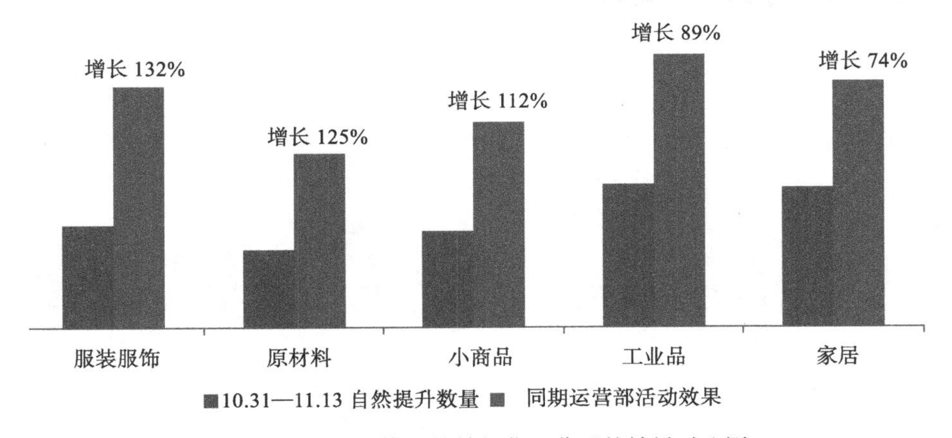

图10-12 基于模型的精细化运营后的效果对比图

第11章
用户特征分析的典型应用和技术小窍门

君子知微知彰，知柔知刚。

——《周易·系辞》(下)

用户特征分析不仅仅是数据化运营的基础，即使是在传统行业，只要企业足够关注用户（消费者），也一定会进行用户特征分析，这是以用户为中心的企业赖以生存及发展的基本要件，甚至是市场经济体制下任何公司盈利的第一步。所以说，在互联网时代之前，传统行业对用户特征分析已经有了适合自身的成熟方法，但是进入互联网时代、到了大数据来临的时代后，针对用户特征分析又有了新的需求，也有了更多的维度、更多的分析技术可供选择，可以找到更快速的解决方案。

本章围绕用户特征分析的实战应用，结合传统行业的成熟方法和现代企业的数据化运营新场景，总结、提炼了多种行之有效的分析思路和技术应用，希望能对数据化运营中的相关读者提供点滴借鉴和参考。

11.1 用户特征分析所适用的典型业务场景

无论是传统行业的客户关系管理，还是现代企业的数据化运营管理，之所以有用户特征分析的需求，无一例外都是希望通过深入了解用户（客户），找出用户细分群体的特点，从而采取精细化个性化的服务（产品）来更好地满足用户需求，进而增强用户与企业之间的感情，最终保障并提升企业的盈利水平。

具体来说，用户特征分析主要可以满足以下几种不同典型业务场景的需要。

11.1.1 寻找目标用户

寻找目标用户是用户特征分析的第一个重要的应用目的，也是数据化运营中最常见的分析目的。它主要用于解决目标用户是谁这个基本的核心问题，如果不能明确这个核心问题，企业中一切的运营工作都是无目标、无意义的。

在数据化运营实践中，按照是否已经具有真实的产品使用用户来分，寻找目标用户还包括以下两种不同的情形。

- 虚拟的目标用户特征分析。**这种场景主要适用于企业（产品）当前还没有实际使用的用户，业务方（运营方）希望按照业务逻辑假设或者业务方“一厢情愿”地圈定一些典型的特征，用以代表未来实际使用用户的特征。**举例来说，公司研发了一个新产品，可以帮助客户更好地管理其网店的买家询盘等信息，并可对相关的信息进行记录。虽然产品还没有上线，即暂时还没有客户使用该产品，但是业务方为了制订该产品的运营计划、销售目标等，也需要提炼出目标客户的虚拟用户特征。这个例子就是典型的虚拟的目标用户特征分析。**针对类似的虚拟分析，主要通过产品的相关功能、卖点来模拟相应的行为特征和属性特征。**比如，该新产品的核心功能是帮助客户更好地管理其网店的买家询盘等信息，那么按照直接的业务逻辑来推理，愿意使用该产品的人应该在其网店有一定数量的买家询盘信息，即需要借助该工具产品来有效处理和管理，提升工作效率，那么这里虚拟的目标用户特征从业务逻辑上说，最起码应该是这样一群用户：他们在网店里每月产生了相当数量的买家询盘信息。如果用户每月收到的买家的询盘太少，根本不需要专门的工具产品来处理，那肯定是不需要该类产品的，也就不是该类产品的目标用户了。除了每月应该产生相当数量的买家询盘信息之外，还可以考虑用户应该有积极的网络经营态度，这里的字段可以是每月上线操作的天数高于平均值等，因为我们可以认为每月很少上线操作经营的用户，是不积极的，也就不大可能会付费购买该询盘管理的产品了。**需要强调的是，虚拟的目标用户特征分析只是在实际用户产生之前的权宜之计，等到实际用户产生之后，需要根据真实的用户数据进行用户特征的修正和完善，这就是接下来要讲解的真实用户的特征分析了。**

- 真实的目标用户特征分析。与虚拟的目标用户特征分析相对应的是真实的目标用户特征分析，这也是企业客户关系管理和数据化运营中更多出现的场景。**本章接下来的全部内容，都是围绕真实的目标用户特征分析来展开的。**顾名思义，在进行真实的目标用户特征分析时，其分析数据全部来自实际使用用户的行为数据和属性数据，因此基于这些真实用户数据基础上的用户特征更加可靠、更加可信。真实的目标用户特征分析的结论可以帮助业务方有效锁定目标群体，而这是精细化运营的基础和前提。在11.2节中，将从不同的分析思路和分析技术对此进行深入解析。

11.1.2 寻找运营的抓手

有了目标用户，还是远远不够的，就好像找到了意中人，却不等于已经赢得了对方的心。于是，寻找运营的抓手成为用户特征分析的第二个常见应用场景。

从原理上讲，**运营抓手就是指通过运营的方式可以用于改善和提升客户满意度的一些特定行为字段**，为了寻找运营抓手而进行用户特征分析时，在分析中就应该包括可以运营的特定行为字段。**常见的所谓运营抓手包括用户的一些主动行为，之所以强调主动行为，是因为只有主动的行为才是用户自身努力可以达到的，因此只有主动行为才是可以通过运营的方式传达给用户，并且用户可以通过主观努力来改善和提升的；而被动行为是不以用户主观意识为转移的。**

常见的主动行为则又包括用户登录网站的天次、用户发布商品信息的条数、用户购买增值产品的行为等。很显然，**所有的主动行为都是用户自身努力就可以改善和提升的。**

常见的被动行为包括用户（卖家）能否卖出产品、用户（卖家）能否收到足够的买家询盘等。很显然，**所有的被动行为都不是用户单方面努力就可以明显改善和提升的，它取决于交易双方的多种因素。换句话说，被动行为是无法通过运营（服务）的手段有效提升和改善的。**

可能有读者会疑惑，本书第 10 章的案例用户初次成交预测模型及落地应用中，似乎是通过运营手段实现了初次交易这个被动行为的，那这与运营抓手应该是主动行为，而不应该是被动行为是否有矛盾呢？第 10 章的案例之所以可以成功推动部分卖家实现初次交易，主要是因为模型找到了最可能在近期实现初次交易突破的卖家群体，然后通过运营的手段对他们进行了有意识、有重点的服务和资源倾斜，所以这些卖家实现初次交易实际上是预测模型和运营计划的成功体现，而并没有否定运营抓手应该是主动行为，而不应该是被动行为。单纯从常规的运营效率和经验看，运营的抓手一定是并且必须是主动行为，而不应该是被动行为。

11.1.3 用户群体细分的依据

数据化运营的精细化要求就是个性化运营的要求，虽然在企业的商业实践中不可能真的实现一对一的个性化服务，至少在目前是不可能的，主要原因在于资源配置和服务效率上。但是针对不同的细分群体进行个性化服务和运营却是必要的，否则它与传统的粗放经营又有什么区别呢？因此，用户的群体细分就成了数据化运营的最低要求和基本门槛，如何有效合理地细分用户群体，就成为用户特征分析在企业数据化运营实践中的第三大应用场景了。

用户群体的细分，可以基于单纯的运营抓手细分，也可以基于纯粹的统计分析来找出最可能显著区别于不同群体的特征字段，还可以两者兼顾、包容并蓄。具体采用哪种方法，主要根据具体的业务背景和业务需求来考虑，11.2 节将深入讨论相应的具体技术和分析思路。

对于用户群体细分结论的评价，主要看细分的群体之间在业务或者运营上是否有可以利用的明显差别，这一点非常类似聚类分析的评价体系，但是单纯的指标评价只是其中的一个方面，更重要的评价依据应该是业务理解和业务认可。关于聚类分析的评价体系，可参考本书第 9 章。

11.1.4 新品开发的线索和依据

用户特征分析在企业数据化运营实践中的第 4 个主要应用场景就是新品开发的线索和依据。

现代企业的新品开发与传统的新品开发最大的不同之处就是以用户为中心。因此，针对用户的分析以及在此基础上对用户特征的提炼就成为新品开发的主要线索和来源。

所谓的新品开发线索，总结起来，无非是产品是为谁而推出的、产品的功能满足用户的哪些特定需求等，这些核心要素其实都是可以从用户特征分析里找到参考或者答案的，鉴于此，用户特征分析也就理所当然地成为支持企业新品开发的线索和依据了。

以上内容从4个不同的业务应用场景介绍了用户特征分析的应用价值，不过，在数据化运营的商业实践中，上述4个应用场景并不是孤立的、相互割裂的，而是相互重叠、互为主次的，只不过侧重点不同，主要矛盾不同而已。

另外，上述4个业务应用场景并不能完全代表用户特征分析的所有应用场景，随着企业数据化运营实践的不断深入，新的应用场景会不断涌现，数据分析师需要与时俱进，紧跟业务需求，积极响应。

11.2　用户特征分析的典型分析思路和分析技术

用户特征分析作为企业客户关系管理的最基本的工作内容，在传统行业里已经有了一些比较成熟的思路和技术应用；进入互联网时代，在数据化运营企业中，面对海量的数据和成千上万的变量字段，各企业也在不断尝试并积累新的分析思路和分析技术。本节将结合传统行业中具有代表性的成熟思路和技术，以及数据挖掘技术支持的思路和技术，对用户特征分析进行梳理和汇总。

11.2.1　3种划分的区别

抛开各种不同的分析技术和算法，单纯从业务方对于用户群体的熟悉程度来考虑，可以将用户特征分析拆分成3种分析类型，分别是预先定义的划分、数据分析的划分、复合的划分。在这里之所以首先提出这3种划分方式，是因为**在企业的数据化运营实践中，在不少场景里，并不总是必须经过严格的数据分析才能找到合理的特征划分的，基于业务方对数据和业务的深度熟悉与了解，并且基于特定的业务目的，也是可以进行预先定义式的特征分析的**。也就是说，在数据化运营的商业实践中，业务方的业务直觉和业务敏感性非常重要，在某些特定业务场合中，进行用户特征分析时可以直接按照业务方指定的指标和字段进行群体划分和特征分析。数据分析师对此要有足够的认识和了解，才可以在实践中灵活应对，有效支持业务分析需求。

3种划分方式的具体定义如下：

- ❑ 基于预先定义的划分。该种方法是如果对业务和客户已有深度的了解，那么可以基于特定的业务需求目的，直接按照特定的分析字段和分析指标进行特征分析和提炼。这种方法要求业务方和数据分析师对于数据和客户已经非常了解，并且特定的业务需求（商业目标）很明确，在这种情况下，不需要进行复杂的数据分析和数据挖掘算法的探索，可直接按图索骥。举例来说，业务方对客户非常熟悉了解，或者说计划中的运营方案是专门针对下单订购产品的，但是15天之后仍然没有付款的用户所进行的催单提醒为目的的运营活动，那么就可以使用此方法。

- 基于数据分析的划分。该类方法是主流的用户特征分析方法，因为对用户不了解，且业务需求千变万化，所以要针对不同的业务需求进行不同的数据分析挖掘，找出用户的典型特征。**本章要讨论的主要是基于数据分析的用户特征分析。这里主要的分析技术和分析思路包括本章将要详述的RFM、聚类技术、决策树的规则整理、预测（响应）模型的核心变量、假设检验方法、Excel透视表的应用等。**
- 复合划分。该类方法综合采用了上述两类方法。在具体分析课题中，这两类方法的优先级如何划分，孰重孰轻，则取决于对用户的熟悉了解程度和具体的业务需求目的（商业任务）了。总体来说，基于数据分析的划分方法常常是处于主要地位的，同时，会在此基础上参考业务经验进行更加有效、更加贴近需求的分析和结论建议。

11.2.2 RFM

在数据挖掘技术还没有投入到企业的商业应用中的20世纪里，传统行业利用非常简单的统计基础技术和不简单的商业逻辑思维，发现了不少朴实无华的、简约但不简单的用户特征分析方法，其中最有影响力和最具知名度的要数RFM分析方法了。

简单来说，RFM分析方法是指通过影响企业销售和利润的客户行为字段里的最重要的3个变量：R（Recency），客户消费新鲜度，指客户最近一次购买公司产品的时间；F（Frequency），客户消费频度，指客户特定时间段里购买公司产品的次数、频度；M（Monetary），客户消费金额，指客户在特定时间段里消费公司产品的总金额，来对客户进行划分，从中发现具有不同价值的不同客户群体典型特征。**在该方法中，3个变量的排列顺序是很严格的，有轻重缓急和先后次序，其中，最重要的是客户消费新鲜度，其次是客户消费频度，最后才是客户消费金额。**具体内容如下：

- 客户消费新鲜度（Recency），指客户最后一次购买的时间距离目前的天数（或月数），在预测客户是否会在下一次继续消费时，该字段最为重要，最有预测价值。这从商业逻辑上很容易理解：如果你最近消费了公司的产品，那么相比其他最近没有消费公司产品的用户来说，你更加有可能会继续光顾。
- 客户消费频度（Frequency），指客户迄今为止的特定时间段内购买公司产品的总次数，在预测客户是否会继续消费时，该字段的重要性和预测能力是仅次于客户消费新鲜度（Recency）的。该字段的重要性从商业逻辑上也是很容易理解的，购买的次数越多，越有可能会继续购买，这就是所谓的老客户吧。

- 客户消费金额（Monetary），指客户迄今为止的特定时间段内购买公司产品的总金额，在预测客户是否会继续消费时，该字段成为第 3 个重要的预测要素。该字段的重要性从商业逻辑上也是很容易理解的，购买的金额越大，越有可能继续购买，所谓的大客户通常也更容易成为老客户。

在具体应用中，RFM 分析方法首先会将上述 3 个字段进行分箱处理，即离散化处理，使之成为类别型变量，具体如何选择分箱的区间值，取决于具体的业务背景。为了避免分类数目太大导致业务解释和业务应用上的麻烦，上述每个字段分类的数量一般不超过 5 ~ 8 个。接下来，则针对已经分箱后的 3 个字段的数值，分别进行组合。

举例来说，如果上述 3 个字段都分别进行了离散化处理，处理后的每个字段都包含好、中、差 3 个类别，那么按照排列组合的计算方式，上述 3 个字段里每个字段每次只取 1 个类别与其他两个字段进行组合，一共有 27 种组合方式，其中最有可能继续消费的用户群是在对应的 3 个字段里的类别都应是“好”的群体，即“新鲜度最高，消费频度最多，消费金额最大”的用户细分群体是最优质的用户，需要重点跟进和服务。

虽然 RFM 分析方法来自传统行业简单的统计基础技术，但是它作为一种非常成熟和成功的用户特征分析方法，完全可以应用到互联网行业的数据化运营场景中。

除了作为成熟的用户特征分析框架外，RFM 分析方法还可以作为常规的业务分析的框架和模板。举例来说，通过对 RFM 里的每个维度进行单独分析和总结，我们就可以清楚地总结出产品和业务的一些核心现状结论。比如，90% 的公司客户在至少 5 个月的时间里没有购买公司产品，85% 的公司客户最近 1 年内购买公司产品的次数小于等于 2 次，80% 的客户在最近 1 年内的消费金额低于 50 元。如果这些总结的数据是来自一家快速消费品行业，那么就说明这家企业的优质客户太少，忠诚客户太少，企业的经营前景不妙。

11.2.3 聚类技术的应用

聚类技术作为数据挖掘的常用基础技术，在用户特征分析中有着重要的应用价值。

关于聚类技术本身的详细介绍，在第 9 章已经做了详细介绍，这里就不再重复讲解了。**针对聚类技术在用户特征分析中的具体应用，需要强调的是，如果参与聚类的变量数量较少，为了能够更好地支持用户特征分析的实践应用，非常有必要在聚类（分群）的基础上，增加更多的与业务目标和商业背景相关的非聚类变量来进行综合考虑。**

举例来说，在一个针对某产品付费用户的细分项目中，要把付费用户细分成特征区别明显的几个群体，如果采用聚类分析技术进行分析，参加聚类的字段只限于累计购买金额、产品重复购买次数、加入会员俱乐部的年限等3个核心指标。经过聚类分析后，可以将付费用户细分成6个相互之间区别比较明显的细分群体。然后，在上述细分基础上，针对每个细分群体，还可以进一步分别考察其他的字段和指标，找出其他的特征字段。比如A群体，除了聚类分析找到的特征“累计购买金额大于2000元，基本上没有重复购买，加入会员俱乐部年限为1年以内，”通过对其他字段的考察，发现该群体还具有都购买过P4P产品、年龄在30岁以下、主营行业都是服装服饰等特征。很显然，增加了新的特征之后，该群体的典型特征就更加丰满、更加深入了，由此会为业务方的分析、运营、管理提供更多的方向、更深的了解、更全面的信息。

11.2.4 决策树技术的应用

关于决策树的原理和在预测模型中的注意事项，在本书第10.2节中已进行了详细的介绍。

决策树技术最大的应用优势在于其结论非常直观易懂，生成的一系列“如果……那么……”的逻辑判断，很容易让人理解和应用。这个特点是决策树赢得广泛应用的最主要原因，真正体现了简单、直观、通俗、易懂。

借助决策树技术的上述应用优势，那些典型的“如果……那么……”的业务规则（规律）是很容易转化为用户特征分析的典型结论和典型特征的。

11.2.5 预测（响应）模型中的核心自变量

借鉴预测（响应）模型的思路和做法，通过搭建预测模型可找出对预测目标变量最有价值的输入变量及其权重，然后针对这些筛选后的少数变量进行用户分群划分，就形成了一个比较有效的思路和方法，可以提高用户特征分析工作的效率和产出。具体关于预测（响应）模型的搭建技术和思路可以参考本书第10章。

在此要强调的是，如果想要使用预测模型的思路和做法，那么要注意模型本身的目标变量应该是与用户特征分析中的业务需求（商业目的）保持一致的。比如，用户特征分析中的商业目的是找出续费客户的典型特征，那么在借鉴预测模型的思路和做法时，模型的目标变量就应该与用户特征分析中的商业目的保持一致，也即模型的目标变量应该也是是否续费。

反过来说，**如果用户特征分析的商业目的很难用预测模型的目标变量来定义，那么就无法借鉴预测模型的思路和做法了**。比如，用户特征分析中的商业目的是针对某产品的试用用户群体进行群体细分，找出明显特征区别的细分群体，因为试用用户是随机产生的，不是从一个特定群体里通过某种运营或机制产生的，所以在这个业务场景中，是无法找到合适的目标变量来尝试预测模型的思路和做法的。在类似的业务场景中，进行用户特征分析时就只能想其他的方法了。

11.2.6 假设检验的应用

假设检验作为现代统计学的基础知识，在数据分析挖掘中占有非常重要的基础地位，本书在第 12 章将对假设检验进行比较深入的讲解，所以本章就不再深入介绍其原理和具体技术了。

通过假设检验来筛选有显著性差异的核心变量，是用户特征分析应用中选择特征字段的一个有效方法。但是，这种方法需要数据分析师对于业务和数据非常了解，能从众多的数据字段中比较有效地发现、提炼出为数不多的那些最可能是有显著性区别的核心字段，这些核心字段能够显著区别不同群体的典型特征，然后对这些潜在的重点字段通过假设检验去一一验证，看是否真的是可以显著区分不同群体。

11.3 特征提炼后的评价体系

用户特征分析的结论（典型特征）出来之后，在落地应用之前，数据分析师自己需要对分析结论做基本但是却很重要的评估。虽然说落地应用的效果跟踪是最重要的评估方法，但是为了避免资源浪费，也为了在前期有个初步的评价和过滤，数据分析师自己可以采用以下评价体系（思路）对分析结论进行基本的评估：

- 结论（典型特征）是否与当初的分析需求（商业目标）相一致。很多时候，随着分析的深入，分析方向有可能逐渐偏离原定的商业目标，由于数据、变量的不断增减，或者新的发现更吸引人等原因，导致数据分析师需要经常检视当前的进度或者结论是否与当初的分析需求相一致。
- 结论是否容易被业务方理解，是否容易特征化。结论在业务中的可理解性和易解释性是数据分析挖掘成果能否得到有效落地应用的关键因素之一，因为数据化运营是多个团队协同的工作，不是数据分析团队单打独斗可以包办的，如果结论不容易被业务方理解和认同，是谈不上在业务方有效落地应用的。这一点不仅适用于用户特征分析的结论，还适合所有的数据分析挖掘课题结论和课题成果。
- 通过这些主要结论来圈定的客户基数是否足够大，是否可以满足特定运营活动（运营方案）的基本数量要求。有时候，某些特征看上去非常显著，转化率也非常高，但是符合这些特征条件的潜在用户数量太少，这样的特征也是没有商业价值的，因为其难以产生规模化的商业效益。

- 结论是否方便业务方开发出有效的个性化的运营方案。用户特征分析的目的是为了有效支持精细化运营，如果根据特征结论，业务方很难开发出有效的运营方案，这样的分析结论也是没有业务应用价值的。举例来说，如果对于续费客户的特征分析结论是在线成交次数月均在3次以上的用户，有85%的续签可能性，看上去这个特征非常明确，并且转化率也很诱人，但是这样的结论对于运营方来说没有什么价值。主要原因就在于，这里的特征——月均在线成交3次以上，并不是运营方单方面的努力或者卖家单方面的努力可以达到的，基于这个特征是无法制定有效的个性化运营方案的。相反，如果对于续费客户的特征分析结论是类似月均在线天次在25天次以上，且月均主动跟陌生买家聊天数量为50个买家，有64%的续签可能性，这样的结论就很容易为业务方理解，也很容易据此制定出相应的个性化运营方案了。这时，就可针对续签概率中等的用户群体，即月均在线天次和聊天数量低于上述阀值的群体，制定有针对性的运营方案，鼓励、促进他们提升在线天次，主动跟更多的陌生访客聊天，甚至采用一些技术手段来协助，通过这些努力加上卖家自身的改进，就可以比较显著地提升卖家在线交易成功率了，从而可以比较有效地提供这个细分用户群体的续费转化率。

如果经过数据分析师的自我评估，发现不能满足上述要求，那这个分析结论很可能需要重新修正；如果基本上能满足相关要求，这个分析结论就可以为业务方进行后期落地应用给予指导了。

11.4　用户特征分析与用户预测模型的区别和联系

在数据化运营的商业实践中，有相当数量的用户特征分析是为了寻找特定人群，比如付费用户的特征分析、续费用户的特征分析、网站高活跃度用户的特征分析等，都是希望通过准确的核心字段和阀值的过滤，来发现大量的潜在付费用户、潜在续费用户、潜在网站高活跃度用户，等，类似这种寻找特定人群的用户特征分析对业务方的作用就跟预测响应（分类）模型应用对业务方的作用很相似，都是为了帮助业务方更好锁定（圈定）潜在的目标用户。另外，在11.2.5节也提到了当商业目的一致时，预测（响应）模型的思路和技术是可以借鉴到用户特征分析的核心变量筛选工作中的，但是两者还是有一些区别的，两者的区别如下：

- 业务方对两者的精度要求不同。相对于用户预测模型来说，用户特征分析的结论精度要求没有那么高，这从两者的产出物就可以看得很清楚。另外，用户分类（预测、响应）模型通常是在前期的用户特征分析基础上进行的，只是分析和挖掘时更加细致、更为聚焦而已，由此也可以看出，其精度要求一定比前期的用户特征分析更高些。
- 两者的产出物不同。用户分类（预测、响应）模型可以针对每个单独的观察值进行预测概率的赋值，打分后的用户群体可以进行以预测概率来排序的任何细分群体的分割；而用户特征分析更多的是从每个细分群体的整体精度来进行评价和应用，一般来说，通过用户特征分析得到的细分群体是不进行更进一步的细化分割的。

- 两者在企业的数据化运营实践中通常有先后顺序的区别。在企业的数据化运营实践中，常常会先进行用户特征分析，然后根据特征分析的结论进行逐渐深入的数据化运营，之后在不断积累的数据和对用户逐渐深入了解的基础上，再进行用户分类（预测、响应）模型的相关实践。

11.5 用户特征分析案例

用户特征分析是数据分析挖掘商业应用中最常见的分析类型之一，而且该类分析有着多种不同的分析技术、思路可分别进行应对，本书中有许多用户特征分析的案例。比如，6.9 节里将经过模型打分后判断为最可能流失的用户群进一步细分为 6 个群体，并分别进行个性化运营；9.7 节实际上也就是通过聚类技术进行了用户特征分析；10.6 节在基本摸底阶段发现了一些基本的用户特征等，这些都是用户特征分析案例。因此，本章将不再举例讲解有关用户特征分析的案例。

从上述案例中可以进一步体会到，用户特征分析可以显性或隐性地贯穿于数据化运营的很多项目实践中，用户特征分析有时候是专题分析的目标，更多的时候是各种分析课题的基础，其为最终分析目标的有效实现提供了重要的方向和依据。

用户特征分析是数据分析师的基本功，平常、平凡，但是绝不平庸。

第12章 运营效果分析的典型应用和技术小窍门

实践是检验真理的唯一标准。

数据化运营是需要在落地应用中得到检验和发展的，一个再好的预测模型，一份再完美的用户特征分析报告，如果不能在业务落地应用中得到检验，也只能是一个无用的模型或 PPT。

谈到在业务落地应用中得到检验，严格意义上说有两层意思，也就是有两类检验。首先，模型本身（分析结论本身）是否稳定（在新数据中得到的验证结果是否跟模型拟合时的表现相一致），这是要通过实践的业务数据来检验的；其次，运营效果的分析。好的模型、好的分析报告，能否在业务实践中通过业务团队的工作有效转化成为生产力，有效转化提升企业的商业效益，这同样也是要通过实践的业务数据来检验的。

关于模型本身的稳定性评估，在本书第 7.4.5 节里有详细的介绍，这里不再赘述了。

本章的重点是关于运营效果分析的应用介绍。

12.1 为什么要做运营效果分析

为什么要做运营效果分析？其主要目的在于衡量运营的效率和效果，指导运营技巧的优胜劣汰，提升运营团队的专业能力，增强运营工作的商业价值，具体内容如下：

- 衡量运营工作的效率和效果。任何工作都是需要评价和衡量的，除非这个工作是没有意义的。数据化运营的效果也是需要评价和衡量的，这种评价和衡量既可以针对运营团队，又可以针对具体的运营操盘手。作为衡量运营工作的效率和效果的主要目的之一，运营效果分析需要回答的问题为：运营工作到底有没有带来业务提升的效果？业务提升的效果是否显著？运营工作的效率如何？换成具体的业务实践场景，那就是本次运营活动对于商业目标，比如提升活跃客户数量有没有效果？效果多大？相比不做运营活动来说，本次运营活动的转化率多大？提升多少？
- 指导运营技巧的优胜劣汰。在本书第 4 章可以看到运营方案的具体实施效果会涉及诸多的因素和环节，包括文案的差异、目标受众的差异、运营渠道的差异、运营噱头（优惠激励措施）的差异、执行频率的差异等，通过比较这些因素差异带来的最终效果，可以为今后优化运营方案，提升运营效率提供可靠的依据和建议。
- 提升运营团队的专业能力。优秀的运营团队，一定是善于学习的运营团队，要从书本中学习，更要善于从实践中学习。通过对具体实施后的运营效果分析，可以发现运营工作中的好思路、好做法，也可以发现运营工作中的失误和差强人意的地方。运营团队在充分的运营效果分析基础上，可以扬长避短，不断进步，这就是运营团队和个人的专业能力的进步。

- 增强运营工作的商业价值。数据化运营的最终目的是增强企业的市场竞争力，给企业带来越来越大的商业价值和利益。通过运营效果分析，不仅能回答运营效果如何的问题，更可以总结出运营工作中的经验和教训，从而在以后的运营中扬长避短，百尺竿头更进一步，最终不断提升企业的商业价值和商业利益，这也是运营效果分析的终极目标，是运营效果分析的最大价值所在。

12.2　统计技术在数据化运营中最重要最常见的应用

统计技术是数据分析挖掘的基础，虽然本书多次强调在企业的数据化运营实践中并不需要严格区分统计技术与挖掘技术，只要能解决企业实际问题的技术就是好技术，但是如果从分析技术的使用集中度来看，在效果分析类型的业务场景中，统计技术里的假设检验是应用得最集中、最普遍、最频繁的，并且可以有效提供最终的评判结论。换句话说，在效果分析类型的业务场景中，通过假设检验技术完全可以满足分析需求。鉴于此，本章将详细讲解假设检验中与运营效果分析最相关、最常见、最主要也是最基本的一些分析方法和技术。

12.2.1　为什么要进行假设检验

之所以要对运营的效果进行假设检验评估，主要是基于以下两方面的原因：

- 为了精确地区分出运营效果的差别到底是随机因素引起的，还是因为运营的因素引起的，以及在多大置信度内可以肯定是因为随机因素引起的，或者是因为运营的因素引起的。
- 在很多情况下，效果的评估是基于样本的观测来进行的，为了从样本的结论里推导出总体的结论，也必须进行假设检验来判断样本的差异能否代表总体的差异，同时还要确定样本的差异在多大的置信度内可以代表总体的差异。

接下来着重介绍假设检验中与运营效果分析应用最密切、最常见的一些技术和方法，其包括 T 检验、F 检验、非参数检验、卡方检验、控制变量的方法及 ABtest 方法。

12.2.2　假设检验的基本思想

在日常生产、生活和商业实践中，经常会碰到对于总体的一些判断，比如生产线上瓶装饮料的净重是否达标，细分用户群体的活跃度提升是否显著等，所有这些判断都有两个选择，要么达标，要么不达标；要么显著，要么不显著。即是非判断：要么是 A，要么是非 A。这两种选择对应的就是两个假设，一个是原假设 H_0（Null Hypothesis），一个是备选假设 H_1（Alternative）。

相对于假设而言，在一次观察或试验中几乎不可能发现的事情，称之为小概率事件，小概率事件在一次试验中发生的概率则被称为显著性水平。

假设检验的基本思想和原理就是小概率事件原理，即观测小概率事件在假设成立的情况下是否会发生。如果在一次试验中，小概率事件发生了，说明假设在一定显著性水平下不可靠，因此有理由拒绝原假设，而接受备选假设；如果在一次试验中，小概率事件没有发生，只能说明没有足够的理由相信假设是错误的，但是并不能说明假设是正确的，因为无法收集到足够的证据证明假设是正确的。

从上面的讲解中可以看出，假设检验的结论是基于一定的显著性水平而得出的。因此，在观测事件并下结论时，有可能会犯错。在假设检验过程中，无法保证永远不犯错误，这些错误归纳起来有以下两类：

- 第Ⅰ类错误：当原假设为真时，却否定它而犯的错误，即拒绝正确假设的错误，也叫弃真错误。犯第Ⅰ类错误的概率记为α，通常也叫α错误，即α=1－置信度。
- 第Ⅱ类错误：当原假设为假时，却肯定它而犯的错误，即接受错误假设的错误，也叫纳伪错误。犯第Ⅱ类错误的概率记为β，通常也叫β错误。

上述这两类错误在其他条件不变的情况下是相反的，也即α增大时，β就减小；α减小时，β就增大。α错误容易受分析人员的控制，因此在假设检验中，通常会先控制第Ⅰ类错误发生的概率α，具体表现为：在做假设检验之前先指定一个α的具体数值，通常取0.05，也可以取0.1、0.001。

12.2.3 T检验概述

T检验是大多数统计学教程中最先提到的统计分析方法和假设检验方法，在数据化运营的效果分析中也是应用得最多的方法和技术。T检验主要用以检验两组样本的均值相等的原假设。

在某些场合中，各组观察值是独立的，比如两组测试样本群体，一组是运营组，一组是对照组，运营组的样本是用来进行有针对性的运营活动的，而对照组的样本则会刻意避免有针对性的运营活动，这样才可以比较合理地进行运营效果的对比和评估；但是，在另外一些场合中，两组样本又会是配对关系，比如，针对某组用户，在进行针对性运营活动之前的活跃度与进行针对性运营活动之后的活跃度的差别比较。前者的独立对比是在两组观察值相互独立的情况下进行的，称为独立组样本的比较，通常采用独立组样本T检验方式；后者的配对比较是对观察值本身进行前后对比，而且是前后一一对应的配对关系，称为配对组样本的比较，通常采用配对组样本T检验方式。

鉴于T检验涉及独立样本和配对样本的区别，并且还涉及相应的条件是否满足等因素，因此下面将分别进行详细阐述。

12.2.4　两组独立样本T检验的假设和检验

两组独立样本T检验要求数据符合以下3个条件：

- 观察值之间是独立的。所谓独立，是指观察值相互之间没有牵连关系。
- 每组观察值来自正态分布的总体，这个要求决定了数据必须是区间型（Interval）以上的变量。我们知道，严格意义上的正态分布是一种倒钟形的图形，如果将其图形沿着中心位置对半折叠，则其均值、众数、中位数3者会重叠在一起。因此可以说，正态分布是由其均值和标准偏差决定的，正态分布的特征是：对称的、偏度（Skewness）为0；呈钟形分布，峰度(Kurtosis)为0。当然，也可以专门用统计软件进行数据分布的正态性检验，当$p_r<w$的概率值小于给定的α值0.05时，（α值一般有0.1、0.05和0.01 3种常规取值，分别表示显著性水平为：中等显著、显著和高度显著，说明数据不是来自正态分布的。在SAS中，用于检验正态性的程序代码如下：

```
Proc UNIVARIATE data=数据集 NORMAL;
VAR 变量;
RUN;
```

- 两个独立组的方差相等。

如果两个独立样本的数据满足上述3个基本条件，就可以进行接下来的T检验，即均值相等的检验了。

示范案例：某公司运营团队为了针对活跃度提升专题运营活动的效果进行测试，从同样的客户群体中抽出两组人群，一组作为运营组，通过针对性的运营活动希望提升其网站活跃度；另一组作为对照组，该组客户不做任何运营触碰，只是在后期与前面的运营组客户进行效果对比。30天的运营活动结束后，分别收集两组客户的网站活跃度分数，看两组分数是否有明显的差异。

在SAS中，两组独立样本的T检验利用简单的TTest过程步骤可以实现，本案例具体程序代码如下：

```
Proc TTest data=Work. One;
Class group;
VAR score;
Run;
```

上述命令针对数据集One中两个样本人群组group进行了关于活跃度分数score是否相

等的 T 检验，该数据集有两个样本人群分别为 a 和 b。

运行上述程序后得到针对两个独立样本进行 T 检验后的结果，如图 12-1 所示。

The TTEST Procedure

Statistics

Variable	group	N	Lower CL Mean	Mean	Upper CL Mean	Lower CL Std Dev	Std Dev	Upper CL Std Dev	Std Err
score	a	7	74.169	76.286	78.402	1.4748	2.2887	5.0398	0.865
score	b	7	80.322	83.429	86.536	2.1648	3.3594	7.3977	1.2697
score	Diff (1-2)		-10.49	-7.143	-3.795	2.0612	2.8744	4.7448	1.5364

T-Tests

Variable	Method	Variances	DF	t Value	Pr > |t|
score	Pooled	Equal	12	-4.65	0.0006
score	Satterthwaite	Unequal	10.6	-4.65	0.0008

Equality of Variances

Variable	Method	Num DF	Den DF	F Value	Pr > F
score	Folded F	6	6	2.15	0.3726

图 12-1　两组独立样本的 T 检验结果

从图 12-1 可以看出，*p*,>*F* 的值为 0.372 6，该值大于 α 理论值 0.05，所有没有理由拒绝方差相等的假设，因而上述两组样本的方差是相等的。

再看 T-Tests：*p*,>|*t*| 的值为 0.000 6，小于 α 理论值 0.05，所以有足够的理由拒绝两个样本的均值差为 0 的假设，也即两个样本组的活跃度分数的均值是不相等的。

12.2.5　两组独立样本的非参数检验

虽然两组观察值是各自独立的，但是每组观察值不一定来自正态分布的总体，同时两个独立样本组的方差也不一定相等，这时就不能采用独立样本的 T 检验了，而必须进行两组独立样本的 Wilcoxon 秩和检验。

两组独立样本的 Wilcoxon 秩和检验方式是比较两个独立组观察值的一种非参数检验。该检验结果类似于 T 检验的结果，该检验用于次序变量、区间变量和比例变量中。

还是以上述案例为例，假设案例的数据不满足 T 检验的前提条件，那么就应该采用两组独立样本的 Wilcoxon 秩和检验，在 SAS 中，可利用 Proc Npar1way 的过程语句来实现，程序代码如下：

```
Proc Npar1way data=Work.One WILCOXON;
Class group;
VAR score;
Run;
```

运行上述程序后得到两个独立样本进行 Wilcoxon 秩和检验后的结果，如图 12-2 所示。

```
                    The NPAR1WAY Procedure

          Wilcoxon Scores (Rank Sums) for Variable score
                 Classified by Variable group

                    Sum of     Expected     Std Dev        Mean
group       N       Scores     Under H0     Under H0       Score

a           7         29.0        52.50     7.774465     4.142857
b           7         76.0        52.50     7.774465    10.857143

               Average scores were used for ties.


                 Wilcoxon Two-Sample Test

                 Statistic              29.0000

                 Normal Approximation
                 Z                      -2.9584
                 One-Sided Pr <  Z       0.0015
                 Two-Sided Pr > |Z|      0.0031

                 t Approximation
                 One-Sided Pr <  Z       0.0055
                 Two-Sided Pr > |Z|      0.0111

          Z includes a continuity correction of 0.5.


                    Kruskal-Wallis Test

                 Chi-Square              9.1368
                 DF                           1
                 Pr > Chi-Square         0.0025
```

图 12-2　两组独立样本的 Wilcoxon 秩和检验的结果

在图 12-2 中可以看到，Two-Sided $p_r>|Z|$ 的值为 0.011 1，小于 α 理论值 0.05，所以有足够的理由拒绝原假设两个独立组的均值相等，也即两个独立组的活跃度分数的均值是不相等的。

需要强调的是，如果 Two-Sided $p_r>|Z|$ 的值大于 α 理论值 0.05，则结论是两个独立组的均值没有显著差异，但是并不能说成两个独立组的均值相等。

12.2.6　配对差值的 T 检验

在数据化运营的实践应用场景中，进行配对组样本的比较时，一般是对样本运营前后的情况进行对比，比如针对运营前后的网站活跃度进行对比，通过 T 检验，来判断运营活动是否明显提升了样本人群的网站活跃度。

对配对组差值进行 T 检验的条件类似于独立组样本的 T 检验的条件，其中包含以下两个条件：

- 每对观察值与其他观察值之间相互独立。
- 配对差值来自正态分布。

由于是配对差值的检验，所以配对差值 T 检验只用于区间以上的变量。

示范案例：某公司运营团队从某个细分客户群体中随机抽取一部分客户进行有针对性的"旨在提升其网站活跃度"的专题运营活动，在为期两周的专题运营活动结束后，收集参与活动的客户运营前后的网站活跃度分数，希望通过数据分析来判断该专题运营活动的提升效果是否显著。

配对差值 T 检验在 SAS 中采用 PROC Univariate 过程来实现，本示范案例的具体程序代码如下：

```
Proc UNIVARIATE data=two;
VAR diff;
Run;
```

客户的前后活跃度分数的数据集存放在 two 表中，其前后活跃度分数的差值定义为 diff。

上述程序运行后得到对配对差值进行 T 检验后的结果，如图 12-3 所示。

从图 12-3 的 T 检验结果可以看出：

Student's t（T 检验），$p_r>|t|$ 的值为 0.001 7，远远小于 α 理论值 0.05，所以有足够的理由拒绝原假设（即配对差值与 0 的差别不明显），也即配对差值明显不为 0。

如果 $p_r>|t|$ 的值大于 α 理论值 0.05 时，则没有足够的理由拒绝原假设，即配对差值与 0 的差别不明显，结论是配对差值与 0 的差别不显著，但是并不能说配对差值明显为 0。

12.2.7 配对差值的非参数检验

如果每对观察值与其他观察值相互之间是独立的，但是每组观察值不一定来自正态分布的总体，这时就不能采用配对差值的 T 检验了，而必须进行配对差值的 Wilcoxon 秩和检验。

还是以上述配对差值 T 检验的案例来进行说明，针对配对差值的 Wilcoxon 秩和检验过程如下。

```
                    The UNIVARIATE Procedure
                    Variable:  diff  (diff)

                           Moments

N                           9    Sum Weights                  9
Mean               2.44444444    Sum Observations            22
Std Deviation      1.58989867    Variance            2.52777778
Skewness           -1.1898115    Kurtosis            2.07614677
Uncorrected SS             74    Corrected SS        20.2222222
Coeff Variation    65.0413092    Std Error Mean      0.52996622


                  Basic Statistical Measures

        Location                    Variability

    Mean     2.444444     Std Deviation            1.58990
    Median   2.000000     Variance                 2.52778
    Mode     2.000000     Range                    5.00000
                          Interquartile Range      2.00000


                  Tests for Location: Mu0=0

       Test           -Statistic-    -----p Value------

       Student's t    t  4.612453    Pr > |t|    0.0017
       Sign           M       3.5    Pr >= |M|   0.0391
       Signed Rank    S      21.5    Pr >= |S|   0.0078


                   Quantiles (Definition 5)

                    Quantile      Estimate

                    100% Max             4
                    99%                  4
                    95%                  4
                    90%                  4
                    75% Q3               4
                    50% Median           2
                    25% Q1               2
```

图 12-3　配对差值的 T 检验的结果

在 SAS 中，配对差值的 Wilcoxon 秩和检验仍然是采用 PROC Univariate 过程来实现的。但是观察的指标不同。

这里仍然以 12.2.6 节中的数据和代码为例，**配对差值的 Wilcoxon 秩和检验仍然是采用 PROC Univariate 过程来实现的**，运行该程序后得到的 Wilcoxon 秩和检验结果，如图 12-4 所示。

对于配对差值进行 Wilcoxon 秩和检验的统计量，只需要观察 $p_r>|S|$ 后面的值，相当于概率 P 即可。

回到本示范案例，从图 12-4 的结果中可以看出，$p_r>|S|$ 后面的值为 0.007 8，远远小于 α 理论值 0.05，表明配对差值明显不为 0。如果 $p_r>|S|$ 后面的值大于 α 理论值 0.05，则表明平均配对差值与 0 的差别不明显，但千万不能说成平均配对差值为 0。

```
                        The UNIVARIATE Procedure
                        Variable:  diff  (diff)

                                Moments

N                           9    Sum Weights                  9
Mean               2.44444444    Sum Observations            22
Std Deviation      1.58989867    Variance            2.52777778
Skewness           -1.1898115    Kurtosis            2.07614677
Uncorrected SS             74    Corrected SS        20.2222222
Coeff Variation    65.0413092    Std Error Mean      0.52996622


                      Basic Statistical Measures

          Location                     Variability

     Mean     2.444444     Std Deviation            1.58990
     Median   2.000000     Variance                 2.52778
     Mode     2.000000     Range                    5.00000
                           Interquartile Range      2.00000


                      Tests for Location: Mu0=0

        Test           -Statistic-    -----p Value------

        Student's t    t  4.612453    Pr > |t|    0.0017
        Sign           M       3.5    Pr >= |M|   0.0391
        Signed Rank    S      21.5    Pr >= |S|   0.0078


                        Quantiles (Definition 5)

                         Quantile       Estimate

                         100% Max              4
                         99%                   4
                         95%                   4
                         90%                   4
                         75% Q3                4
                         50% Median            2
                         25% Q1                2
```

图 12-4　配对差值的 Wilcoxon 秩和检验结果

12.2.8 方差分析概述

当我们分析的对象不限于两个独立样本组，而是扩展到更多个样本组时，T 检验就不适用了，在这种情况下，就需要进行方差分析（Analysis of Variance, ANOVA），或者叫做 F 检验。

方差分析是利用样本数据检验两个以上的总体均值是否有差异来进行分析的一种方法。在研究一个变量的时候，它能够解决多个总体的均值是否相等的检验问题；在研究多个变量对不同总体的影响时，它也是分析各个自变量对因变量影响的方法。通俗地理解，方差分析是 T 检验的扩展，T 检验用于两组连续型数据的比较，而方差分析则用于三组或三组以上的连续型数据的比较。

方差分析也要满足以下 3 个前提条件：

- 各组观察值是来自于正态分布的总体的随机样本。
- 各组观察值之间是相互独立的。
- 各组观察值具有同方差性。

根据分析因素的个数不同，方差分析可以分为单因素方差分析和多因素方差分析。

所谓多因素方差分析，是指当有两个或两个以上的因素对因变量产生影响时，采用此方法，利用假设检验的过程来判断多个因素是否对目标变量产生明显的影响。

在运营效果分析实践中最常见的是单因素的方差分析，比如，针对多个样本组，都是从同样的总体中随机抽取的，只是随后的运营策略有所不同，同时比较运营后的行为指标有所差异的场景。单因素实际上就是运营策略的不同，单因素方差分析就是希望通过假设检验来验证运营策略的不同是否真的导致了随后各样本组的行为指标之间有差异。所以，针对方差分析的介绍，本章只限于单因素的方差分析，至于多因素方差分析、协方差分析，感兴趣的读者可以查阅相关的统计专业书籍进行更详细的了解。

12.2.9　单因素方差分析

单因素方差分析（One-Way ANOVA）主要研究单个因素对目标变量的影响，这种方式将通过因素的不同水平对目标变量进行分组计算，得到组间和组内方差，并利用方差比较对分组所形成的总体均值进行比较，从而对各总体均值相等的原假设进行检验。

示范案例：某公司运营团队计划对某一类特定客户群体进行不同内容的，旨在提升客户网站活跃度的运营刺激，不同的运营内容分别为 a、b、c、d、e 5 种方案。这时，将从上述客户群体中随机抽取一部分客户，然后将其分别分配到这 5 种不同的运营方案中。在为期两周的运营活动结束后，运营方希望通过数据分析来评价不同的运营方案，是否在客户的活跃度提升上有明显的差异。

在 SAS 中，单因素方差分析是通过 ANOVA 过程来实现的，本案例具体的程序代码如下：

```
Proc ANOVA data=three;
Class group;
Model score=group;
Means group/snk;
Means group/scheffe tukey;
Run;
```

上述程序运行后得到了单因素方差分析的结果，如图 12-5 ~ 图 12-8 所示。

```
                              The ANOVA Procedure

Dependent Variable: score   score

                                            Sum of
     Source                      DF        Squares     Mean Square    F Value    Pr > F

     Model                        4    16546.46667     4136.61667       4.63    0.0062

     Error                       25    22327.00000      893.08000

     Corrected Total             29    38873.46667

                    R-Square     Coeff Var      Root MSE    score Mean

                    0.425649      6.830210      29.88444      437.5333

     Source                      DF       Anova SS     Mean Square    F Value    Pr > F

     group                        4    16546.46667     4136.61667       4.63    0.0062
```

图 12-5 单因素 ANOVA 输出的结果

从图 12-5 可以看出：F 检验的概率（p>F）值为 0.006 2，远远小于 α 理论值 0.05，所以可以拒绝 H_0，同时表明运营方案（或内容）不同，则客户的活跃度提升分数也不相同。

```
                              The ANOVA Procedure

                       Student-Newman-Keuls Test for score

NOTE: This test controls the Type I experimentwise error rate under the complete null hypothesis
                       but not under partial null hypotheses.

                       Alpha                          0.05
                       Error Degrees of Freedom         25
                       Error Mean Square            893.08


          Number of Means         2            3            4            5
          Critical Range  35.534926    42.976266    47.459049    50.672203

              Means with the same letter are not significantly different.

                    SNK Grouping          Mean      N    group

                               A        481.67      6    c

                               B        440.17      6    a
                               B
                               B        428.00      6    b
                               B
                               B        422.00      6    e
                               B
                               B        415.83      6    d
```

图 12-6 单因素 ANOVA 的 SNK（Student-Newman-Keuls）检验结果

从图 12-6 可以看出，经过 SNK 方法检验，C 组客户的活跃度分数与其他各组的客户活跃度分数有明显的区别。

```
                         The ANOVA Procedure

               Tukey's Studentized Range (HSD) Test for score

NOTE: This test controls the Type I experimentwise error rate, but it generally has a higher Type
                         II error rate than REGWQ.


             Alpha                                   0.05
             Error Degrees of Freedom                  25
             Error Mean Square                     893.08
             Critical Value of Studentized Range  4.15337
             Minimum Significant Difference        50.672


          Means with the same letter are not significantly different.


             Tukey Grouping          Mean      N    group

                         A         481.67      6    c
                         A
                    B    A         440.17      6    a
                    B
                    B              428.00      6    b
                    B
                    B              422.00      6    e
                    B
                    B              415.83      6    d
```

图 12-7　单因素 ANOVA 的 Tukey 检验结果

从图 12-7 可以看出，经过 Tukey 方法检验，c 组分数与 a、b、d、e 各组的分数差异明显。

```
                    The ANOVA Procedure

                  Scheffe's Test for score

NOTE: This test controls the Type I experimentwise error rate.


          Alpha                                0.05
          Error Degrees of Freedom               25
          Error Mean Square                  893.08
          Critical Value of F               2.75871
          Minimum Significant Difference     57.315


  Means with the same letter are not significantly different.


   Scheffe Grouping          Mean      N     group

                 A         481.67      6     c
                 A
            B    A         440.17      6     a
            B    A
            B    A         428.00      6     b
            B
            B              422.00      6     e
            B
            B              415.83      6     d
```

图 12-8　单因素 ANOVA 的 Scheffe 检验结果

从图 12-8 可以看出，经过 Scheffe 方法检验，c 组与 e、d 组的分数差异非常明显。

12.2.10 多个样本组的非参数检验

如果多个样本组的数据不是来自正态分布的总体，或者各样本组的方差不相等，在这些场景中，就不能使用方差分析的方法了，而只能采用非参数检验的方法。

还是以上一节的案例为例来进行说明，在为期两周的运营活动结束后，运营方希望通过数据分析来评价不同的运营方案是否对客户的活跃度提升有明显的差异。

最常用的多个样本组的非参数检验方法是 Kruskal-Wallis 检验，但在 SAS 中仍然可以利用 NPAR1WAY 过程中的 Wilcoxon 方法来实现，示范案例的具体程序代码如下：

```
Proc npar1way data=four Wilcoxon;
VAR score;
Class group;
Run;
```

运行上述程序后得到了非参数检验的结果，如图 12-9 所示。

```
                         The NPAR1WAY Procedure

          Wilcoxon Scores (Rank Sums) for Variable score
                   Classified by Variable group

                        Sum of      Expected      Std Dev          Mean
group         N         Scores      Under H0      Under H0         Score

a            16          514.0         520.0     64.438971      32.12500
b            16          769.0         520.0     64.438971      48.06250
c            16          549.0         520.0     64.438971      34.31250
d            16          248.0         520.0     64.438971      15.50000

                  Average scores were used for ties.


                        Kruskal-Wallis Test

                     Chi-Square         24.7199
                     DF                       3
                     Pr > Chi-Square     <.0001
```

图 12-9 多个独立样本组的 Kruskal-Wallis 检验结果

依据图 12-9 中的 Kruskal-Wallis 检验统计量对应的 P 值，即 p_r>Chi-Square<0.000 1 来看，在给定的显著性水平 α=0.05 的条件下，可知不同群体（Group）所反映的活跃度分数（Score）的总体位置是不相同的，即可以认为不同群体的活跃度分数是有明显差异的。

12.2.11 卡方检验

卡方检验（Chi-Square Test）也是一种应用非常广泛的假设检验方法，它属于非参数检验的范畴，主要是比较两个和两个以上的样本率（构成比例），以及对两个分类变量的关联性进行分析，其根本思想是比较理论频数和实际频数的吻合程度或者拟合度。

关于卡方检验的原理和公式，本书在第 8.6.5 节已有详细介绍，在这里就不再赘述了。

示范案例：某公司运营部门根据用户的属性将用户分为 5 个不同的群体 Segment，分别为 a, b, c, d, e 5 个群体，并从总体中提取 5 个群体中的一些样本，分别针对各个群体在过去 30 天内是否发生网上交易（Make-Deal）的记录进行统计，现在想知道不同群体之间发生网上交易的比例是否有明显的差别。

卡方检验在 SAS 中可以通过 Freq 过程来实现，本示范的具体程序代码如下：

```
Proc freq data=five;
Table segment*make_deal/chisq;
Run;
```

运行上述程序后得到卡方检验的结果，如图 12-10 所示。

从图 12-10 的结果中可以看出，Chi-Square 统计量的值为 4.0133，其对应的 P 值，即 Prob 值为 0.404 2，假定显著性水平 α=0.05，则 P 值远远大于 α，因此没有理由拒绝细分群体与是否成交之间相互独立的原假设，也就是说细分群体之间的成交情况没有明显的关联性。

The FREQ Procedure

Statistics for Table of segment by make_deal

Statistic	DF	Value	Prob
Chi-Square	4	4.0133	0.4042
Likelihood Ratio Chi-Square	4	4.0260	0.4025
Mantel-Haenszel Chi-Square	1	0.0178	0.8938
Phi Coefficient		0.1351	
Contingency Coefficient		0.1338	
Cramer's V		0.1351	

图 12-10 卡方检验的结果

12.2.12 控制变量的方法

除了上面谈到的这些基本的、常见的统计分析检验技术之外，在数据化运营的商业实践中，针对运营效果进行分析时还有一些重要的思路和策略，利用这些思路和策略来处理数据可以有效提升分析效率，更好、更准确地发现正确的结论。其中，最常见的一个思路和策略就是控制变量的方法。

所谓控制变量，是指在分析某个核心因素针对不同群体的运营效果时，为了防止其他因素的干扰，而人为地将考虑到的其他因素，即一些潜在的、重要的、可能影响运营效果的因素进行固化（或排除），从而在一个人为控制的比较单纯的数据中专门分析核心因素的影响。

虽然从统计学的角度看，多个因素对目标变量的影响可以通过方差分析、协方差分析等方法加以解决，但是这些复杂的统计方法不是运营团队中的每个人都可以熟练掌握的；另外，控制变量的方法本身简单易行，通俗易懂，所以在数据化运营的商业实践中还是有很大的应用空间的。

举例来说，为了分析在线旺铺装修要素对于在线成交的影响，数据分析师在分析之前应该了解，对于在线成交的潜在影响因素，从电子商务平台的买卖双方的行为来看，有太多的可能性，如在线广告的投放、线上商品的 Offer 情况、商品的价格、品类、促销措施、卖家资质、卖家规模等都要考虑，至于在线旺铺装修要素对于在线成交的影响，放在上面提到的电子商务平台的买卖双方的海量行为因素中，就很有可能会被其他因素所掩盖。在这种情况下，为了专门分析在线旺铺装修要素对在线成交量的影响，就很有必要在分析之前考虑控制变量的方法，即把那些跟在线成交密切相关的因素排除在外，这些核心因素包括购买了在线点击付费广告 P4P 业务，并且最终的分析样本应该在很多核心因素方面是一致的，比如商品来自同一个品种，卖家具有相同的资质和规模，价格基本上属于同一个层次，所抽取的数据都没有受促销措施的影响等。只有把这些应该考虑的核心因素都考虑到，并且都进行了有效的控制，才可以在一个比较单纯的数据集中专门分析在线旺铺装修要素对于在线成交量的影响。

12.2.13 AB Test

提到 AB Test，人们最容易想起的就是它是在网页设计优化中的一种比较策略。同一个功能页面，设计两种不同的页面布局（或风格），通过技术手段将两种不同风格的页面设计随机分配给浏览该功能页面的不同访问者，根据随机分配的页面浏览转换效果，来评价不同设计风格的优劣。

其实，除了上面提到的网页设计和优化中常常用到这种方法之外，AB Test 与控制变量的方法一样可以看做是进行运营效果分析时的思路和策略，也是数据化运营实践中运营团队最熟悉的方法论。

AB Test 最基本的含义就是对于一个运营活动的效果进行评价。在使用此方法时，一定要事先把同一类客户群体随机分成 A 和 B 两组，一组进行运营，另一组不进行运营，这样才可以比较合理地评估运营的效果；或者一组采用甲方案进行运营，另一组采用乙方案进行运营。但是，也并不是说只能局限于两个样本组，在实践中可以根据具体项目需求分成多个分组。

使用 AB Test 方法时要注意以下的几点：

- 参与 AB Test 的客户群体应该是来自同一个总体的，应具有相同的特征或属性；否则，A 组的客户与 B 组的客户本来就是特征相同，属性相异，那接下来的效果分析到底是运营带来的，还是客户本身的属性差异造成的，就很难说清楚了。
- 与 AB Test 相关的其他业务因素应该一致，也就是说除了要分析的特定运营条件外，其他的业务因素应该一致，这样就可以在其他条件一致的情况下准确考察特定运营条件对运营效果的影响了。

第13章 漏斗模型和路径分析

阳台梦杳，苦追踪问迹，似无还有。

——《群音类选·陈秋碧》明代　胡文焕

- 13.1　网络日志和布点
- 13.2　漏斗模型与路径分析的主要区别和联系
- 13.3　漏斗模型的主要应用场景
- 13.4　路径分析的主要应用场景
- 13.5　路径分析的主要算法
- 13.6　路径分析案例的分享

在互联网数据化运营实践中，有一类数据分析应用是互联网行业所独有的，那就是漏斗模型和路径分析的应用。漏斗模型通常是对用户在网页浏览中一系列关键节点的转化程度所进行的描述。比如，在某 B2C 电商平台上，买家从浏览到实际购买产品都需要经历 3 个步骤：从浏览商品到选中商品放入购物车，将购物车里的东西提交到订单上，直到提交订单后实际完成在线支付。上述 3 个步骤一路走下来，买家人数一定是越来越少，这个过程就是一个典型的漏斗模型。漏斗模型的主要分析目的就是针对网站运营过程中各个关键环节的转化效率、运营效果及过程进行监控和管理，对于转化率最低的环节，或者波动异常的环节加以有针对性的改正，以提升转化效率，从而最终提升运营效率和网站转化效果；路径分析通常是指对用户的每一个网络行为进行精细跟踪和记录，并在此基础上通过分析、挖掘得到用户的详细网络行为路径特点、每一步的转化特点、每一步的来源和去向等，从而帮助互联网企业分析用户的网络行为，找出用户的主流路径，分析网络产品的用户使用路径，从而可以进行有效的产品优化和升级，并针对典型场景的用户转化数据来进一步制定和实施有针对性的策略，以提升转化效率。

从严格意义上来说，漏斗模型是包含在路径分析之中的，漏斗模型是路径分析的特殊情况，是针对少数关键节点的路径分析。因为漏斗模型已经成为数据化运营中一个成熟的管理工具和分析思想，所以这里将之与路径分析相提并论。

之所以说漏斗模型和路径分析是互联网行业所独有的，主要是因为在传统行业里无法获得用户的每一步行为数据。正是因为互联网行业里有用户日志数据，才使得用户的每一步行为都变得有据可查，这是互联网行业得天独厚的优势，也是本章主要讨论的话题。

本章首先介绍网络日志数据体系的基本内容；其次，针对互联网行业常用的一些漏斗模型和路径分析的应用场景进行梳理和汇总；然后，针对具体的分析技术做基本的总结和归纳；最后，通过一个网络产品的具体路径分析案例来说明商业实战中路径分析模型的典型应用。

13.1 网络日志和布点[⊖]

互联网与传统行业在数据上有一个很重要的不同点，即互联网具有相关的日志体系。用户在网上进行浏览时的每一步都会被记录下来，从而形成了海量的日志数据。

互联网日志的数据体系分为日志布点、日志采集、日志解析和日志分析 4 个部分。下面分别进行简单的介绍。

⊖ 本节内容由阿里巴巴B2B的数据仓库专家蒿亮编写，蒿亮的微博地址为：http://weibo.com/airjam，E-mail：airjam.hao@gmail.com。

13.1.1 日志布点

日志布点是指在页面上安排记录关键用户行为的一段小程序，用户按照预设规则对网页进行访问的时候，布点的规则程序就会将用户相关的数据发送到一个指定的服务器，从而达到日志采集的目的。根据采集数据的目的不同，日志布点主要可以分为以下3类（鉴于在互联网各公司中日志布点有不同的名称，在此以中文含义进行解析）：

- 页面级布点。页面级布点的应用范围最广，也是所有日志分析的基础，对于一个成熟的网站来说，该类布点会覆盖网站的所有页面。其内容通常包括：IP地址、用户名、Cookie相关信息及浏览器类型等。
- 点击级布点。这类日志布点通常会在用户点击某个链接、按钮、筛选框等特定事件时被触发。其所记录的内容和页面级布点相比也稍微有些不同，该布点会更加关注点击按钮的区域、点击的方式等。
- 追踪日志布点。当某一个特定的页面有很多来源时，为了清楚地区分不同的来源，就需要用到追踪日志布点。举例来说，到达订购页面的用户，可以有多个来源，有的是来自首页上方的订购链接，有的是即时通信浮起所带来的，有的来自另外一个专题运营页面等，所有这些不同来源的用户都到达了同一个订购页面，在这种情况下，追踪日志布点就可以发挥作用了，它可以有效区分不同来源的明细。

13.1.2 日志采集

进行日志采集时通常会设定专门的日志采集服务器，主要目的是大流量多线程地将日志记录下来。

13.1.3 日志解析

由于日志数据是不同于通常数据源的非结构化数据，其主要目的是提高读写效率，因此日志解析的目的就是将非结构化数据转化成为结构化数据。

13.1.4 日志分析

日志分析的主要内容包括日常流量监控（PV,UV）、来源去向分析及路径分析等。

本章接下来要具体讨论的，就是针对日志数据进行的路径分析，其包括来源去向分析，当然其中的原理也会用于日常流量监控中。

13.2 漏斗模型与路径分析的主要区别和联系

漏斗模型是路径分析的特殊形式，是专门针对关键环节进行的路径分析，两者都是针对用户路径和轨迹所进行的发现、分析与提炼，而且两者的主要分析思路也是相同的，即都是以上下环节转化率的计算为核心的，这就是两者的主要联系和共通点。

两者的区别主要表现在以下几个方面：

- 侧重点不同。漏斗模型更多、更主要用于网站和产品的运营监控和管理中，主要是针对网站或者产品运营中的关键节点和关键环节所进行的分析、监控、管理；而路径分析的用途更加广泛，除了网站和产品的运营监控和管理外，还包括产品设计与优化、用户频繁路径模式识别、用户特征分析等。
- 两者思考的方式和粒度不同。漏斗模型更多时候要经过抽象的过程来搭建漏斗的每一个环节。也就是说，漏斗中的每个环节更多的时候是抽象出来的，而不一定是完全按照原始的数据（不加转化、不加整合）直接放进漏斗中的。举例来说，电商行业最有名的漏斗模型为曝光→点击→反馈→成交，该模型反映了商品从曝光到成交的核心环节的流转情况。在这个漏斗模型中，每一个环节都是经过抽象汇总后产生的。比如曝光这个环节可能要汇总多个不同的曝光场景，反馈环节则要汇总多种不同形式的反馈，有的是在线问答，有的是即时通信反馈，有的是点击查看售后保障条款等。如果按照之前的逻辑规定，上述这些不同方式都属于反馈，那么这个漏斗中的反馈环节的数据就需要通过抽象、汇总之后才可以得到。而路径分析，在此特指不包括漏斗模型在内的其他路径分析，则更多的时候是就事论事，不需要经过抽象、转化、整合这些过程。
- 分析的思维方向有别。漏斗模型的思维方式通常是逆向的，即先确定要分析的关键环节，然后抽取相应的数据，计算其转化率。比如，先找到要分析的某个关键环节，如付费环节，以及它的上一个关键环节，如下单环节，再根据这两个环节的先后顺序，计算出从下单环节到付费环节的转化率，并依此类推，完成一连串有序的关键环节的漏斗模型。而路径分析需要根据不同的业务场景来考虑思维方式，可以是正向的思维方式，也可以是逆向的思维方式。所谓正向的思维方式，即不预先圈定要分析哪个环节、哪个页面，而是让数据分析说话，让数据结论显示哪些是关键环节，哪些是关键页面。比如，从用户在网站或产品使用的第一步开始，依序计算出每一步的流向、转化，并最终按照不同的计算技术、算法进行主要和主流的转化、流向的提炼和总结。
- 分析技术有差别。相对来说，漏斗模型的分析技术更直观、更直接、更容易理解，就是根据两个关键环节的先后顺序，计算出从头到尾的转化率即可。这种转化率的计算可以基于用户的人数，也可以基于浏览的次数，依具体的分析场景而定，这种分析甚至不需要专业的分析软件就可以进行了，当然，在商业实践中，为了提高分析效率，也可以使用专门的分析软件；而路径分析所采用的分析技术相对来说更为多样化，也更具有一定的专业深度。比如本章后面要介绍到的 Sequence Analysis、Social Network Analysis 等，这些分析需要借助一些专业的分析挖掘软件才可以更加有效地进行。

13.3 漏斗模型的主要应用场景

本章前面曾经提到漏斗模型是路径分析的特殊情况，是针对少数关键节点的路径分析，而且它已经是一种非常成熟的管理工具和分析思路了，所以本节将专门讲解漏斗模型的主要应用场景。

图 13-1 是一个常见的漏斗模型图，它是关于某促销商品在促销运营中一系列关键节点的效果总结和描述。从该漏斗模型可以看出，运营活动吸引用户浏览商品详情的效率为 15%，即促销活动所传达和覆盖的目标用户中，有 15% 的人到达了商品详情页面，即浏览了商品详情；在浏览商品详情的运营目标受众中，有 5% 的用户把商品放入了购物车中；而在将商品放入购物车的运营目标受众中，又有 20% 的用户执行了下订单的操作；在下订单的运营目标受众中，有 80% 的用户最终在线付款成功。

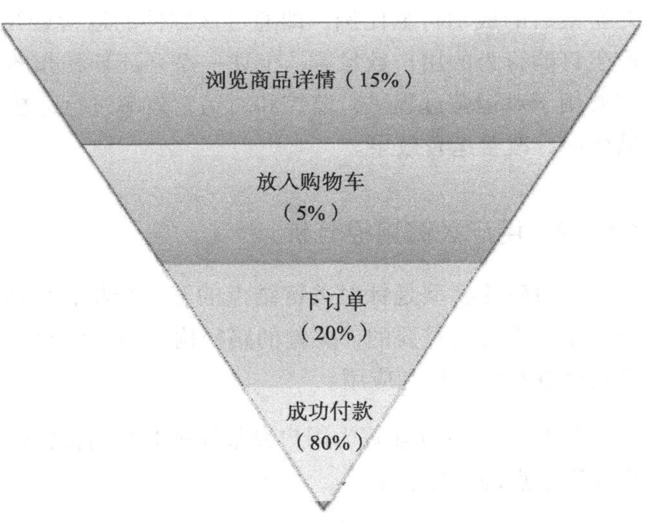

图 13-1 从浏览商品详情到成功付款的漏斗模型

通过对上述漏斗模型进行分析，再通过比较同类商品的相应转化比例，或者同类运营活动的相应转化比例，就可以发现本次运营活动中哪些环节的效果不好，然后采取相应措施积极改进，最终提升整体的转化率。所以，上述漏斗模型常常会作为数据化运营中最基本的管理工具和分析思路，而且在互联网行业的日常工作和运营中，它几乎是无处不在的。

13.3.1 运营过程的监控和运营效率的分析与改善

漏斗模型最常用的场景是作为商业和运营的管理工具和分析思路，通过对运营过程以及各层转化率的监控和分析，找出运营中的薄弱环节，然后采取有针对性的措施加以修正和提升。在绝大多数互联网企业中，漏斗模型是企业日常基本管理和监控的最重要的工具和分析思路，无论是一封电子邮件的运营活动，还是各活动页面的日常运营，或者是其他的网站日常运营，只要有流程，只要有转化，就一定会采用漏斗模型作为其中的一种手段来加以监控、分析和管理。

举例来说，针对某群目标用户发送一封电子邮件（含有促销产品的网页链接），针对该运营活动，其漏斗模型就要展示诸如：目标受众收到电子邮件，即邮件发送成功的比例；邮件打开的比例，即打开邮件的用户数量 / 收到邮件的用户数量；点击行为的比例，即点开邮件中的促销产品网页链接的用户数量 / 打开邮件的用户数量；订购行为的比例，即从邮件中促销产品的网页链接处点击并下单的用户数量 / 点开邮件中的促销产品网页链接的用户数量；乃至最后的成功付款比例，即通过该邮件的运营最终付款成功的用户数量 / 通过该邮件运营产生订购行为的用户数量等。上述一系列环环相扣的漏斗，就是最常见的运营漏斗模型，它主要用于对运营过程进行监控和对运营效率进行分析，并最终实施有针对性的方法以提升运营效率，改善运营效果。

13.3.2 用户关键路径分析

因为漏斗模型是针对关键结点的路径分析，而所谓的关键结点又是从业务上来理解的，也就是说它是由重要的、关键的路径构成的，因此漏斗分析也可以是针对用户关键结点、关键路径进行的分析和应用。

图 13-1 也可以理解为用户在某促销商品的促销运营活动中的关键路径分析，其包括每一个关键结点的转化效率。

本章将在随后的路径分析中，针对用户关键路径进行详细、深入的讲解。

13.3.3 产品优化

针对关键结点的漏斗模型从另一个方面反映了产品的用户体验效果，关键结点的转化率太低常常也就意味着需要通过产品优化来改善用户体验，并最终提升关键结点的转化率。所以，从这个意义上来说，漏斗分析也可以被用于产品优化的重要参考。

13.4 路径分析的主要应用场景

漏斗模型可以看做是路径分析的特殊形式，相比而言，路径分析更加全面、更加丰富、更加基础。总体来说，路径分析有以下一些典型的应用场景：

- 用户典型的、频繁的路径模式识别。通过路径分析，可以有效发现用户典型的频繁路径模式（主流的路径、典型的路径），这些发现是研究网站用户行为最基础、最可靠的信息参考之一，是互联网用户行为分析的特色。通过这些发现得到的用户频繁路径模式，体现了用户的行为特征，是准确理解和把握用户行为和行为背后心理活动的基础和源泉。
- 用户行为特征的识别。路径本身指的是用户在网上的轨迹，轨迹背后反映的是用户的行为特征，而这些行为特征对于网站的运营、管理、客户服务等诸多方面都有重要的参考价值，能够起到借鉴作用。举例来说，如果某些用户在下单之后并没有马上进入支付环节，而是重新浏览所选商品的细节，那么就说明这部分用户对于在线支付非常谨慎，比较犹豫。针对这部分下单后反复浏览商品详情的用户，如果网站能在第一时间提示用户有关付费后几小时之内可以无条件撤单返款等相关信息，将会显著提升下单到付款的转化率。
- 网站产品设计和优化的依据和参考。路径分析对于网站产品设计和优化的价值是显而易见的，并且是设计和优化的基础和核心来源。产品设计师正是通过对用户行为轨迹的观察和分析，来真正从源头上了解和把握用户使用产品的实际情况。举例来说，A产品的营销浮起是B产品用户使用的主要入口来源，就很可能说明了使用B产品的用户中有很大一部分是使用A产品的用户，并且是在使用A产品的时候顺便使用了B产品。这一发现对于产品设计师来说能够更好地将两个产品有机地融合、捆绑起来了，其具有重要的意义。
- 网站运营和产品运营的过程监控与管理。正如漏斗模型在运营管理中的核心应用和所具有的价值一样，路径分析作为更加广泛、更加全面、更加基础的漏斗模型，同样对于网站运营和产品运营的过程监控和管理影响深远。关键环节的转化效率是运营监控的主要指标之一，而转换效率最原始、最基础的表现形式就是路径分析。

13.5 路径分析的主要算法

对于互联网行业的用户路径分析，有多种不同的分析思路和算法，下面介绍最常见的几种分析思路和算法。

13.5.1 社会网络分析方法

社会网络分析（Social Network Analysis），也叫做链接分析（Link Analysis）。其作为一

个单独的分析领域，目前已经得到了快速的发展。其初衷是研究社会实体，即组织中的人，或称参与者，以及他们之间的活动和关系，这种网络关系和活动可以用图来表示，如图 13-2 所示。其中，每个结点（小方框）表示一个参与者，每条线的连接表示两个参与者之间的关系。鉴于互联网就是一个虚拟的社会环境，每个网页可以看做是一个参与者，每个链接可以看做是一种关系，因此社会网络分析的很多方法和技术都可以很自然地延伸和应用到互联网的分析中。

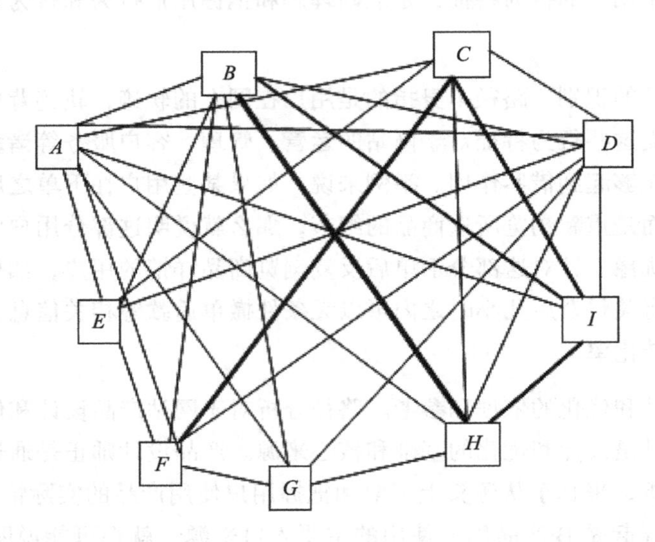

图 13-2　社会网络分析原理简图

在社会网络分析方法中，最常见最成熟的一种方法就是中心性分析方法（Centrality），中心性是对于社会关系网中参与者的著名程度进行度量的标准，它与网络搜索和超链接分析有非常紧密的关系。

所谓中心性，是指某个个体在社会（网络）中的重要性。中心性程度高的个体，就是那些广泛与其他参与者连接或者发生关系的参与者。在一个单位或一个团体中，与其他同事有广泛交流或联系的人，其重要程度要高于那些与其他同事联系较少的人，也就是前者的中心性程度高于后者的中心性程度。

关于社会网络分析方法的深入介绍和探讨，有兴趣的读者可以参考 S. Wasserman 和 K. Raust 的专著《Social Network Analysis》。

13.5.2　基于序列的关联分析

基于序列的关联分析（Sequence Analysis）又称序列分析，这种分析方法是在关联分析（Association Analysis）的基础上，进一步考虑了关联品之间的先后顺序，即只分析先后顺序中的关联关系。

本书 2.3.4 节专门讲解了关联规则，即关联分析，其中举例说明了在所有顾客中，有 10% 的顾客购买了婴儿尿不湿和啤酒，而在所有购买了婴儿尿不湿的顾客中，有 70% 的人还购买了啤酒。将这个例子称为关联分析，是因为其中并没有考虑到啤酒和尿布购买的先后顺序，可能有的顾客先买啤酒，然后再买尿布；也有的顾客先买尿布，然后再买啤酒。无论先后顺序如何，他们都是符合关联分析数据要求的。而所谓的序列分析，是要考虑两者的先后顺序的，要么关注先购买尿布，后购买啤酒的关联关系；要么关注先购买啤酒，后购买尿布的关联关系。从这个简单的例子可以看出，序列分析是基于关联分析的，只是增加了考虑问题的维度，即事物的先后顺序，但是其分析过程和计算过程是基本一致的。

本书 3.11.2 节给出了有关关联分析的详细分析算法，有兴趣的读者可以进行参考。

对于序列分析，因为考虑了事物关联关系的先后顺序，所以与互联网中网页流转的先后顺序分析有很大的相似性，可以加以借鉴，它也成为网络路径分析中的一种重要分析方法。

13.5.3　最朴素的遍历方法

之所以称这类方法最朴素，是因为它最直观、最直接、最容易让人理解。根据遍历的思想，把某个页面（或某类页面）的所有来源以及相应的流量大小整理出来，同时把浏览该页面（或该类页面）后的下一个页面的所有去向和相应的流量整理出来，就是一个常见的、通过典型的遍历方法进行的路径分析。在企业的数据化运营实践中，根据具体的业务场景，基于遍历方法的路径分析可以有不同的表现形式，比如来源去向分析、主要路径分析等，如图 13-3 和图 13-4 所示，因考虑到企业商业隐私，对各图片中的大部分数据做了处理。

图 13-3 所示的是某页面的来源去向分析：针对代号为 F291 的行业频道页面，在某个分析时段，有 53.15% 的 UV 是用户直接打开或者未知来源，有 *% 的 UV 是用户来自百度；在浏览了代号为 F291 的行业频道页面后，有 32.43% 的用户直接离开等。

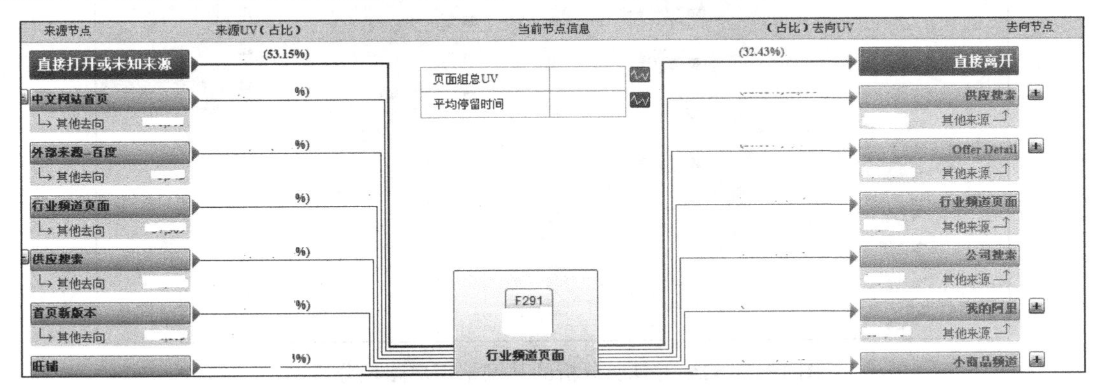

图 13-3　某页面的来源去向分析

图 13-4 所示的是对某页面的用户的主要路径分析方法，从中可以看出，浏览了代号 B281，即“供应搜索”页面的用户，有 *% 会进入普通供应页面，有 *% 会进入 P4P 普通页面等信息。

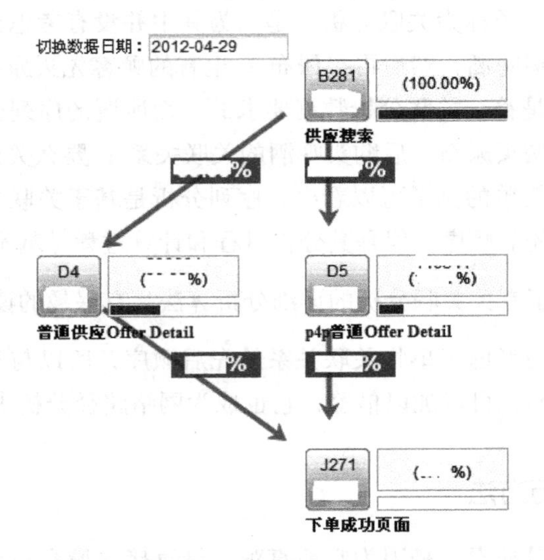

图 13-4　某页面的用户主要路径分析

图 13-5 是 Google Analysis（GA）提供的一个用户路径分析显示，其基本思路还是遍历的思路。GA 是 google 公司推出的一个网站分析工具，关于 GA 的详细信息，可以登录网址：http://www.google.com/analytics/ 进行查阅。

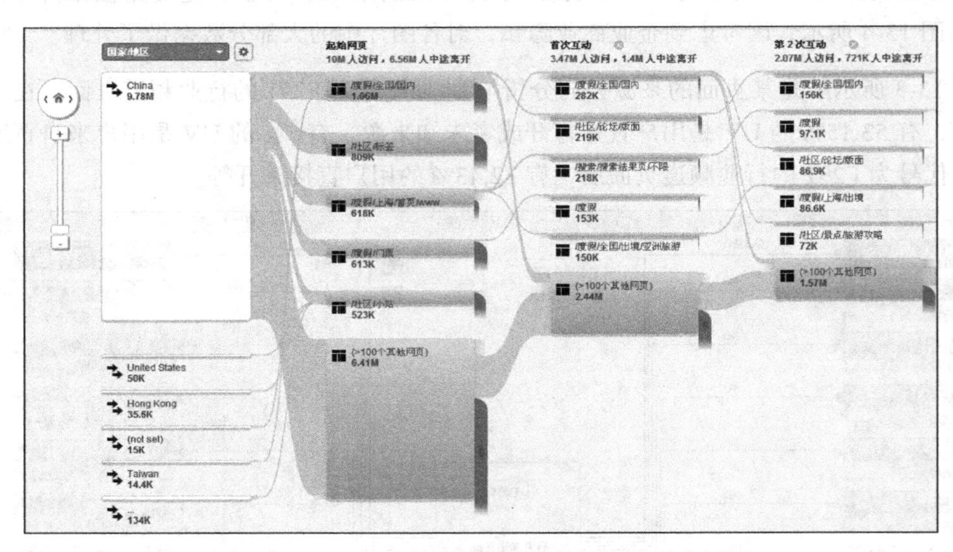

图 13-5　GA 工具所分析的某网站用户路径分析图

13.6 路径分析案例的分享

13.6.1 案例背景

X 产品是一款在线的 SAAS 产品，其主要功能是帮助网站平台的卖家更好、更有效地管理自己已有的买家询盘，并且开发更多潜在的询盘。当有买家向卖家发出询盘时，该产品会实时提醒卖家去查看最新的询盘，同时卖家借助该产品可以直接查看买家档案，该产品的买家雷达功能可帮助卖家更好地掌握买家浏览的动向，其买家推荐和智能跟进功能更能有效协助卖家开发潜在的商业机会。

X 产品正式上线已经有一段时间了，也产生了一定数量的付费用户，**现在需要了解付费用户到底是如何使用该产品的，以及产品中各功能点的价值到底如何**。这项研究无论对于产品设计师，还是用户体验设计（UED），或者是对产品的运营人员来说都是非常有意义的。

13.6.2 主要的分析技术介绍

整个项目主要是以路径分析为主，从付费用户的产品使用路径中寻找、发现、提炼用户的主要使用行为、产品的主要功能点，以及用户的使用深度。具体来说，采用 Sequence Analysis 和 Link Analysis 分别进行不同角度的分析和提炼。

13.6.3 分析所用的数据概况

基于正式上线两个月以来产生的实际付费用户，选择他们在某一周里详细使用该产品的日志明细数据（Trace Log 数据）。在该一周的时间段中，共有有效的付费用户多少人？鉴于对商业隐私的考虑，本案例中部分数据已被隐藏，其中 91% 的用户在此期间有过产品使用行为，也即有详细的日志明细数据记录。

以下的分析结论主要根据这 91% 的实际使用了产品的用户的详细日志明细数据得到的。

13.6.4 主要的数据结论和业务解说

1. 用户登录产品后台的入口分析

这里将以 1 周 7 天（7 月 19 日 ~ 7 月 25 日）内有过登录行为的所有付费用户的 Tracelog 明细数据为分析对象，共有多少行数据，合计多少 Session（“step=1”，可以理解为每个付费用户每天合计为 1 次 Session，不同天次算不同 Session），主要结论如表 13-1 所示。

表 13-1　用户登录产品入口分析结论表

第一步（入口）	描述	数量	占全部 Session 比例 /%
Eq.radartip_view_enquery	雷达预警浮出，点（立即查看）	***	28
Eq.eqtip_view_enquiry2	新询盘浮出，点（查看询盘）	***	22
Eq.pm_detail	PM 详情页面的钩子	***	9
Eq.oltip_talk	买家上线浮出，点（在线洽谈）	***	6
Eq.oltip_view_enqriy	买家上线浮出，点（查看询盘）	***	3
Eq.wwtab_dynamic	wwtab 页，点（动态提醒）	***	4
从 ** 助手入口进去	最正统最正式的入口	***	28

2. 付费用户使用产品路径分析——Sequence Analysis 算法

Sequence Analysis 算法主要用于分析在一个 Session 中的先后顺序规律。

在 Sequence Analysis 分析结论中，由于输出的规则有成千上万条，到底哪些规则有意义，哪些没有意义，这是要人脑进行一一研判的，而且有的规则需要动脑筋花时间深入考虑，不是那种一目十行的思考可以得到的，所以常常要花费大量的时间，不仅需要数据分析人员去研究，业务人员，尤其是 PD 人员更要仔细去体会其中的含义或意义。在此挑出一些比较有意义的规则予以分享，如表 13-2 所示。

表 13-2　利用 Sequence Analysis 算法发现的用户路径规律总结表（节选）

环节 step 数	出现频率	支持度 /%	置信度 /%	路径	描述
2	***	15	68	eq.radartip_view_enquiry ==> eq.list_dynamic_title	雷达预警提醒浮起点击“立即查看”按钮后，68% 会在后面点击“7 天买家动态列表头的筛选”
2	***	12	62	eq.pm_detail ==> eq.create_eq_save	点击 PM 中的“最近询盘”连接,62% 会在后面点击“保存”按钮
2	***	9	49	eq.pm_detail ==> eq.viewer_talk	点击 PM 中的“最近询盘”连接，49% 会在后面点击“在线洽谈”按钮
2	***	9	28	eq.eqtip_view_enquiry2 ==> eq.viewer_talk	新询盘浮出，点击“查看询盘”，的只有 28% 会在后面点击“在线洽谈”按钮或留言
2	***	5	20	eq.list_dynamic_title ==> eq.radar_page_show	点击“7 天买家动态列表筛选”的，20% 会在后面点击雷达呈现
……	***	……	……	……	……
3	***	8	66	eq.pm_detail ==> eq.create_eq_save ==> eq.viewer_talk	PM 钩子，并且保存后 ,66% 会在后面“在线洽谈”
……	……	……	……	……	……

3. 付费用户使用产品路径分析——Link Analysis 算法

Link Analysis 算法主要用于分析两两直接顺序，即浏览当前页面和转换至下一个页面的规律。

行业主流分析通常会把两两直接相连的主要节点人为地串起来，从而形成一个网络产品（或网站）详细的主流路径。但是值得注意的是，这种人为串联的主流路径最多能反映路径的繁忙程度，并不代表一个用户或一群用户是沿着此路径一路走来的。虽然这种分析方法有少许漏洞，但它仍然是目前互联网行业主流的路径分析思路。关于该分析方法，具体内容如表 13-3 所示。

表 13-3 利用 Link Analysis 算法发现的 用户路径规律总结表（节选）

当前页面	转至下一个页面	频率	支持度 /%	置信度 /%	备注
Eq.pm_detail PM 详情页面钩子	Eq.creat_eq_save 新建询盘，“保存”按钮	***	9	66	66% 的高可能性能否为 PD, UED 了解用户提供一个方向和场景?
Eq.viewer_talk*（用例见备注） 在记录询盘中“在线洽谈”	Eq.pm_detail PM 详情页面钩子	***	5.8	52	洽谈完了，52% 的人次会去 PM，而不是留在 XP，这种情况太值得深思了
Eq.creat_eq_save 新建询盘，“保存”按钮	Eq.viewer_talk 记录询盘中的“在线洽谈”	***	5.4	62	先保存，后洽谈，62% 可能性，这个固定的模式就是主流路径
Eq.radartip_view_enquiry 雷达预警浮起，点击“立即查看”	Eq.list_dynamic_title 询盘列表中“7 天买家动态筛选”	***	3.8	81	81% 的高可能性说明了两个动作的连接非常频繁，是主流路径
Eq.pm_detail PM 详情页面钩子	Eq.viewer_talk 记录询盘中的“在线洽谈”	***	2.7	20	PM 的这个钩子，只有 20% 会“洽谈”，“洽谈”是不是卖点？是否可以提高
Eq.viewer_buyer_radar 在记录询盘中，点击“买家雷达”	Eq.radar_page.show “买家雷达”呈现	***	2.3	76	
Eq.list_radar_button 在询盘列表中点击“买家雷达”	Eq_radar_page_show “买家雷达”页面展示	***	2.3	76	
Eq.list_view_corp 在询盘列表中点击“买家名称”查看询盘	Eq.viewer_talk 记录询盘中的“在线洽谈”	***	1.9	24	其余的 76% 在关注展示内容或在修改，至少说明用户不习惯留言

（续）

当前页面	转至下一个页面	频率	支持度 /%	置信度 /%	备注
Eq.eqtip_view_enquiry2 新询盘浮出，点击“查看询盘”	Eq.viewer_talk 记录询盘中的“在线洽谈”	***	1.7	34	新询盘浮出后点击进入，66% 没有马上洽谈，为什么不抓住机会?
	Eq.list_view_corp 在询盘列表中点击“买家名称”查看询盘	***	0.4	7	还有 7% 的可能性返回询盘列表，点击买家公司名称进行查看
	Eq.radartip_view_enquiry 雷达预警浮起点击“立即查看”	***	0.3	5	这类用户只关注浮起，不知道下一步如何操作，所以能刺激他们操作的只有不断地浮起，否则不会操作
Eq.viewer_eq_edit1 修改询盘，点击修改联系方式	Eq.viewer_eq_save 询盘修改的保存	***	1.6	83	17% 的可能性是忘记保存了
Eq.wwtab_dynamic 在 WWtab 页点击“动态提醒”	Eq.list_dynamic_title 在询盘列表中进行“7 天买家动态筛选”	***	1	90	从 WWtab“动态提醒”进入的用户，90% 会进入“7 天买家动态筛选”页面

注：以表 13-3 中的第二个规则为例，在全部“当前页面 ==> 进入下一个页面”中，记录询盘中的“在线洽谈”==>PM 详情页面钩子（点击“最近询盘”）的路径出现了 *** 次，占全部两跳的比例为 5.8%；并且，如果一个付费用户当前在记录询盘中的在线洽谈页面，那么他在下次转换页面时有 52% 的可能性会转到“PM 详情页面钩子（点击“最近询盘”）处。

13.6.5 主要分析结论的落地应用跟踪

商业产品的优化和升级，要考虑的因素很多，这其中既要有客观的数据分析支持做参考，又要有企业管理层和产品设计师的主观考虑，故而本案例所发现的这些数据分析结论并不能立刻推动产品的优化和改版。在案例中，得到了一系列核心发现、结论之后，产品的设计师综合考虑了其他因素，最终对产品进行了一系列的优化和升级。可以这样说，路径分析为产品的设计优化和改版提供了一个重要的分析工具和许多参考意见。

本案例的具体发现如下：

1）从分析报告的多个表格及多个规则中，比如“PM 钩子”是最重要的 X 产品功能结点，“PM 钩子”是 X 产品的重要使用入口，“记录询盘里在线洽谈”后有 52% 的可能性会下一次返回“PM 详情页面”等，得到了一个共同支持的猜想，即 X 的付费用户中有相当数量是因为其为 PM 核心用户而成为 X 产品的付费用户的，如果没有 PM 产品，X 产品的用户数量以及使用率会大打折扣。根据随后提取的专题数据分析验证，2010 年 8 月 27 日在服务期内的X产品付费用户共有***个，其中当前也是全功能的PM用户有***个，即42%的X产品付费用户在同时享受全功能的PM产品功能（基本上可以理解为PM付费用户），其中主动订购PM的用户***人，至少35%的X付费用户同时也是主动订购PM产品的用户。这个比例基本上可以支持上述的设想。这个结论对于产品运营和PD、UED来说比较有现实意义。从运营来说，PM的订购用户，甚至是PM的高质量用户很有可能会转化成X的预付费用户，这是X转付费运营的一个新思路新来源。另外，产品交叉使用的普遍性可以为下一步（适当时机）的交叉用户分析提供新的思路和方向。在后期的产品运营中，该建议得到运营方的贯彻和落实，并逐渐成为X产品的一个重要的售卖思路和运营主线。

2）从分析报告中的“用户登录后台的入口分析”相关结论来看，“从**助手这个正规入口进入”的比例目前已经达到28%，这个比例不算低，而且从这个入口进入的用户是否有可能是主动用户、高质量用户、成熟用户的一个重要的、新的辅助判断指标呢？这个需要进一步的数据抽取来验证；如果果真如此，对于今后的产品预付费运营和用户粘连度和成熟度划分，将会是一个新的有意义的指标和维度。在后期观察中，该入口的使用情况的确反映了用户的网站使用成熟度，使用该入口用户的活跃度和付费转化率都明显大于其他用户群体。基于相关分析和认证，目前该入口已经改版成为一个更加重要的用户自我教育平台，主要强调的是有关SAAS产品的用户自我了解、自我学习、自我提升和自我应用。

3）在Link Analysis算法所罗列的重要规则中：从“雷达浮起”到“7天动态筛选”这个直接路径所反映出的不正常高百分比，揭示了其开发环节的逻辑错误，提醒设计师要进行修改。

4）对于产品设计师和运营人员来说，Link Analysis算法所罗列的一些典型且重要的当前页面和下一页面之间的支持度和置信度的关系，可以有重点地提醒他们思考并了解用户的路径行为特征，进而在后期的迭代和运营中扬长避短，提升产品价值和运营效率。个中的事例太多太琐碎，就不一一列举了。

第14章
数据分析师对业务团队数据分析能力的培养

是故学然后知不足，教然后知困。

知不足然后能自反也，知困然后能自强也。故曰教学相长也。

——《礼记·学记》

本书第 4 章详细讲解了数据化运营是跨专业跨团队的协调与合作。现代企业的数据化运营实践绝不只是数据分析部门和数据分析师的事情，只有企业全员都具有数据分析意识和数据分析的自觉性和主动性，才可以最有效地提升企业整体的数据化运营效果。而对于企业非数据相关的广大业务部门来说，如何有效培养、提升每位员工的数据分析意识和能力呢？这就离不开数据分析师的参与、推进和言传身教了。在提倡数据化运营的现代企业中，一名合格的数据分析师不能仅仅关注自身的能力培养和进步，而必须把自己同企业全员的数据分析意识和能力的培养紧紧捆绑在一起，这是现代数据化运营企业对数据分析师的要求，也是数据化运营的本质对数据分析师的呼唤，呼唤数据分析师拿出更多的布道热情，致力于业务团队的数据分析意识和能力的培养。

本章将围绕数据分析师如何致力于企业业务团队数据分析意识和能力的培养，进行深入的分析、梳理和探讨，并在本章的最后以一个真实的案例说明作为一名数据分析师应该如何真正融入业务实践，跟业务团队一起有意识、有目标、有效果地逐渐提升业务团队的数据分析意识和能力。

14.1　培养业务团队数据分析意识与能力的重要性

第 4 章以运营团队为例，详细说明了业务团队应该具备哪些典型的、具体的数据分析技能和意识。不过，为什么业务团队必须具有数据分析意识和能力呢？在企业的数据化运营实践中，业务团队的数据分析意识和能力到底具有怎样的重要性呢？相信以下要点足以说明业务团队的数据分析意识和能力在企业的数据化运营实践中的重要性。

- 作为企业数据化运营的落脚点和着力点，业务团队（业务部门）和团队成员数据分析意识、分析水平和分析能力决定了企业数据化运营的水平和效果。万丈高楼平地起，业务团队及其成员作为数据化运营的落脚点和着力点，如果没有足够的数据分析意识和分析能力，再完美的数据分析方案、结论、模型也只是一纸空文，因为业务方不能更好地理解，更无法有效地执行。
- 作为企业数据化运营的第一线，业务团队（业务部门）和团队成员优秀的数据分析意识和能力可以及时、准确地预警和反馈数据化运营中的业务建议，从而显著提升数据分析部门和数据分析师的方案、结论、模型与业务场景的融合性和匹配度。一个有效的数据分析方案、结论、模型一定是需要在业务实践中不断完善、不断修正的，这样才能不断贴近业务实践场景，而这都离不开业务团队强大的数据分析意识和能力。

14.2 数据分析师在业务团队数据分析意识能力培养中的作用

在业务团队数据意识和能力的培养上，作为企业，肩负着推动、倡导和布道的责任。首先，企业的管理层要承担着倡导和推动的责任，这很重要，因为没有来自企业高层的大力倡导和推动，业务团队不可能自觉、有效地培养和提高数据分析意识和能力；与企业管理层责任同样重要的就是数据分析师在其中所承担的布道责任，包括亲自深入业务团队工作中，言传身教，真正把业务团队数据分析意识和能力的培养当成自己义不容辞的责任和义务等。具体来说，数据分析师的作用主要表现在以下几个方面：

- 数据分析师是培养业务团队数据分析意识和能力的最主要、最直接、最核心的力量。诚然，企业可以有很多途径和方法去提高业务团队的数据分析意识和能力，比如请社会上的专家来对业务团队进行相关的培训，比如送部分员工去其他企业参观学习等，诸如此类不一而足。但是，所有这些途径和方法都比不上企业内部的数据分析师对业务团队的相关推动、引导和培养，这样更直接、更核心、更有效。因为只有企业自己的数据分析师才最了解企业数据化运营的真实场景和所存在的问题，只有企业自己的数据分析师才最清楚业务团队在平时工作中所具有的数据分析意识和真实的能力。数据分析师既有数据分析挖掘的专业技能和思路，又切实了解企业真实数据化运营中的问题，同时还跟具体的业务团队工作在一起，合作在一起，他们自然是业务团队数据分析意识和能力培养的最直接、最有效、最核心的力量和资源。
- 数据分析师对业务团队数据分析意识和能力的培养最贴近业务需求、最贴近业务场景，因而最具有生产力。因为数据分析师所做的数据分析结论、模型、建议都会通过业务团队的落地应用得到检验和价值体现。在这些具体应用的执行过程中，数据分析师最清楚业务团队应该如何应用分析产出物，因此数据分析师对于业务团队的数据分析意识和能力的培养最贴近实战，最贴近真实业务场景，而且对业务团队的帮助最大、最有效，且最具有生产力。
- 数据分析师对业务团队数据分析意识和能力的培养最符合数据化运营的本质和需要。现代企业数据化运营的内涵就是全员参与、共同配合，就是数据应用的效应最大化。由数据分析师来对业务团队数据分析意识和能力进行培养就是全员参与的具体体现，就是协同配合的生动写照。教学相长，这种方式对业务团队的提升来说是善莫大焉，那对于数据分析师自己专业能力的提升不亦是善莫大焉吗？

14.3 数据分析师如何培养业务团队的数据分析意识和能力

在培养业务团队的数据分析意识和能力时，数据分析师必须有目的、有计划、有章法，下面列举了一些数据分析师应注意的要点，如果这些要点能得到数据分析师的有效参考和借鉴，会更有效地加强业务团队数据分析意识和提高分析能力，从而更有效地提升企业的数据化运营落地应用的效果。具体内容如下：

- 培养的内容与业务团队的日常工作相结合。数据分析师不能为了培养而培养，而是要考虑提升业务团队整体的数据应用能力，从而最终提升企业的数据化运营落地应用的效果。因此，培养、培训的内容应该紧贴业务团队的日常工作，只有跟日常工作密切联系的培养和培训才能真正启发、帮助业务团队，才可以有效提升业务团队的工作质量。
- 技能的培养与氛围环境的培养相结合。橘生淮南则为橘，生于淮北则为枳，可见环境和氛围对于事物的影响是巨大的。数据分析师应注意在业务团队里逐渐培养，并最终养成数据分析的环境和氛围。举例来说，如果能在业务团队成员之间定期开展有关数据分析的分享和交流活动，在业务周会上专门设立一个数据分析分享和讨论的专题，可以使业务团队逐步养成数据分析的习惯和风气，对于单纯的数据分析技能的提升有十分积极的促进作用。
- 技能的培养与意识的培养相结合。数据分析的技能固然重要，固然需要培养和锻炼，但数据分析的意识更加重要，而且这种意识的培养比单纯的技能培养要困难得多。关于数据分析意识的培养，将在第16章做详细讲解，在这里就不赘述了。需要提醒数据分析师注意的是，在对业务团队数据分析能力的培养中，技能的培养和意识的培养要协同进行，不能忽视任何一方。
- 阶段性的培养与长期的目标相结合。培养业务团队的数据分析能力是个长期渐进的过程，作为布道者的数据分析师既要有一个长期的规划和安排，又要将这个长期规划一步一个脚印地具体落实到阶段性目标中，这就是所谓的目标分解。一方面，阶段性的培养目标是达成长期目标的必由之路，不积跬步，无以成千里；另一方面，长期的目标可以矫正、指导具体的阶段性目标的达成。两者相辅相成，相得益彰。
- 数据技能的培养与业务管理的落实相结合。如果没有业务方相应的管理手段和措施来配合，单纯的教与学，其效果远不如有业务方强力的管理措施支持来得有力、来得显著。每个人或多或少都会有点惰性，每个人面对新知识的吸收和应用时或多或少都会有点畏难情绪。所以，在培养数据分析意识和能力的基础上，辅之以业务部门的具体管理制度和措施加以推动，是贯彻落实应用分析能力的有效保障。对此，数据分析师要和业务团队的相关主管达成共识，这样才能促进和保障业务团队所培训的数据分析能力真正得到应用，真正有效服务于业务实践。这里提到的管理制度通常包括业务团队每周的数据分析分享会，以及在业务团队成员的工作考评中设立一个固定的项与员工自主性的数据分析成果挂钩等。总而言之，只有得到业务团队相关管理制度和措施的支持，业务团队数据分析能力的培养才能够有效落实于业务实践。能力得到提升才是真本领，才表示培训的内容真正为业务团队所掌握和消化了。

14.4 数据分析师培养业务团队数据分析意识能力的案例分享

14.4.1 案例背景

某电商平台的运营团队负责多种在线产品在平台上的运营和推广工作，由于同时运营着多种产品，运营团队对于每种产品最适合的运营方式不太清楚，这里的运营方式包括运营的通道、位置、手段、文案、噱头等运营中可以优化、选择的各种方式。运营团队如果对于每种产品最适合的运营方式不太清楚，会导致以下两个严重的后果：

- 因为心中无底，所以在运营之前对于具体运营方案的设计没有一个清晰的判断，运营方案的设计带有较多的盲目性，而这又导致具体应用的方案效率低下。
- 因为心中无底，所以常常不可避免地造成运营资源的浪费。

负责支持该运营团队的数据分析师与运营团队朝夕相处，于是很快发现了这个比较严重的现象，他觉得趁着这个契机，可以帮助、引导、推动该运营团队通过自主分析，有效解决心中无底的困惑，最终可帮助运营团队找到各种产品相对应的比较合适的运营方式，即关键要素的有效、合理的匹配。下面就来看看数据分析师是如何指导运营团队的。

14.4.2 过程描述

数据分析师首先应仔细思考存在上述问题的原因，只要给予一定思路上的引导和方法上的帮助，运营团队是完全有能力自己通过分析和总结来解决这个问题的。通过与运营团队业务主管的沟通，使对方完全支持数据分析师的想法，并希望能尽早在运营团队中实施。

接下来，数据分析师根据具体的业务场景，为运营团队设计了一份每日在线运营方案监控表格，如图 14-1 所示。这个表格聚焦了运营团队面临的主要矛盾，即不清楚每个产品对应的最合适的运营方式，包括通道、位置、手段及噱头等。如果运营团队能每天认真填写好该表格，并且仔细分析，是可以有效解决当前面临的困惑的。

由于图 14-1 的列数较多，限于版面本书不能原样清晰展示，因此稍做了处理，在表 14-1 中为读者整理了各列的清晰字段。

第 14 周 ~ 第 18 周推广效果统计

第几周	推广通道	费版 - bann	投放日期	结束日期	负责人	投放产品	投放内容（主题）	目标用户	用户说明	投放天数	打点参数	目标用户数	实际到达用户数	覆盖度	点击量（或：打开量）	点击率（或：打开率）	二跳点击
第17周	XP产品渠道	标准版&旗舰	4月21日	4月22日	[illegible]	[illegible]	续签订购引导	ALL	ALL	2天	[illegible]ian	8,744	8,744	100.0%	152	1.74%	
第17周	XP产品渠道	免费版 - ban	4月19日	4月25日	[illegible]	[illegible]	引导订购	ALL	ALL	7天	ithu_x[illegible]free_	188,389	188,389	100.0%	951	0.50%	

图 14-1　在线运营方案监控表

表 14-1　在线运营方案监控表的表头内容

第几周	实际到达用户数量
推广通道	覆盖度
投放位置	点击量（或打开量）
投放日期	点击率（或打开率）
结束日期	二跳点击
负责人	二跳点击率
投放产品	日均点击量
投放内容（主题）	距周平均值差值（同推广通道或位置的周平均值）
主要卖点	
目标用户	一跳打点参数
受众挑选标准（即目标用户说明）	二跳打点参数
执行频率	文案
投放天数	链接（含浮起、一跳、二跳链接）
打点参数	Banner 或浮起图片
目标用户数量	运营心得

有了运营方案监控表格，现在核心的工作就是让相关运营人员自觉按照表格中的项进行工作的录入、整理了。

不过，由于该监控表需要填写的字段较多，会给运营人员带来新的工作量，而且这项工作又是每天必做的，这势必会引起部分运营人员的抵触情绪。所以，针对这个潜在的抵触风险，数据分析师及时取得了运营团队业务主管的支持和配合，从日常管理和考核等方面确保了表格内容每天的正确填写。

与其说在线运营方案监控表制度是一份数据记录表格，不如说是面向运营团队的一个工作方法和分析工具。其初衷是希望通过这个表格和制度，让每位运营的同事针对自己每周的运营工作效果有个比较全面且具体的定量分析，促进其自我检讨、思考和提升，并最终有效解决之前的困惑，即运营人员对每种产品最适合的运营方式不太清楚。

除了让运营人员每天坚持录入运营相关字段外，本案例的另外一个核心内容就是针对该监控表格设置每周周会讨论的制度。根据表格中的实际内容和数据，每周运营周会上相关运营人员要自己主动分析或者在数据分析师的引导下进行分析，并进行总结和提炼。设立讨论周会，并且在周会上分析和讨论，这些都是需要得到运营团队业务主管支持和配合的。

具体来说，每周进行运营效果分析周会时，所有运营同事都要针对自己在上周运营活动中的详细跟踪数据进行分析，比如好的效果和不好的效果有哪些，为什么好，为什么不好。同时，让团队中运营效果最好的那个人来分享他的体会，促使大家一起反思、提高。这时可以进一步思考不同位置的运营效果标杆值应该是多少，不同位置的运营价值有多大的数据差别，不同运营内容的效果标杆应该是多少，不同层次的受众划分有什么明显的数据上的效果差异，不同文案格式的效果有怎样的数据差异，文案的更换周期应该为多长等。所有诸如此类与运营效果直接相关的问题，都是可以通过在线运营方案监控表制度在周会上由运营团队自己来分析并基本解决的。

这个周会制度要想得到有效执行，关键在于运营团队的业务主管（Team Leader）的支持，他要切实督促并推动团队成员认真执行。所以，在贯彻制度之前，数据分析师必须跟业务主管达成共识，取得他的理解和支持，保证从第一次周会开始，运营团队成员都是在认真参与的。可以想象，如果业务主管不配合、不支持，那这个分享周会只能是聋子的耳朵，如果这样，这个周会不开也罢！

14.4.3 本项目的效果跟踪

在第一次运营专题周会上，在观察累计起来的数据时，通过简单运用Excel表格的功能，运营团队有了以下几点非常重要的发现，这些发现引起了他们比较浓厚的兴趣和热情：

- 在运营的公司平台上，有一个资源位置SJCM，平时非常不引人注意，但是数据显示，该位置运营推广的平均点击率高达7%，而且每周可以引来将近100 000的PV，通过本次数据检测，运营团队自己会惊叹："天哪，这么好的资源，为什么我们以前没有注意呢？"
- YJ同学在对比自己负责的不同运营方案效果时，总结出利用Banner Maker制作Banner效果好，可直接导致点击率同比显著上升。

在第二次的运营专题周会上，进一步观察累计起来的数据，以及简单使用Excel表格功能，运营团队又有了以下几个非常重要的发现，这进一步激发了他们的兴趣和热情：

- 监控表格里衍生出了一个新变量——同类的周平均值的差值。这样一来，运营团队可只关注该变量里最大和最小的那些突变数据，这能有效节约时间，提高分析的效率。
- 在IM工具的Tab页面中，单击"Y图案"后每天有10 000个PV，但是实际的点击率非常低，低到可以忽略不计的地步。如何分析这种非常低的点击率呢？是否需要优化其中的文案？运营团队自己提出的这个业务问题和业务猜想，激发了他们顺藤摸瓜、一探究竟的兴趣。

- 同样是这个 Tab 页面，MP 产品的运营点击率明显高于 PM、XP 产品的点击率，运营团队分析总结后得出免费体验的文案是主要原因。
- YJ 同学自己总结，体验型运营相比其他的噱头，可以明显提升点击率，甚至提升率高达 22%。
- 不同的产品在不同的位置上会有不同的关联优势，比如 WP 产品放在 SJCM 中的效果明显好于放在 XP 产品中的效果，这也提醒我们在今后要注意选择渠道，要有取有舍，根据其独特的关联性做选择。

在第三次的运营专题周会上，通过累计起来的效果数据以及简单的 Excel 功能，运营团队的发现如下：

- 两天似乎是我们当前最佳的运营周期，超过两天，运营的文案或者图案等应该变化一下，否则效果会明显下降。

在第四次的运营专题周会上，数据累计越来越多，运营团队似乎自己觉得很难有新的发现和新的惊喜了。但是，通过数据分析师与运营团队共同讨论，在数据分析师的引导下，从运营通道、运营卖点、运营的产品 3 个核心因素入手，分别锁定了不同的思考点和出发点，借助决策树的样式，通过简单且原始的数据，找出了一些有代表性的运营规则，比如，在 PM 运营通道中，最适合推广什么卖点，最适合运营什么产品，在什么位置，用什么类型的 Offer 等。只有规则，只有有意义的规则，才可以帮助运营团队直接提高他们今后的运营效果和效率。

随着在线运营方案监控表的使用，以及相应的运营周会讨论制度的落实和完善，该运营团队的分析能力和水平不断提升，团队的运营效率也从低到高，并趋于稳定。运营团队从本项目中深刻体会到数据化运营和数据分析绝不仅仅是数据分析团队和数据分析师的事情，也是运营团队和运营人员的职责。掌握越多的数据分析技能、培养越多的数据分析意识和思路，就越能提高运营团队和运营人员的工作效率，其工作成果也更加突出。

第15章 换位思考

见秋毫之末者，不自见其睫，举千钧之重者，不自举其身。犹学者明于责人，昧于恕己者，不少异也。

——《禅林宝训》宋代　妙喜禅师

- 15.1　为什么要换位思考
- 15.2　从业务方的角度换位思考数据分析与挖掘
- 15.3　从同行的角度换位思考数据分析挖掘的经验教训

数据化运营是开放合作式的运营，是跨专业、跨团队、跨部门的整合运营，其所具有的开放、协同的特点要求数据分析师不能仅仅局限于自己眼前的“一亩三分地”，而应该经常在自身以外进行参考、反思和学习，也就是要经常换位思考。

换位思考主要是指一方面应从业务方的角度思考数据分析和数据挖掘的价值和应用，另一方面要从同行的优秀实践和案例中思考数据分析和数据挖掘的创新应用或者经验教训。“他山之石，可以攻玉”，在互联网时代，数据分析师如果没有养成换位思考的习惯和态度，那与“开放、合作、协同”的互联网精神将会是背道而驰的，因此也注定很难融入数据化运营的主流实践中。

本章主要介绍如何从业务方和从同行先进实践的角度来进行换位思考，帮助数据分析师和相关管理层有意识地培养换位思考的习惯，更好地适应数据化运营实践开放、协同和整合的需要。

15.1 为什么要换位思考

佛眼谓高庵曰：见秋毫之末者，不自见其睫，举千钧之重者，不自举其身。犹学者明于责人，昧于恕己者，不少异也。这段话出自宋代的《禅林宝训》，翻译成白话文就是佛眼禅师对高庵禅师说：“有的人目光敏锐，能看到秋天鸟兽身上新长的细毛，但是却看不到自己眼睛上的睫毛；也有的人身强力壮，能举起千钧的重物，但是却无法举起自己的身体。这就好比有些学者指责别人的过失时很明确，但是对自己的过错却装作不知而自我宽恕。这与上面所说的不自见睫、不自举身的道理，并没有区别呀！”

“不自见睫，不自举身”所阐述的道理跟“丈八烛台，只照他人不照自己”一样，都指出了人性普遍的弱点——只看到别人身上的缺点，却看不到自己的不足。如果人们不设法改正，那将永远也不会进步。那如何才能克服这个弱点呢？换位思考就是个有效的手段和方法。

换位思考跟一个人的情商有关。从古至今，生活的智慧里都在强调换位思考的重要性。“将心比心”是东方的人生智慧，“Put Your Foot on Their Shoes”是西方的人生智慧，殊途同归。想要生活少点烦恼，想要人生多些洒脱，离不开换位思考。

回到数据挖掘和数据化运营实践中，所有的参与者同样也需要换位思考。对于数据分析师来说，之所以需要经常换位思考，站在业务方的角度思考，在同行的经验教训中进行思考，主要的原因有以下几点：

- 更客观地评价自己的项目价值和工作价值。在企业的数据化运营实践中，常常会碰到这样的情况，一方面数据分析师总是觉得自己的价值很大，所做的分析成果、挖掘模型对于业务方的工作起到了重要的甚至是决定性的作用；但是另一方面，业务方对数据分析师的工作评价不高，觉得分析成果或者模型不能很好地满足业务需求。双方这种认识上的差别，实际上就是对于数据分析挖掘落地应用期望和认识的差别。如果数据分析师不能站在业务方的角度进行换位思考，不但会使项目无法成功地落地应用，还会让自己永远也不会发现自己的缺点和不足之处。如果分析师能站在业务方的角度"换位思考分析成果和模型的业务价值"，通常会有新的收获，比如发现业务应用流程中一些固有的环节会使模型的价值受到限制，或者说如果在设计模型时不考虑这些限制，那么在业务应用中模型的价值将会大打折扣。了解了这些业务方面的因素，数据分析师自然会主动投入应用实践中，不断修正和完善模型及结论。反过来说，如果数据分析师不愿意站在业务方的角度进行深入思考，只愿意对自己的分析课题就事论事，就分析论分析，不肯深入业务应用中，一旦模型搭建完毕或者分析报告完成，就全盘交给业务方，万事大吉，不再过问后续的落地应用情况，这种类似"甩手掌柜"的不变方案永远也不可能对业务实践产生真正的推动和价值。

- 更全面地掌握数据化运营中的复合型技能。如果数据分析师不能站在业务方的角度进行换位思考，是无法熟悉、了解、掌握业务和运营技能的，也就无法将分析技能和业务场景有效结合起来。不难想象，如果不能把不同领域的技能有效融合，那么数据化运营的实践是很难取得好的效果的。
- 更有效地改进和提升项目和分析师的商业价值。从以上两个方面可以看出，站在业务方的角度思考的确可以有效改进和提升项目的商业价值和分析师的价值；同样的道理，站在数据分析师的角度来思考经验教训，也可以有效改进和提高项目的商业价值和分析师的个人能力水平。
- 更好地促进和提高数据化运营的效益。如果上述 3 方面都能满足，数据化运营的效果提升就是水到渠成的事情了。

15.2 从业务方的角度换位思考数据分析与挖掘

前面提到了从业务方的角度思考可以有效提升数据分析应用的效果和数据分析师的能力。那具体要从哪些角度来进行换位思考呢？可以从以下几个方面来采取措施：

- 如何确保落地应用的效果良好？在落地应用中，为了确保数据分析挖掘的结果的商业价值最大化，数据分析师必然要熟悉、了解业务场景中与落地应用最相关、最核心的因素，或者说对落地应用效果影响最大的因素。这样才能在分析结论或模型中根据这些核心的业务场景做必要的调整，才可以有效地实现落地应用的商业价值；单纯的分析结论或模型在很多时候是无法直接落地应用的。举例来说，客户流失模型完成了，通过新的时间窗口进行数据验证时也非常稳定，但是仅仅使用模型圈定相应的高危用户还远远不能满足业务方落地应用的需要。对于这些高危流失用户，要通过哪些运营通道传递运营活动才更有效？如果预算有限、资源有限，哪些细分客户群体最值得倾斜运营资源呢？业务方临时的资源变动，需要重新考虑运营的节奏，应该如何调整等，诸如此类的问题是落地应用中司空见惯的问题，如果不能站在业务方的角度及时有效地发现和解决，单纯的分析结论和模型可以说一点业务价值都没有。数据分析师只有与业务方一起面对这些应用中的具体场景，因地制宜，见招拆招，才可能化解矛盾，让分析结论和模型实现价值。

- 业务方的痛在哪里？如何才能减痛？有些数据分析师做了不少的分析工作，也完成了不少的分析项目，自己觉得很努力，也有不少的产出物。但是在业务方看来，这些内容并不是业务方所需要的，自然也就得不到业务方的理解和支持了，更不会在落地应用中体现出明显的商业价值。对于这种情况，套用业务方的俗语，就是“数据分析师还不了解业务方的痛，更不清楚如何减轻业务方的痛”。进行换位思考的一个重要的途径，就是问自己，问他人，业务方的痛点到底在哪里。一般来说，业务方的痛点，常常就是业务方最被“掐脖子”的地方和环节，一旦这个（或这些）痛点能很好地被解决和克服，业务方的效率和效益将会得到显著提高和增加。对于数据分析师来说，这些痛点常常就是最有价值的分析点，也是最容易产生效益的项目方向。不同的业务单位和业务场景会有不同的痛点，只有真正深入业务背景，才可以有效识别痛点，进而通过数据分析挖掘技术尝试有效地减轻甚至消除痛点。举例来说，对于刚刚上线的B2C电子商务网站来说，它的痛点，即最急需解决的，就是引流，吸引大量的新客户浏览、收藏、注册和登录网站，产生黏性，那么针对此类问题的数据分析，即对不同引流渠道、引流方式的分析总结，以及对新客户的典型特征分析等就可以帮助该网站有效吸引大量新客户。又比如，一家成熟的B2C电子商务网站，它的痛点，即最急需解决的，不再是引流，而可能是下单、付款转化率及老客户回头率等，那么针对此类问题的数据分析，即对下单流程的优化、漏斗环节的监控，以及对黄金客户的特征分析等就可以帮助该网站明显优化网购流程，有效保持并扩大黄金客户的群体规模，最终帮助提升网站的商业效益。上面两个场景说明了不同的业务阶段、不同的业务场景中会有不同的业务痛点，数据分析师只有先明确业务的痛点，才有可能按图索骥，找到减痛和去痛的方案，才可以满足业务需求，实现商业价值和自身价值。不了解业务痛点，就一定找不到减痛和去痛的方案，又怎么能对业务产生价值呢？
- 如何培养业务方数据分析的能力和意识？数据化运营是企业全员参与的运动，只有达成企业全员自觉意识后，才可能将其转化为企业全体员工的自觉行动，才可能真正落实到数据化运营的具体工作中。所以，除了专业的数据分析师之外，业务团队也需要掌握基本的数据分析技能、培养数据分析的意识，并且这些技能的掌握和意识的培养是多多益善的。企业的数据分析团队和数据分析师也不应该仅仅局限于单纯的数据挖掘技术工作、项目工作，而应肩负起在企业全员中推广普及数据意识、数据运用技巧的责任，这种责任对于企业而言比单纯的一两个数据挖掘项目更有价值，更能体现一个数据挖掘团队或者一个数据挖掘职业人的水准、眼界以及胸怀。只有能发动人民战争的人，才是真正的英雄，所以只有让企业全员都参与并支持你的数据挖掘分析工作，才能够真正有效地挖掘企业的数据资源；只有把自己当成是业务方的一员，真正深入业务实践中，才有可能真正体会业务方数据分析能力和意识培养的基础性和重要性，才可以有的放矢地帮助业务团队提升和进步。

- 站在业务方的角度进行换位思考，还有更直接的方法，那就是尝试在一段时间内忘记自己是数据分析师，到业务团队中从事业务工作，在业务岗位上去体会数据分析人员应该如何支持业务，业务方在哪些方面急需数据分析的支持。有了这段业务经历，你会用新的眼光看待数据分析工作，会从新的角度完善数据分析工作。

站在业务方的角度思考时可以有不同的方法、不同的方向，但是万变不离其宗，只要真心投入业务中去，换位思考将会使数据分析师的综合能力、工作价值得到提升。所以说，换位思考是数据分析师成长、成熟的好工具。

15.3 从同行的角度换位思考数据分析挖掘的经验教训

除了从业务方的角度换位思考外，数据分析师还应该从同行的角度换位思考，即观摩、学习、反思、总结同行的经验教训。那具体应该从哪些主要方面来进行换位思考呢？内容如下：

- 常规分析技术的创新应用。它体现的是不需要投入新的分析技术，却可以实现新的价值。对于数据分析师来说，相比新技术的应用（新技术通常都需要花时间摸索，而且有一定的风险），常规分析技术的创新应用更加快捷、安全，也更有把握。在数据分析和数据挖掘领域，常规分析技术的创新应用一直层出不穷，让人们应接不暇，有心的数据分析师会敏锐地寻找这些应用，迅速化为己有。虽然每位分析师的水平不同，对于创新应用的认定也不一样，但是有心人一定会积累适合自己的创新应用。举例来说，很多人都熟悉聚类分析技术，它通常作为一种无监督的分类技术在商业实践中去使用（用作群体划分），当然也可以作为共线性判断的依据，作为锁定异常值的有效工具，在某些场景中甚至可以作为类型匹配的依据。类似这样的数据分析中常规技术的创新应用，有心的数据分析师自然会从善如流，经过日积月累之后，数据分析师专业技能的提升就是水到渠成的事情了。

- 相同业务需求的不同解决技术和方法。这个角度的换位思考最能检验数据分析师的专业水平和能力，所谓条条大道通罗马，在数据分析挖掘的商业实践中，同一个业务需求也是可以用不同的方案、思路、技术去满足的。针对同一个业务的分析需求，尝试用不同的分析技术和思路去实现，一方面可以锻炼、提升分析师的技能和专业水平；另一方面通过对不同方案的对比和权衡，数据分析师可以找到最合适的、最具性价比的冠军方案，从而可以保障商业效益的最优化。数据分析师如何才能培养自己针对同一个分析需求提出不同的解决方案的能力和水平呢？没有捷径可走，唯有多学、多看、多观摩、多思考、多积累、多尝试。互联网时代是信息爆炸的时代，有心人有太多的渠道和途径去寻找、搜集、发现、总结、讨论、分享关于数据分析和挖掘的案例，包括专业论坛、专业群、专业圈、协会、博客、微博、网站、书刊等，不胜枚举。在日常的浏览、阅读、会议、讨论中人们经常会碰到好技术、好方法、好思路、好案例，但是大多数人都只是当时充满兴趣，事后少有人能及时记录、下载、整理、归纳和总结，过段时间一切都成了过眼云烟，等事到临头需要这些好经验、好方法“顶上去”的时候，才后悔平时没有积累和整理。这是人性的弱点。不付出哪有回报呢？
- 互联网的新技术、新应用、新模式的学习和借鉴。相比传统行业来说，互联网时代的新技术、新应用、新模式的更新换代时间更短、颠覆性更强。以中国互联网行业的发展为例，作为第一代互联网企业的代表，新浪、搜狐、雅虎等门户网站的 Web 1.0 模式（传统媒体的电子化）从产生到被以 Google、百度等搜索引擎企业的 Web 2.0 模式（制造者与使用者的合一）所超越，前后不过 10 年左右的时间，而目前 Web 2.0 模式已经有逐渐被以 Facebook、微博为代表的 Web 3.0 模式（SNS 模式）超越的趋势。具体到数据分析所服务的互联网的业务和应用来说，从最初常规、主流的分析挖掘支持，到以微博应用为代表的新的分析需求，再到目前风头正健的移动互联网的数据分析和应用，互联网行业的数据分析大显身手的天地在不断扩大，新的应用源源不断，新的挑战也应接不暇，这一切都要求数据分析师自觉、主动地去学习、充实和提升自己，这样才能跟上互联网发展的步伐。

第16章 养成数据分析师的品质和思维模式

人皆含灵，惟勤诱致。

——《禅林宝训》宋代　妙喜禅师

“人皆含灵，惟勤诱致”意思是每个人都是有灵性的，只要经常殷勤地诱导教化，都可以使他们的道业有所成就。而在数据分析师的培养上，只要能有意识地积累，养成数据分析师的核心品质和思维模式，人人都可以成为数据分析师。

以业务为核心，以思路为重点，以分析技术为辅佐的数据分析实践应用宝典，强调的是分析思路的价值和重要性要远胜过分析技术本身。正如本书在第5章提到的那样，分析师的观念、意识、态度作为“形而上”的要件，对数据分析师的分析成果产生了重要且决定性的影响。鉴于第5章已经对数据分析师主要的错误思想和观念进行了讲解，本章作为该章节的补充部分，将详细讲解数据分析师的重要品质和有效思维模式的形成。态度决定成败，思路决定出路，养成数据分析师的品质和有效的思维模式是数据分析师成功的必要条件。

16.1　态度决定一切

态度是指人们在自身道德观和价值观基础上对事物的评价和行为倾向，是在做一件事情或从事一项事业时，对一个目标所持有的看法、信念、热情和努力的程度。人生在世，无论做什么事情（入世也好，出世也罢），能做到什么程度，达成多大的愿望，首先起决定性作用的就是态度。虽然很多事情都要遵循客观规律，不可强求，但是套用一句流行的俗语来说就是“端正的态度不能确保成功，不端正的态度一定会导致失败”。

在数据分析中，作为专业的数据分析师，如果希望在自己的职业生涯中持续地提升自己，持续地与数据化运营的商业实践共成长、共收获，持续地从专业中体会快乐，就必须努力地培养一个良好的职业态度，这种态度包括信念、信心、热情、敬畏和感恩。

16.1.1　信念

这里的信念就是指要坚信数据的背后一定有值得提炼的规律、警示和结论等，坚信数据背后一定隐藏着有价值的商业规律、特征及趋势等。只有具备了这个坚定的信念，数据分析师才可能百折不挠，才可能在看似纷繁复杂、千头万绪的数据大海中“吹尽黄沙始到金”。

如果没有这个信念，反而怀疑数据背后是否有值得提炼的规律和结论，那么你的分析过程肯定会浅尝辄止，其结果多半也就是没有发现、没有结论、不了了之了。

坚信数据背后一定有值得提炼的规律、警示和结论，并不是自欺欺人，也不是一厢情愿，应本着事物都是普遍联系的辩证唯物主义观点来看，数据的表象下面一定是有业务的本质规律和关系存在的。即使是通过假设检验推翻了原假设，至少也可以给业务方、决策层一个反馈——原假设不成立。事实上，推翻原假设本身就是一个重要的有价值的分析结论；如果通过假设检验不能否定原假设，也可以告诉业务方、决策层：没有足够的理由证明原假设是错误的，这同样是一个重要的分析结论。至于其他类型的分析，特征分析或模型搭建等，无论什么分析，只要有数据，一定就如前面所说，是隐藏着有价值的商业规律、警示、结论的，虽然分析的价值大小不同，得到的结论或多或少（这其中涉及数据背后的关系明显与否，分析的方向是否恰当，分析的能力和水平是否胜任等因素），但是只要你去提炼，就一定可以挖掘出宝藏。

信念是指南针，让数据分析师面对数据不迷茫；信念是定心丸，让数据分析师面对数据有底气。

要成为数据分析师，首先要培养自己对于数据的信念，这是通往分析师职业之路的第一步。反过来说，如果没有这个信念，就算目前做的是数据分析师的工作，也无法在这条职业道路上走得更远。没有基本的信念，那跟玩票有什么区别呢？优秀的数据分析师一定会对数据和数据分析充满坚定的信念。

16.1.2 信心

如果说信念是针对客观存在的数据而言的，那么信心就是针对数据分析师自己而言的。

这里的信心是指数据分析师面对数据、面对分析专题时要对自己有信心、对分析团队有信心、对预期的分析结论有起码的信心。如果数据分析师没有起码的信心，分析过程很有可能会半途而废，或者浅尝辄止。同时，分析师的信心不仅是对自己的激励和鼓动，也会传递给业务方，会对数据化运营中的业务团队起到激励和鼓动的作用，能让业务方相信数据分析的价值，相信数据化运营的价值。如果不能赢得业务方的信心，也就谈不上得到他们的理解和支持了，更谈不上数据化运营的实践效果了。

这里之所以强调信心的重要性，是因为信心是力量的来源。在数据分析过程中，数据来源纷繁复杂、数据质量良莠不齐、业务背景千差万别，这些因素致使分析进程循环往复，而所有这些都会对数据分析师提出挑战，挑战其精力，挑战其心力。并且很多时候这些挑战是持续的、巨大的，如果没有足够的信心，数据分析师会手忙脚乱、疲于应付，试问这样得出来的结论又有多大的商业价值呢？互联网时代的数据化运营更是要求数据分析师快速响应业务需求、有效提供业务支持，要满足这些要求，需要分析师在面对纷繁的数据和复杂的业务场景时能保持头脑冷静、思路清晰，而且要应变及时、措施有力，当然所有这些都离不开分析师对于自己和团队的信心，即所谓的自信。

天助自助者，如果连自己都不相信自己，那么连老天爷也不愿意帮助你。另外，自信并不代表自大，它跟“不耻下问，好学不辍”也不矛盾。有的人不愿意主动向人请教，究其主要原因是面子问题在作祟，觉得向别人求教，自己会低人一等。其实，越是自信的人，越会理性地看待自己的优点和缺点（如果不能客观地了解自己的优点和缺点，甚至掩盖自己的缺点，那就不是自信而是过分的自恋了），并积极地扬长避短，取长补短，当然不会顾忌所谓的面子问题；所以，数据分析师的自信中也强调兼容并蓄、不耻下问、问道心切情真。有道是“夫丛林之广，四海之众，非一人所能独知，比资左右耳目思虑，乃能尽其义理，善其人情[⊖]。”连古人尚且知道向左右、同事及同行虚心请教，兼容并蓄，面对互联网时代海量的数据积累、飞速发展变化的业务模式和不断更新换代的技术应用，数据分析师又有什么理由和资本闭门造车、孤芳自赏呢？

分析师除了要对自己有信心以外，还要在数据化运营的实践中把这种自信传递给业务方，传递给数据化运营的用户，让业务方坚定他们对数据化运营的信心。也就是说，在数据化运营实践中，分析师的自信不仅是对自己的鼓励和鞭策，还是对业务方的鼓励和鞭策，这一点很重要。面对一个新的业务需求，业务方其实对数据分析支持的价值大小是心中无底的，如果分析师自己也表现得没有信心，那么势必会打击业务方投入的积极性。相反，如果分析师将信心传递给业务方，那么也会推动业务方一起积极地投入到合作中去。一起努力、共同协作，这才是数据化运营的核心。

优秀的数据分析师一定是自信的，不自信的人一定不是合格的数据分析师。

16.1.3　热情

有了信念，有了信心，还远远不够。就好比一个人认可了一件事情（觉得这件事情有价值，值得做），也认可了自己的能力（觉得这件事我可以做，我有能力完成），但还只是停留在观望的阶段，还没有真正投入其中。只有具备了充分的热情和激情，并且这种热情是持久的，才可能真正持久地投入其中。所以，持久的热情，是数据分析师应该具备的第3种可贵品质。

热情在很大程度上是跟兴趣高度重合的，一个人对某件事情有热情，也就可以说对某件

⊖　出自宋代妙喜禅师的《禅林宝训》，说的是丛林这么广大，四方而来的住众这么多，有许多事情并不是一人能够周知的。所以必须多听听身边人的想法，参考大家的意见和建议，才能完全明白其中的道理，并能通达人情。

事情有兴趣；换言之，没有兴趣，也就无所谓热情。要想在某个专业领域干出成绩，实现自我的最大价值，最好是自己的兴趣和专业相同，这样干起来才轻松，也容易调动自身最大的积极性。所以，如果所从事的工作也是自己感兴趣的专业，将是人生的一大幸事。数据分析师只有对自己的职业和专业感兴趣，有热情，才可能从中得到乐趣，并且迅速成长。

但是，我们这里强调的热情，并不仅仅是从数据分析师兴趣的角度来考虑的。除了兴趣的因素外，数据化运营的本质更需要数据分析师的热情。具体内容如下：

- 布道需要热情。正如本书第 1 章所讲解的，现代企业的数据化运营是企业全员参与的运动。数据分析师和数据分析部门肩负着在企业全员中推广、普及数据意识、数据运用技巧的责任，这是另一种形式的布道，凡是布道，都需要用极大的热情去感染、影响并带动受众。这种热情不但要热烈，而且应该持久，合格的数据分析师必须具备这种热情。
- 跨专业跨团队的数据化运营实践需要热情。正如第 4 章所讲解的，在跨专业跨团队的数据化运营实践中，不同团队协调与合作时，需要求同存异，需要团结、引导、调动整体的积极性、创造性，而所有这些都离不开人际关系的沟通和互动。在这个过程中，热情又是必不可少的。没有热情的沟通和互动能达成效果吗？没有热情的合作能调动整体的积极性和创造性吗？没有热情的互动能达到求大同存小异的目的吗？
- 数据分析师的自我成长和发展需要热情。一个人的专业成长及职业进步，从来都是自己的事情，公司也好，社会也罢，最多只是提供了一个平台而已，内因起着决定性作用。如果对工作和专业没有热情，那也就没有成长的可能了。热情不是外在的表现，热情是内心的推动，是自己的渴望，是专业和兴趣高度重合的快乐，是个人强烈的向往和享受。

优秀的数据分析师一定是充满热情的，并且是持久充满热情的，不热情的人一定不是合格的数据分析师。

16.1.4 敬畏

常怀敬畏心是中国传统文化的核心价值观之一，儒家提倡敬畏天地，道家尊崇敬畏自然（道法自然），佛家宣扬敬畏因果。为什么要有所敬畏呢？无拘无束难道不好吗？

人之所以要有敬畏心，是因为人生的祸与福是辩证的、相对的、可以转化的，而促成转化的契机，很大程度上取决于个人的行为是否检点，是否小心，是否敬畏。

北宋著名理学家程颐，经常问道于当时著名的法师灵源禅师，他在一篇《笔贴》里这样解释人为何应该有敬畏心：“祸能生福，福能生祸。祸生于福者，缘处灾危之际，切于思安，深与求理。遂能祗畏敬谨，故福之生也宜矣。福生于祸者，缘居安泰之时，纵其奢欲，肆其骄怠，尤多轻忽侮慢，故祸之生也宜矣。圣人云，多难成其志，无难丧其身。得乃丧之端，丧乃得之理。是知福不可屡侥幸，得不可常觊觎。居福以虑祸，则其福可保。见得而虑丧，则其得必臻。故君子安不忘危，理不忘乱者也。”

上述古文翻译成现代汉语意思就是祸能转生福，福也能转生祸。祸之所以能转成福，是因为当一个人处在灾难危害中的时候，会急切希望能够平安渡过，千方百计寻求解脱的办法，所以能够心存敬畏，凡事小心谨慎，不敢妄为。福也就由此逐渐产生了。福之所以能够转化成祸，是因为人一处在安泰的时期，便随心所欲地过着放荡奢侈的生活，肆意表现出骄横怠慢的样子，尤其是做事情轻忽草率，待人侮慢失礼，所以祸端也就由此产生了。所以圣人说，一个人经历了许多磨难，正可以磨练他的坚强意志；而一个人如果从未经历磨难，因为无法适应各种不同的环境，反而会很容易丧失其生命力。所以“得”往往是“丧”的开端，而“丧”也含有“得”的原理。由此可见，我们做人，身在福中，应该知足，不可以常常希求福上加福。生活中或有所得，也应该适可而止，不可以常常贪图多得。当我们处在幸福的环境中时要有所顾虑，尽量避免招惹灾祸，这样幸福才可以保持长久。当我们在生活中获得某些好处时，也要考虑到有得必有失，不如把所得好处留些与他人分享，这样便能常常获得好处。所以有智慧的君子，处于安泰的时期，不敢忘记有危难的存在；在平静的年代，不敢忘记或有动乱的发生。[⊖]

可见，凡事祗畏敬谨，是远祸生福的法宝。人生如此，职场如此，数据分析师的工作亦如此。其实，撇开祸福不说，心存敬畏对于数据分析师来说，更多的是对数据认真、虔诚、谨慎，乃至神圣的态度。当你对工作、对专业充满了虔诚，甚至将其看得神圣，你自然会或多或少地心存敬畏。

如果一个数据分析师对数据、对专业有了敬畏之心，这个人应该算是入了数据分析之门。

16.1.5　感恩

身处数据化运营实践中的数据分析师，还应该具备的一个品质就是感恩的心。

懂得感恩的人，才懂得珍惜；懂得感恩的人，才会善待周围的人和事。

数据分析师如果懂得感恩，他一定会珍惜这个职业，珍惜这个岗位，珍惜这份技能；数据分析师如果懂得感恩，他一定会善待同事，善待业务方，善待有缘共事的每一个人，善待数据以及与数据有关的一切，这种品质不正是数据化运营的成功实践所迫切需要的吗？

⊖　福建佛学院，演莲法师，禅林宝训注译。

16.2 商业意识是核心

如果说上面提到的 5 种品质，即信念、信心、热情、敬畏、感恩是作为数据分析师应该具有的重要品质，那么商业意识就是作为数据分析师应该具有的核心意识。

商业意识（Business Sense）是指一种能够贯穿于商业环节的思维方法，一般包括市场洞察力（发现商机或商业问题）、商业反应能力（制定相应的商业策略）和商业执行能力。商业意识既跟数据分析技能有关（会分析、善于分析的人，通常有不错的分析技能，也会有比较靠谱的，甚至很不错的商业意识），又跟数据分析技能有很大的区别，主要表现在意识的层面和技能的层面；数据分析技能很容易学习，无论是软件的操作、算法的培训，还是工具的使用，只要依葫芦画瓢，按部就班地按照教学计划的安排去学习，总有完成和掌握的那一天，并且不需要花费太多的时间。但是，商业意识的培养和具备却并没有如此的简单和直接，它跟每个人的兴趣有关，跟天生的特长也有关。商业意识虽然可以刻意去培养，但是其培养难度远大于对分析技能的培养。当你看到一堆数据，如果能很快想到背后的商业价值和商业应用场景，那表明你具有了一定的商业意识。举例来说，某网站上婴儿纸尿布的销量增加明显，数据分析师发现了这个现象，然后预测婴儿奶粉的销量也将随着上升，那就说明他具有了一定的商业意识。又比如，某数据分析师观察一家淘宝女装店的月度销售明细时，发现 20% 的重复消费者（回头客）消费了 50% 的营业额，贡献了 60% 的毛利，然后他建议针对这些回头客的喜好重新安排商品采购和陈列，这也是商业意识的体现。

16.2.1 为什么商业意识是核心

对于市场经济中的数据分析师而言，是否具有足够的商业意识是决定数据分析师商业价值的核心因素，主要有以下几方面的原因：

- 商业意识决定数据分析（挖掘模型）的分析思路。我们知道以业务为核心，以思路为重点，以分析技术为辅佐的数据分析实践应用宝典中思路的重要性，其实在分析思路形成的过程中，商业意识起着非常重要的作用。任何有意义的分析思路都必须来源于业务，应用于业务，如何正确理解业务，如何把业务问题准确转化成分析专题，如何从业务场景中发现问题等，所有这些决定着分析思路的关键问题其实都是跟商业意识密切相关的。缺乏商业意识的人，也就是无法深入理解业务的人；缺乏商业意识，就不可能梳理出优秀的商业分析思路。
- 具有商业意识可以显著提升数据分析（挖掘模型）中的数据质量。数据质量对于数据分析和挖掘模型的重要性是不言而喻的。一方面，对于数据分析（挖掘模型）来说，数据是基础，没有数据的分析和模型就是无本之木，无源之水；另一方面，数据质量的好坏，直接影响数据分析（挖掘模型）的效果。数据质量不好，分析过程就是垃圾进，垃圾出，即垃圾数据进来，垃圾结论出去（Garbage In, Garbage Out）。而关于数据质量，有一个很重要的部分，就是衍生变量，所谓衍生变量，其实就是指数据分析师在分析（建模）过程中无中生有、人为增添的一些新变量，这些新变量产生之后，可以明显提升模型的效果，或者可以有效提炼出有价值的分析结论。举例来说，两个人买了同样的商品房，获得了银行同样的贷款，每个月需要还同样的金额。如何衡量两人的还贷压力呢？有经验的数据分析师会人为地创造出一个衍生变量，即还贷金额占家庭月收入的比例，简称还贷收入比，有了这个衍生指标，就很容易看出上述两个人中谁的还贷压力大，谁的还贷压力小了。可以说，一个好的衍生变量，100% 是来源于优秀、敏捷的商业意识。在本书 6.6 节的案例中有具体的关于衍生变量的实战案例分享。

- 商业意识对数据分析（挖掘模型）产出物的优化影响显著。正如本书第 7 章所分析的那样，数据分析和挖掘模型都是可以不断优化、持续完善的。不过，如何才能有效地优化？一个重要的方向就是业务思路上优化，也就是从商业思路上优化。有兴趣的读者可以参考本书 7.2.1 节的具体案例分享。
- 商业意识决定了数据分析（挖掘模型）的落地应用方案和效果。数据分析和数据模型是为商业实践应用服务的，也必须经过业务和商业实践的检验。如果没有商业意识，是谈不上分析结论（数据模型）的商业应用的；如果商业意识不强，也是不可能实现有效的分析结论（数据模型）的商业应用的。

16.2.2　如何培养商业意识

商业意识对于市场经济中的数据分析师来说是如此核心、如此重要，那么我们应该如何去培养、提升自己的商业意识呢？

对于商业意识，一部分是先天所具有的，但更多的部分是需要后天培养的。华人首富李嘉诚是举世公认的商业传奇人物，他是这样总结自己的："我 12 岁就开始做学徒，还不到 15 岁就挑起了一家人的生活担子，再没有受到过正规的教育。当时自己非常清楚，只有努力工作和求取知识，才是我唯一的出路。有一点钱我都去买书，把书的内容记在脑子里面了，才去换另外一本。直到今天，每一个晚上，在睡觉之前，我还是一定得看书。知识并不能决定你一生是否有财富增加，但是你的机会肯定会更多，创造机会才是最好的途径。"

多学习，多思考，多实践，所谓勤能补拙是良训，一分辛苦一分才。这些话说起来容易，真正培养商业意识时似乎没这么简单，因为还应具备另外一个条件，那就是兴趣和爱好。如果自己对于商业分析的兴趣、对于商业应用的兴趣不大，那么无论多么努力，效果也不会好到哪里，不是有这么一句俚语，“强扭的瓜不甜”。这正如学佛的人，如果没有信，即信仰、笃信佛教，纵然“闻思修”也是无能为力的。也就是说，只有发自内心地爱好商业分析和商业应用，才可能培养出浓厚的商业意识。具有浓厚的商业意识是数据分析师的核心竞争力之一。

前面说了这么多，那么作为数据分析师，在学习的过程中有没有一些基本的、公认的思维模式和分析方法呢?

答案是有。从下一节开始，将针对基本的、重要的分析思维模式和分析方法进行讲解和总结。

16.3 一个基本的方法论

下面要介绍的这个基本的方法论虽然看上去很简单，但是要转化成分析师自己习惯性的思考方式却并不是件容易的事情，很多分析师在工作中会不自觉地犯很多错误，其实就是违背了本方法论中的一两个具体环节。这个基本的数据分析方法论就是：**做假设、定标准、做比较、看趋势、观全局、辨真伪、下结论**。

上述方法论是有先后次序的，而且是逐步递进的。

在数据分析商业实践中，很多分析需求都是可以通过上述方法论的引导来有效完成的，尤其是对于数据分析的初学者和入门者来说，更是要有意识地遵照上述方法论来学习，在实践中养成良好的思维习惯。

下面将对上述方法论的各环节做具体阐述：

- 做假设。所谓做假设，就是搞清楚分析的目的是什么。任何一个数据分析一定是有明确目的的，或者验证某个判断，或者找出有效区分的阀值，或者给出一个效果总结等，不管怎样，都应该有明确的目的。但是很多分析师在分析过程中，会迷失方向，忘记初衷，如果是这样，分析结论的质量就可想而知了。所以，优秀的分析师一定要自始至终明确分析目的，坚持分析目的，并毫不动摇。
- 定标准。所谓定标准，就是指在分析中要统一数据口径，明确对比的有效性和可比性。数据口径不统一，就没有分析的基础。定标准，就是要求数据分析师在分析之前要想清楚，如何才能保证比较的合理性。比如说，淡季和旺季的销量，本来就没有可比性。如果拿其中一个销量来作为标准，肯定是不太合理的。

- 做比较。世界上的万事万物都是相互依存的，任何判断和结论也都是相对的、可比较的。没有比较，就没有结论。通常在数据分析商业实践中的比较包括：跟目标（KPI）的比较、跟时间的比较（同比、环比等）、跟不同部门（竞争对手）的比较、跟活动前后的比较、产品使用与否的比较等，不一而足。
- 看趋势。看趋势是一个有效的通用总结点，也是一个重要的思考方向。通过以往数据的分布和趋势图，可以发现事物的发展走向，而这个走向将会是一个很重要的分析结论。
- 观全局。数据从来就不是孤立的，如果我们只是关注冰山一角，得到的结论往往是错误的。所以，观全局就是要求数据分析师将眼光放远点，眼界扩大点。举个例子，虽然本月的促销商品销量提升明显，但是如果非促销商品的销量下降明显，并且总销量没有提升，总流量也没有提升，本月的促销还能说是成功的吗？
- 辨真伪。数据分析师要不断发现数据中呈现的现象，更要找出现象背后的真实原因，找出真正的数据关系，否则就是误导。举例来说，设计师对网站的注册页面进行了优化，上线之后注册量显著提升，这个明显的数据表现是否能说明这次的注册页面优化的效果是成功的呢？且慢下结论，如果我们进一步检查网站同期的大型运营活动，发现页面优化上线的时间正好与网站促销活动的时间一致，那么还能得出前面的页面优化效果明显这个结论吗？
- 下结论。数据分析的最终产出物就是结论，这个结论要符合前期的分析目的，要经过上述各环节的严谨论证，要能够对业务方、决策方、需求方有实际的帮助，这才能体现出它的价值。

16.4 大胆假设，小心求证

“大胆假设，小心求证”最早是胡适先生在五四时期提出来的，初衷是作为文史研究的方法论的，这个方法论确实也对当时的新文化运动起到了一定的推动作用。1928年，胡适在发表的《治学的方法和材料》一文中，进一步把它当成科学的方法，“科学的方法，说来其实很简单，只不过是‘尊重事实、尊重证据’。在应用中，科学的方法只不过是，大胆假设、小心求证’。”后来，这个方法作为各行各业研究问题、发现问题、解决问题的普遍性方法论被发扬光大了。大胆假设是要人们打破陈旧观念的束缚，挣脱思想的牢笼，大胆创新，对于未解决的问题提出新的假设或可能；小心求证是要求人们不能仅仅停留在假设或可能的阶段，而要进行小心、严谨的科学验证和证明，即尊重事实、尊重证据。

在数据化运营的商业实践中，也可运用这个方法论。大胆假设是指面对分析中的问题，面对业务中的难点，数据分析师不仅要积极思考、梳理、提炼出可能的原因和相应的分析思路、解决方法，更需要发动集体的智慧和力量去思考，即所谓的众人拾柴火焰高。而其中，头脑风暴是最常见的收集集体智慧的方法。

下面以 A 产品为例，具体讲解在商业实践中如何利用大胆假设、小心求证的方法去展开工作，并发现问题、解决问题。

背景：A 产品是一款付费的在线营销工具，主要是方便网上的卖家能及时有效地与正在网店浏览的买家打招呼、对话，乃至取得买家的联系方式等。A 产品上线半年后，在最近一个月里产品的销量出现了明显的下滑，针对这种情况，请你试着分析原因并提出相应的改正意见和建议。

思路分析：针对 A 产品销量下降的事实，会有很多潜在的可能性。经过头脑风暴，把数据分析师和产品运营团队、客服团队的想法和思路汇总起来，找出了以下几个原因：

- 运营效率的影响。运营活动在传递给潜在受众的过程中，有多个环节容易引起转化率的变动，包括运营页面的浏览量和转化率、点击量和转化率、下单量和转化率、付费量和转换率等，并可能最终导致销量下降。
- 产品价格变动的影响。互联网上的运营和促销，最常见的噱头就是花样繁多的价格优惠，A 产品的销量下降，有可能是价格经常变动带来的。
- 产品价值的影响。只有产品能给客户带来价值，才能让客户有足够理由去付费购买，如果客户在使用产品后感觉并不能带来所希望的价值，那么他们是不会继续购买的。
- 相关支持团队的影响。比如活动页面上线不稳定，用户购买下单的流程复杂，近段时间网银接口故障多，甚至是数据分析团队所建议的潜在目标人群的特征不准确，导致运营效果不好等。

针对上面种种可能出现的原因（大胆假设），要经过小心求证来一一验证、排除、锁定，并最终找到解决方案。比如，针对运营效率的影响这部分，如果把近 1 个月的产品运营中相应的各种转化率与之前半年来的转化率进行比较，就可以发现是否是转化率出了问题。然后，针对具体的某个转化率下降的原因，继续探索。比如，如果是活动页面的浏览量和转化率显著降低，那么可能的原因包括是否送达失败，是否目标受众不准确，是否投放的渠道有变化，是否投放的时间段有变化，是否文案需要改变等。通过这样一层层的小心求证，最终会发现问题的根源并找到解决的办法。

16.5　20/80 原理

20/80 原理既是一个有趣的普遍存在的社会现象，又是一个基本的、常见的分析思路。

在我们的社会生活和商业活动中，往往是 80% 的产出来自 20% 的投入、80% 的结果来自 20% 的原因、企业中 80% 的利润来自最核心的 20% 的产品或客户，甚至在个人生活中，在 80% 的时间里，你常穿的衣服占你全部衣服的 20%，你在网络购物中的 80% 的消费都集中在你反复光顾的 20% 的核心卖家那里。

对于数据分析师而言，20/80 原理的价值就在于有意识地关注和聚焦 20% 的核心产品、核心用户、核心因素、核心问题，这样你的分析工作才可以有效率、有主次、有先后、条理清晰。

在数据化运营的商业实践中，任何一个商业问题、分析需求都会受到很多因素的影响，要面面俱到地把所有的因素都考虑进去是不必要的，也是不可能的。所以，数据分析师的一个基本思路就是分清主次，针对最核心的问题及因素重点进行攻关，这样才可以快速解决问题，达到事半功倍的效果。

在 16.4 节提到的案例中，虽然通过头脑风暴列出了来自不同思考点的种种潜在原因，但是数据分析师最终还需要通过一系列快速、有效的判断来排除大部分影响不明显的次要因素，或者是错误假设，从而聚焦到核心的因素（本案例中，就是运营活动中的渠道选择不准确，引流量和转化率都明显下降），并对核心因素展开深入分析，最终找到解决方案，即重新优化运营通道，提升引流量，提升转化率。

20/80 原理其实反映了矛盾论的观点，那就是要善于抓住主要矛盾和矛盾的主要方面，这样才可以重点突出、聚焦充分，才可以真正有效地发现问题、解决问题。

16.6　结构化思维

无论是之前提到的基本的方法论，还是大胆假设、小心求证，或是 20/80 原理，都是从过程上为数据分析师提供参考和工具，那么结构化思维更多的是从结果中对数据分析师提出要求；如果说之前提到的这些方法论都是可以让数据分析师依葫芦画瓢，有章可循的，那么结构化思维就没有这么容易了，它更多的是数据分析师经验的积累和能力的综合表现，不是短时间内可以提高和达到的。但是，本节专门讨论这个问题，还是希望数据分析师能有意识地向这个方向发展，这是数据分析师职业发展中的一个阶段性目标，也是数据分析师综合能力提升的一个阶段性目标，更是数据分析师在数据化运营实战中成长进步的一个阶段性目标。

结构化思维有以下两方面的含义：

一方面，要求数据分析师在一个分析需求或一个分析课题中，全盘统筹，各环节、各方面都能思考周详。比如，从商业背景，到分析目标，到不同的思路方案，到各方资源的调配，到分析过程中的难点预判和产出物预估，到后期的落地应用方案的调整和实施等，都能考虑清楚，使之成为一个完整的业务链，从头到尾，顺畅流利，无懈可击，就像统兵的大将一样运筹帷幄之中，决胜千里之外。

另一方面，要求数据分析师针对任何分析需求或分析课题，能做到事先心中已经有成熟的类似模块化的解决方案。比如，针对用户特征分析专题，数据分析师心中已经具有了适合自己的成熟的分析思路和分析方法，包括用决策树去提炼，用预测模型去圈定，用聚类技术去分群，用透视表去摸底，用假设检验去提炼等各种方案。并且，数据分析师对于每一种方案都要胸有成竹，包括具体的数据要求、各自适合的业务场景、各自的优势和劣势、分析师自己的把握性、大概的效果预判，乃至如何落地应用、如何化解过程中的突发情况等。只有数据分析师心中具有了充分成熟的模块化解决方案，才可以在数据化运营的商业实践中游刃有余，在面对任何商业分析需求时，才可以从容自信，应对有方，才可以及时、有效地保障对业务的支持和推动。

结构化思维，也就是之前提到的两方面的要求，说难也难（罗马不是一天建成的），说简单也简单（熟能生巧），数据分析挖掘的关键在于多看、多思、多练，所以在数据分析师的成长过程中，参加实际的商业实战是关键，而且多多益善。

当你觉得自己已经具有了较高水平的数据分析的结构化思维，并且在不同的商业实战中这些结构化思维得到了不错的验证时，那么恭喜你，你至少已经是真正意义上称职的数据分析师了。

16.7 优秀的数据分析师既要客观，又要主观

数据和数据分析既然是客观的，那么数据分析师面对分析和结论时当然也必须是客观的。但是，在数据化运营的商业实战中，优秀的数据分析师应该在客观的基础上，抱有一定的主观态度。这里的主观主要体现在以下几个方面：

- 数据分析师对于分析的目标和分析的产出物应该有自己主观上的预判，并且优秀的数据分析师所做的这些主观上的预判通常都会被后期的事实所验证（证明是正确的）。这种主观其实就是数据分析师经验和能力的体现，即所谓的胸有成竹。这种预判上的主观可以有效提升具体商业实战中的分析效率，能更好地支持商业需求。当然，这里的主观也绝对不是自以为是的主观，这里的主观也是要经过后期的商业实践检验的。当数据分析师的主观预判一而再、再而三地被商业实战证明是正确的，你能说这种能

力不是数据分析师的核心竞争力吗？对于一个分析需求是否合理，如何更合理地修正分析需求，分析中会出现什么具体的数据方面的难题，基于现实的数据质量如何，模型大致可以达到怎样的预测精度范围等，诸如此类的商业分析问题，一名优秀的数据分析师是可以很快给出其主观判断的，并且这些主观判断通常会在后期的商业实践中得到检验。

- 数据分析师面对决策层、面对分析需求方的时候，要有灵活的主观性，要站在管理层的角度，站在需求方的角度，去思考、提炼和总结。也就是说，在数据分析总结的过程中，只是将客观的数据结果冷冰冰原封不动地传递给决策层，传递给分析需求方并不是最有效、最可取的方法；有时候，虽然数据结论证明需求方所坚持的假设是错误的，虽然数据结论证明需求方的运营是没有明显效果提升的，但是数据中是否还揭示了其他一些值得肯定的做法，一些值得努力的方向呢？如果把这些发现一并总结起来，对于决策层以及需求方来说不是更加有意义吗？不是更加容易接受分析结论吗？数据分析挖掘的实战应用是依赖于业务方参与的，没有业务方的理解和支持，就不可能有数据分析挖掘的成功应用。而要得到业务方的理解和支持，要得到管理层的理解和支持，优秀的数据分析师必须具有灵活的主观性。主观是建立在客观基础上的，主观是为了更好地聚焦核心，主观是为了更好地落地应用、客观地分析结论，为了更好地推进数据化运营的效果和效率。

什么样的主观是合理的，什么样的主观是盲目的，用文字来定义常常容易引起歧义，正如世界上很多事情都只可意会，难以准确言传一样，关于主观的分寸把握还是要依赖于具体的数据分析师的经验和情商。对于优秀的、具有丰富的数据化运营商业实战经验的数据分析师来说，应该是“如人饮水，冷暖自知”。

当你能够熟练地穿越于客观与主观之间，当你的主观与客观能有效地在数据化运营商业实践中得到检验和回报时，恭喜你，你已经是个当之无愧的高级数据分析师了。

第17章 条条大道通罗马

天下同归而殊途，一致而百虑。

——《周易·系辞》(下)

对于数据分析师来说，数据分析和挖掘工作不仅仅是一个赖以生存的行业，它还是美和智慧的化身。

说它美，是因为它一半是科学，一半是艺术。对于优秀的数据分析师而言，面对一个分析课题，对思路的权衡，对算法的取舍，如何妙笔生花地创造出有效的衍生变量，如何无中生有地从杂乱无章的海量数据中提炼出珍贵的商业规律和应用方案等，所有这些跟艺术家的艺术创作没有任何本质上的区别。

说它智慧，是因为它浓缩了人生与社会中的诸多真理。且不说数据分析师应该具备的信念、信心、热情、敬畏、感恩也是人生成功的核心品质，且不说“没有最好，只有更好”的模型优化宗旨也是人生不断上进的方向，单看条条大道通罗马，就可以给人无限的启迪和想象。在此条条大道通罗马是指任何具体的分析专题、分析需求，都至少有两种以上的不同思路和技术方案可以加以有效地解决。本章将围绕数据分析（挖掘）工作中条条大道通罗马的有趣现象，进行深入分析，以帮助大家选择最合适的大道、最具性价比地去实现分析目的。

17.1 为什么会条条大道通罗马

之所以会出现条条大道通罗马的现象，主要是因为事物是普遍联系的，具体包括以下内容：

- 不同的思路之间是普遍联系的。以用户行为特征专题分析为例，既然分析目标是找出用户的行为特征，那么不论是什么思路，其最终目的一定是围绕分析目标的。你可以从用户历史行为数据之间的分布中看出明显的区别，也可以从用户调研中发现典型特征，还可以把用户细分成不同的群体（从商业应用的角度来细分），然后看不同群体间的特征、区别等。不同的人有不同的思路，优秀的数据分析师常常有多个思路。同样的目标，可以横看成岭侧成峰，所有这些思路上的普遍联系使得数据分析中的条条大道通罗马不仅是可能的，更是必然的。
- 不同的算法之间是普遍联系的。还是以用户行为特征专题分析为例，不管你用什么算法（聚类算法，或者是决策树算法、假设检验算法、逻辑回归算法），不同的算法虽然看起来技术不同，但是在应用到这个具体的用户行为特征专题时，都是在努力区分哪些是与其他字段（行为）有最明显区别的核心字段。在聚类算法中，这些核心字段是用来有效区分用户与非用户的；而在决策树算法中，这些核心字段是为了让满足这些字段要求的群体尽量纯，尽量排除非用户，或者大幅减低非用户在这些群体中的比例；在假设检验算法中，这些核心字段就是用于找出用户与非用户最有显著意义的特征区别的；在逻辑回归的算法中，则是尽量发现哪些字段可以最有效地区分用户与非用户。所以，算法的不同只是实现结果的方式不同，但是其目的都是一样的，这就是所谓的殊途同归、条条大道通罗马。

- 数据本身是普遍联系的。无论是海量的互联网数据，还是积累不多的传统行业数据，甚至是每个人自身的生理指标数据，都不是孤立的，而是普遍联系的。你的身高、体重，仅是两个最简单的指标，就可以在很大程度上通过你是否超重来判断你患高血压的可能性，而舒张压和收缩压的指标也可以判断出你患高血压的可能性，你不觉得身高、体重与舒张压、收缩压之间有密切的联系吗？正因为数据本身是普遍联系的，才使得我们在分析数据的时候，虽然考虑的思路不一样、抽取的数据不太一致，但是最后完全有可能得到相同的答案。

17.2 条条大道有侧重

尽管条条大道通罗马是事物发展的普遍规律，也是数据分析中的普遍规律，但是毕竟这些大道并不相同。因此，矛盾的普遍性之中也蕴含着矛盾的特殊性。通往罗马的条条大道，有远近的不同，有路况的不同，有配套设施的不同，有匹配场景的不同，每条大道都有最适合它的通行模式和交通手段。对于数据分析师来说，针对具体的分析专题，一方面要笃信条条大道通罗马，尽量用不同的思路去思考、去权衡；另一方面，在知己知彼的情况下，要能正确地选择最适合的思路和方法去解决问题。

如何去选择最适合的思路和方法呢？提供几点参考意见如下：

- 对具体分析专题的目标需求进行思考。同样的分析专题，比如付费用户典型特征分析，除了会有不同的分析需求外，对分析结论也会有不同的要求，如对结论的精度有要求，对结论的时效性有要求，对完成的时间有要求，对结论的真实性有要求等。举个例子，对于运营过程中临时性的付费用户典型特征分析需求，会对分析结论的时效性要求高，因为希望能尽快提炼出来支持运营；而对于产品优化和开发用途的付费用户典型特征分析，却对分析结论的准确性和全面性要求高，希望这些结论作为下阶段产品优化和产品开发的依据，因此思考的维度要更全面、更深入，可以适当延长分析时间。很明显，上述两种场景，虽然都是针对付费用户的典型特征分析，但是因为各自的要求和侧重点不同，分析师所采用的思路和技术也应该相应有所侧重。前者或许通过简单的透视表就可以达到目的，后者则要经过用户调研，加上使用效果跟踪分析，预测模型的思路，而且所用的时间周期会比较长，这样得出的结论才比较全面、深入。总之，尺有所短寸有所长，思路和技术本身没有好与坏，只有是否合适之分。

- 对分析需求的商业价值进行思考。正如预算永远是不足的一样，企业的数据处理资源和数据分析资源在面对企业无尽的分析需求时也是永远不够的。有限的资源只能投放到最有商业价值的分析专题和分析工作中。同样的道理，根据不同分析需求的商业价值的大小，合理安排分析资源和分析方案，也是数据分析师在选择不同思路和技术时要思考的内容。

- 对投入产出的思考。尽管面对同一个分析专题，可以有不同的思路和解决方案，但是不同的方案需要不同的资源投入，在市场经济环境中一定是要量入而出的，相对经济的投入和相对高效的产出是数据分析师在权衡不同思路和解决方案时要牢记在心的经济规律。太复杂的用户调研，太精密的预测模型，对于临时性需求的用户特征分析而言，不经济、不划算、不值得。

17.3 自觉服从和积极响应

数据分析师不但自己要清楚数据分析中存在着条条大道通罗马的事实，更应该主动去响应它，积极培育和提升自己的思维视野，逐步锻炼自己面对分析专题时能提出多个不同思路和方案的能力，并且还要培养自己的创新思维能力，这些能力是数据分析师专业进步和成熟的典型代表，是高级数据分析师应该具有的专业素质。

17.3.1 自觉服从

在数据化运营的商业实战中，数据分析师不仅要认识到条条大道通罗马，更要自觉服从于这个真理，具体表现在以下几个方面：

- 不要夜郎自大，学会包容和欣赏。数据分析师千万不要觉得自己的思路和方案就一定是最好的，如果能真正认识到条条大道通罗马这个道理，能学会包容和欣赏他人的思路和方案，不仅能推动分析结论商业应用的有效开展，更可以有效提升自己的专业能力和水平。只有懂得欣赏他人、欣赏他人思路和方案上的优点，才能够客观地看待自己，正确认识自己的不足。尺有所短寸有所长，学会包容和欣赏，可以让数据分析师进步更快。
- 不要浅尝辄止，学会兼容并蓄。如果能真正认识到条条大道通罗马这个道理，如果真的对数据分析充满热情，那么，数据分析师一定会不满足于浅尝辄止。只会一种思路，只有一个方案，这本身就说明了分析师的思路狭窄，视野有局限性。学会从不同的角度思考问题，善于创新思维，是数据分析师自我成长、自我提升、自我完善的有效途径。
- 不要就事论事，学会全面思考。刚入门的数据分析师更习惯于就事论事，面对从A业务中提出的分析需求，可能会习惯性地仅从A业务背景中寻找思路和方案，也习惯性地仅从A业务的效果来评判分析结论的价值。但是很多时候，就事论事难免就像头痛医头脚痛医脚，也就难免出现治标不治本的情况。星巴克新口味的咖啡面市后，其销量直线上升，但是咖啡店总的营业额并没有增加，只是老产品的消费者中有部分人转而消费新产品而已，当我们把眼光从新产品扩展到全部产品的时候，你就不会认为新产品对于咖啡店的整体营业额有多大的贡献价值了。同样的道理，当数据分析师的视野能稍微扩展些，在分析过程中就会考虑更多的因素，纳入更多的分析变量，想到更多的潜在思路，对最终的分析方案也能从全局的角度去权衡和判断了，这样的更上一层楼不是能给数据分析师更多的收获吗？

17.3.2 积极响应

优秀的数据分析师不是天生的，所谓的天才更多是靠后天的努力和积累，所谓“燎原之火，生于荧荧；坏山之水，漏于涓涓”[㊀]。数据分析技能的培养，有很多有效的途径，除了本书前面章节讲解的那些内容外，遵从并积极响应条条大道通罗马的道理，努力培养自己的能力，使自己在面对一个分析专题时能提出多个不同方案和思路，这也是分析师自我进步、自我提升的重要途径。如何才能有效培养自己相应的能力呢？下面几点建议可供参考：

- 博采众长。一个人的能力终归是有限的，故成功者总是善于博采众长的。科技的进步，专业的细分，使得每个人所擅长的领域越来越小；而技术的突飞猛进，更使得人们连本来就显狭小的专业领域的知识也很难有效地覆盖和更新。面对这种严峻的现实，有效学习、复制别人好的经验和做法在当前快速发展的商业时代就显得尤其重要，尤其核心了。
- 批判接受。孔子曰：“三人行，必有我师焉，择其善者而从之，其不善者而改之[㊁]。”善于学习的人，不仅能从成功者那里取经，也善于从失败者那里吸取教训，警醒自己。别人尝试的新方法、新思路，虽然在他们当时的项目中没有成功，但是很可能并不是思路本身有问题，而是业务场景和数据质量出了问题。换了业务场景和数据，同样的思路就有可能适用。
- 培养发散性思维，养成换个角度看问题的习惯。换个角度看问题，常常可以给人柳暗花明又一村的全新感觉，正如在大千世界中横看成岭侧成峰的效果。在数据分析挖掘过程中，也处处体现着这个规律。举例来说，数据分布中常见的异常值（Outlier）通常是噪声，是垃圾；但是在有经验的数据分析师看来，这些值有可能也是值得关注的稀有事件，互联网行业的信用风险监控中的一个典型思路，就是通过关注异常值来

㊀ 原野大火，开始于小小的火星；能够摧毁山丘的洪水，起初也不过是从堤坝上的漏洞中滴出的水。
㊁ 选自《论语·述而》。

锁定潜在风险。同样的异常值，横看是垃圾，侧看就是宝贝，个中滋味难道不值得回味吗？

- 寻找现有思路的缺点，并努力设法避免这些缺点，新的思路或许会由此诞生。这是最直观、最容易养成习惯的方法，其本质就是不断探索、不断修正。举例来说，消费者的喜好，通常是通过消费者调研问卷或者访谈得到的，但是这种方法的缺点在于：很多时候，消费者在面对调研时给出的回答或选择跟当初消费时的想法是不一致的，消费者面对调研的时候很容易受环境因素、问卷设计等的影响和误导。为了避免调研和问卷的这些缺点，直接通过消费行为数据进行分析也可以在很大程度上回答消费者的喜好问题，这就是不同于调研问卷的另外一个新思路了，即基于消费者真实的行为数据进行消费者喜好分析，或者将调研问卷和实际消费行为数据相结合进行分析，这些都是值得尝试的不同思路。

- 勤于积累和总结。在生活中很多人都有这样的经历，事到临头的时候，才后悔当初没有做好准备。可惜的是，这个世界上什么都有，就是没有后悔药。数据分析师面对千差万别的数据分析需求和挑战时，要想不后悔，最好的方法就是平时勤于积累和总结。机会只垂青于有准备的人，如果能随时随地把看到的、听到的、接触到的与数据分析相关的思路和想法以及应用实践案例记下来，反复研究吸收其精华，将其变成自己的思路和想法，等到自己进行数据分析商业实战时，涌泉思路自然就是水到渠成的事情了。作为数据分析师，在平常的工作中是有很多机会参加相关的分享、讨论、讲座、培训及交流的，身边不乏大量值得自己学习、借鉴、参考的同行、同事及前辈。有些人参加这些活动时听得快，忘得也快；有些人参加一次活动，可以用笔记下不少的感悟、体会、收获、启发，随着时间的推移，用不了多久，这两种人的思路和见识上的差距就可以泾渭分明了。除了专门的分享、讨论、讲座、交流之外，有心人还可以有更多的机会去积累。比如，从同行的博客里，从网上的论坛中，从各商业应用公司的公开案例中，从数据挖掘服务商的包装案例中等，会有太多的渠道和方法，只要你用心，就没有找不到的参考和借鉴资源。

- 勇于实践，勇于尝试。如果说前面谈到的几点都是围绕如何拓宽自己的思路来阐述的，那么“勇于实践，勇于尝试”就是这些方法的基础和后盾了。积累得再多，借鉴得再多，思考得再多，吸收得再多，都还只是别人的东西，只有通过自己的实践，自己的尝试，才能把别人的经验教训真正转化成自己的东西，转化成自己的核心竞争力。正如陆游的诗句“纸上得来终觉浅，绝知此事要躬行”[1]所揭示的道理。

---

[1] 选自南宋陆游的《冬夜读书示子聿》。

17.4 具体示例

任何一个数据分析需求，任何一个数据分析挖掘课题，都是可以用至少两种以上的方法、思路、技术加以有效解决的。这里无法列举所有的项目，将以传统零售业和电子商务中最常见的交叉销售为例，来分析至少有哪几种不同的思路和方法。

所谓交叉销售（Cross Selling），是指卖家能有效发现顾客的多种商品（或服务）需求，并通过满足其需求而销售多种相关服务或产品的营销方式，也就是向特定顾客销售更多不同的，同时也是他们需要的商品。那么，要实现交叉销售，又有哪些思路和方法呢？

思路一：利用关联规则（Association Rule），发现支持度和置信度都符合要求的强相关商品，从而利用这些强相关商品进行关联销售。有关关联规则的详细介绍，可参考本书2.3.4节的内容。

思路二：借鉴预测响应（分类）模型的思路，通过对购买A、B两种商品的消费者的特征进行分析，建立响应（分类）模型，模型的目标变量就是是否在特定时间段里，购买了A、B两种商品。利用搭建好的该响应（分类）模型，去预测（打分）新的潜在消费者群体，找出最可能在接下来的时间段里购买A、B两种商品的潜在目标消费者，并对他们进行精细化的营销宣传，从而实现交叉销售。另外，该思路也适用于有先后次序的商品交叉，只要在抽取建模样本的数据时注意样本选择的时间次序就可以了。有关预测响应（分类）模型的详细介绍，可参考本书第10章的预测响应（分类）模型的典型应用和技术小窍门。

思路三：借鉴电子商务中的商品推荐模型思路。电子商务中的商品推荐已经发展成为一个独立的研究领域，产生了不少成熟的算法和思路，除了上面提到的关联规则之外，常见的还有协同过滤、基于内容的推荐模型等。关于电子商务中商品推荐模型的详细介绍，可参考本书3.11节。

思路四：通过决策树的清晰的树状规则，发现具体的商业规则（有的多，有的少），然后根据这些有价值的规则去制定具体的交叉销售策略。有关决策树的详细介绍，可参考本书10.2节。

条条大道通罗马，数据分析师要在实践中自觉服从、贯彻、落实之，这是提高分析效率的需要，也是提升分析能力的需要，更是确保数据化运营落地应用实践的商业价值优化的需要。

第18章 数据挖掘实践的质量保障流程和制度

有效的制度来源于实践，并服务于实践。

数据分析挖掘的商业实践是跨专业跨团队的协同配合，所以需要质量保障流程和制度来有效保障最终的商业实践效果。这些流程和制度一方面可以促使有关各方在数据挖掘商业实践的不同阶段落实各自不同的角色、职能、分工和价值，维护整个业务流的畅通和效率，另一方面可以有效达成数据挖掘商业实践各环节的阶段性目标，从而为最终的商业实践效果带来满意的回报。

本章详细介绍一个数据挖掘商业实践质量保障流程和制度，这个流程和制度已在实践中被多次证实比较有效，另外本章还会谈及该制度的重要性，以及如何在企业管理中从组织架构上强化、支持这个流程制度。

有效的流程制度来源于数据挖掘商业实践，并且会服务于商业实践。

18.1 一个有效的质量保障流程制度

图 18-1 是一个数据挖掘商业实践中质量保障流程制度的简单示意图。该流程制度从数据分析挖掘的业务需求收集整理开始，通过需求收集、评估、课题组成立、向业务方提交正式项目计划书、开展数据分析挖掘、提交结论报告及应用建议，到落地应用跟踪和总结，构成一个完整的数据挖掘商业实践流程和制度，很适用而且比较有效。

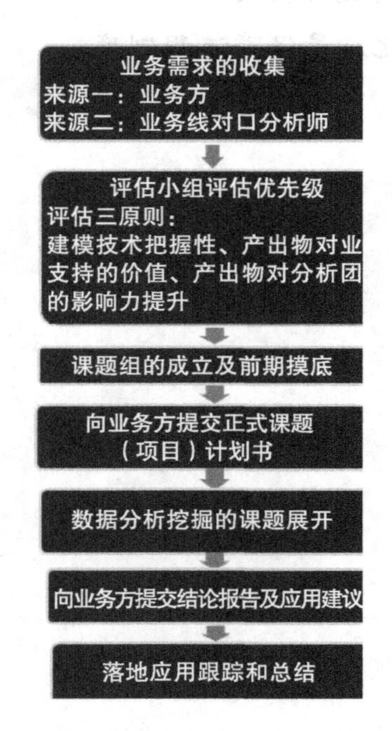

图 18-1 数据挖掘商业实践中质量保障流程制度的简单示意图

以下内容，将针对上述各环节的具体内容、重点、环节产出物、环节责任人、环节的价值等做详细的分解和说明。

18.1.1　业务需求的收集

作为流程制度的第 1 步，本环节重点在于收集、发掘来自业务实践的有价值的商业分析挖掘需求。俗话说得好，好的开头是成功的一半，一个在落地应用中取得较好商业价值的数据分析挖掘应用，一定是在最开始的业务需求提炼中就能够有效聚焦商业（业务）需求，并且该商业需求应适合转化成数据分析挖掘课题。

所谓有效聚焦商业（业务）需求，是说提炼、收集的分析需求应该是定义清楚的、符合业务场景的，并且能反映当前业务中的难点、瓶颈和前景，如果能有效解决，将会对业务发展产生正面的推动和促进作用。当然，这些要求都是需要接口相应业务线的数据分析师做初步判断和评估的。

所谓适合转化成数据分析挖掘课题，是指在商业实践中，有的分析需求是伪命题，比如明显不符合逻辑的业务假设，而有的分析需求则不具备分析条件，比如数据积累不足等。对于诸如此类的问题，则需要相关的数据分析师基于对业务的理解和对数据分析技术的了解而作出比较准确的判断并给出结论。

具体来说，本环节的制度流程包含了以下内容：

- 明确该环节的责任人。在企业的商业实践中，一般来说，每个业务线或业务板块，都应该有相应的数据分析师作为接口人来对接业务需求，该数据分析师需要熟悉相关的业务内容，负责对日常的数据分析工作进行支持。同时，该数据分析师也需要定期收集或提出业务线的专题数据分析挖掘课题方向。所以，各业务线（业务板块）的接口数据分析师即该环节的责任人，他（她）要负责月度、季度甚至半年中本业务线潜在的数据分析挖掘需求的收集、提炼和整理工作。
- 明确数据分析需求的两个来源。一般来说，需求的来源有两个，一个是由业务方（包括管理层）提出分析需求，另一个是由数据分析师基于自己的观察和判断提出的分析需求。两个来源都很重要，都不能忽视和放松。对于业务方来说，因为他们最了解自己的业务，具有旁人所无法具备的深刻的业务经验和业务敏感性，所以业务方提出的分析需求常常代表了业务方的难题和瓶颈，通常也预示着有效解决此分析需求将会极大促进业务发展。另外，因为是来自业务方的需求，所以在后期的分析讨论和落地应用实践中也常常会得到他们的大力支持和配合，这一点在落地应用中尤其重要。对于数据分析师来说，由于他们既了解接口的业务，又熟悉数据分析技术，所以数据分析师提出的潜在分析需求，相比业务方提出的分析需求常常更加容易转化成数据分析课题，更有复合性，其兼顾业务和分析技术。当然了，要具有这些优势，是需要数据分析师自身的素质和能力有一定的保证。

- 分析需求的提出，需要业务方给出正式的需求文档——分析需求申请书，哪怕是数据分析师提出的分析需求，也应该争取业务方的理解和支持，并由业务方提出需求，该需求文档一般是由业务方通过电子邮件（E-mail）的方式提交给数据分析部门，同时抄送业务方的业务主管。之所以需要抄送给业务主管，主要是为了确保业务分析需求是经过业务主管同意的，是从业务整体利益考虑的，并且是经过业务主管把关和过滤的；同时，只有是经过业务主管同意的业务分析需求，才可以保证在随后的业务分析展开和落地应用环节能得到业务方在组织构架上的有效支持和参与。如果没有业务主管的同意和支持，很多数据分析的结论在后期甚至根本就不能得到落地应用的机会。所以，取得业务主管的同意和支持是收集和提出分析需求的一个关键环节，这需要数据分析师和数据分析团队共同遵守。

18.1.2 评估小组评估需求的优先级

本环节作为流程制度的第 2 步，重点负责对分析需求进行评估，决定需求是否合理，对优先级进行排序等工作。分析需求评估是本流程制度的核心环节，在很大程度上决定了分析课题的最终商业效果和商业价值。

首先，应该由数据分析部门牵头成立一个需求评估小组，以负责需求评估的具体实施。需求评估小组作为数据分析部门内部评估分析需求的常设权威组织，一般由数据分析部门的领导、资深分析和建模专家、资深项目经理、各业务线的业务专家等组成，该小组负责对数据分析部门所接受的所有业务分析需求进行评估并做决定，同时监督立项的各分析课题的有效展开（或分析过程监控），在面对分析困境时要能给出明确具体的解决方法。通过设立并落实需求评估小组制度，不仅可以有效保障各分析课题的分析过程和最终产出物的质量，更可以有效指导后期的落地应用实践。

具体来说，本环节的制度流程包含以下内容：

- 需求评估小组定期（或不定期）对于各业务线的接口数据分析师所提交的业务分析需求进行评估。具体评估方向包括对建模（分析）技术的把握、不同分析思路及方法的罗列、潜在课题产出物对业务应用部门的商业支持价值、潜在课题产出物对数据分析部门的价值等，以此来评估业务需求的合理性和优先顺序，并初步过滤某些不合理需求，诸如伪命题、数据积累不足等。而对于合理的分析需求，除了排出优先级顺序之外，还要按照产能、资源等情况决定何时成立课题组，并考虑课题组的成员构成和各自的分工。

- ❑ 在需求评估会上，提交需求的各接口分析师要负责准备比较详细的背景介绍，以回答评估小组的提问，如果有必要，分析师要会前与业务方详细沟通并达成共识，记录并在会后回复重要的但在会上无法回答的关键数据、关键背景、关键业务逻辑。
- ❑ 需求评估小组负责人负责本环节的实施。

18.1.3 课题组的成立及前期摸底

本环节作为流程制度的第 3 步，重点在于成立具体的课题组，明确课题组的人员构成及前期任务。

具体来说，本环节的制度流程包含以下内容：

- ❑ 具体课题组人员的构成。课题组组长一般是由经验丰富的数据分析师担任，每个课题组至少应包含 1 名来自业务部门的业务方代表。这是因为一方面可以保证数据分析挖掘过程自始至终有业务方参与，并且能得到业务方的理解和支持；另一方面也可以在分析挖掘过程中，随时听取业务方的意见和建议，随时得到业务方的有效支持和响应。
- ❑ 前期摸底主要是针对具体的课题及课题组成员构成与业务方沟通、讨论，并抽取粗略的背景数据，以便透彻理解业务背景和需求逻辑，为准确制订课题计划书提供重要的理论和数据参考依据。
- ❑ 课题组长负责本环节的具体执行。

18.1.4 向业务方提交正式课题（项目）计划书

本环节作为流程制度的第 4 步，重点在于完成并提交正式课题（项目）计划书。

具体来说，本环节的制度流程包含以下内容：

- ❑ 经过前期的摸底，并对课题小组的人员构成进行讨论后，将需求提交给评估小组，在获得认可后，就要通过 E-mail 向业务需求方提交正式的课题（项目）计划书了。计划书包括具体课题组的人员组成、时间结点、人员分工、产出物预估等，并通过邮件告知相关业务方负责人、需求评估小组成员、相关接口人及课题组成员。
- ❑ 对于比较复杂的课题，有一定技术难度的课题，其课题（项目）计划书通常是需要事先提交给评估小组的负责专家进行认可的，之后才能正式提交业务方。之所以增加这个认可环节，主要是为了确保课题（项目）的产出物质量。
- ❑ 课题组长负责本环节的具体执行。

18.1.5 数据分析挖掘的课题展开

本环节作为流程制度的第 5 步，重点在于具体展开分析挖掘工作。

具体来说，本环节的制度流程包含以下内容：

- 在计划书规定的时间结点内，课题组按计划有序地展开分析工作。
- 其间有阶段性的业务沟通、初步结论反馈分享、模型修正等。
- 课题组长负责本环节的具体执行，需求评估小组负责分析挖掘过程中对技术难点的技术支持。

18.1.6 向业务方提交结论报告及业务落地应用建议

本环节作为流程制度的第 6 步，重点在于提交课题产出物及落地应用建议。

具体来说，本环节的制度流程包含以下内容：

- 项目在规定的时间完成后，先在数据分析部门内部分享、讨论，并征求修改意见，由需求评估小组专家成员给出对于成果的评价和意见。
- 经过讨论和修改，并得到需求评估小组专家成员的认可后，正式向业务需求方提交课题（项目）产出物和相应的落地应用建议。
- 课题（项目）的产出物，包括落地应用建议的主要内容（视不同课题）包括结论、模型覆盖率、模型效率、特征阀值、预测的分数、建议的目标群体规模、建议的运营方式和策略等。
- 课题组长负责本环节的具体执行。

18.1.7 课题（项目）的落地应用和效果监控反馈

本环节作为流程制度的第 7 步，重点在于落地应用的监控和效果反馈，以及后期的模型维护、更新和优化等。

单纯输出模型或者得出分析结论还远远谈不上业务价值和业务贡献，只有在落地应用中才能体现其价值，所以课题（项目）小组的成员必须与业务方一起，参与到业务落地应用的全过程中，包括一起制定运营策略、具体实施监控、模型实施后的效果评估以及反馈总结等。

具体来说，本环节的制度流程包含以下内容：

- 模型的应用效果原则上是由业务方负责监控和总结的，数据团队可以在技术、思路上给予指导和帮助。之所以由业务方来负责效果监控，主要是为了确保对分析结论，如对模型精度、效率、效果等的客观评价。
- 对于落地应用中效果良好的课题，相应课题（项目）组长要负责组织、总结并对此进行宣传（以企业内部邮件的形式），目的是逐步提升数据分析团队的影响力、凝聚力和集体荣誉感。
- 对于落地应用中效果不好的课题，相应课题（项目）组长负责组织效果诊断会，邀请相关的业务方、课题组、需求评估小组专家等一起找原因，不断完善模型和分析结论，不断优化落地应用环节和效果。
- 落地应用后的总结、反馈由课题（项目）组长在数据分析团队的周会上做专题分享和讨论，目的是不断总结经验教训，让数据分析团队成员共同进步，共同成长。
- 在模型应用后，课题（项目）组同时还要负责每 3 ~ 6 个月的模型 Review，包括根据应用效果决定模型是否需要修正，如何修正，并且在具体修正后重新投放应用等。
- 对于落地应用后效果比较稳定的解决方案，由课题（项目）组协助开发团队和数据仓库团队进行相关的模型固化工作，把模型嵌入企业的自动化流程中去。

18.2 质量保障流程制度的重要性

上述质量保障流程制度的重要性主要表现在以下几个方面：

- 需求评估小组可以有效保障需求评估的科学性和权威性，并且能有效保障课题的选题质量和分析质量，降低课题失败的风险和资源浪费，能有效提供分析过程中的技术难题的解决思路和方案。
- 课题小组制度以及业务方代表参与课题小组，可以有效保障分析课题的资源集中应用，以及自始至终与业务方的合作协调。
- 项目分享、讨论制度可以促进整个数据分析团队的相互学习、共同进步，并且可作为提升团队整体分享能力的有效措施，因此该制度值得坚持并推广。
- 课题小组对于项目后期的维护、优化、固化制度可以有效确保落地应用的一贯性、持续性和稳定性。

18.3 如何支持与强化质量保障流程制度

制度再好，流程再完善，如果不能得到有效的贯彻执行，也只能是一纸空文，没有任何价值。所以，完善、有效的流程制度一定是建立在脚踏实地的落实中。

为了保障上述（或者类似的）数据挖掘项目的质量保障流程及制度能真正有效服务于企业的数据化运营实践，企业可以从组织架构、项目管理、个人绩效考核等诸多方面推进。

从组织架构方面推进的措施如下：

- 数据分析师的双线管理。各业务线（业务块）接口的数据分析师一方面要接受数据分析部门主管的直接领导（或管理）；另一方面也要接受所接口业务线的业务主管的间接领导（或管理）。直接和间接的双重管理，可以有效促进数据分析师更好地融于业务一线，更好地落实流程制度。
- 需求评估小组作为数据分析部门常设的项目评估权威组织，在保障项目的技术水平和质量上具有举足轻重的作用。需求评估小组的成员包括数据分析部门的负责人、资深分析和建模专家、资深项目经理、各业务线的业务专家等。对于人员的选择，要确保相关人员在数据分析挖掘技术领域或者业务领域有足够的经验，可以充分保证准确评估项目优先级，及时给出项目困境中的解决方案和方法，确保项目产出物的质量水平等。

从项目管理方面推进的措施如下：

- 从需求的收集、整理开始，要严格落实流程制度的每个环节。通过数据分析师周报和项目周报等各种报告制度来促使数据分析师真正按照流程制度执行。
- 各个环节的责任人对于本环节执行和落实的质量负有不可推卸的责任。
- 需求评估小组要对潜在项目的可行性和优先级的评估负责，课题（项目）小组组长要对项目的分析过程执行情况负责，项目小组各成员则要对项目计划书中每个成员各自的任务负责。
- 要坚持实施项目过程中的周报制度、周会制度、阶段性分享和讨论制度、数据分析部门内部的分享制度等，在所有的执行过程中不仅要坚持实施相应的制度，更要保障实施效果。

从个人绩效考核方面推进的措施如下：

- 数据分析师的业绩考核，包括季度考核、年度考核，按一定比例同流程制度的落实执行情况挂钩，同时也跟项目最终的业务应用效果挂钩。
- 需求评估小组成员的业绩考核，包括季度考核、年度考核，按一定比例同流程制度的落实执行情况挂钩，同时也跟项目最终的业务应用效果挂钩。
- 课题（项目）小组成员的业绩，包括季度考核、年度考核，按一定比例同流程制度的落实执行情况挂钩，同时也跟项目最终的业务应用效果挂钩。

第19章 几个经典的数据挖掘方法论

因为经典，所以值得回味。

数据挖掘作为一门复合型应用学科到目前已经有将近30多年的发展历程，经过一代又一代挖掘者的不懈探索和推动，已经产生了一系列经典且得到广泛实践检验的分析应用方法论。作为数据分析师和数据分析爱好者，学习、掌握并努力实践了这些方法论就等于是站在了巨人的肩膀上，掌握了这些先进的思想武器，可以帮助自己找到正确的分析方向。

本章着重介绍目前在数据挖掘实践领域影响深远、奉为圭臬的SEMMA方法论和CRISP-DM方法论，另外还介绍了来自Tom Khabaza的著名挖掘9律（9 Laws of Data Mining）。

这些方法论来源于数据挖掘业务实践，可有效服务于数据挖掘的业务实践。它们就像夜空中的北斗星，让数据分析师面对纷繁复杂的业务分析需求，不再迷茫，更可以为数据分析师提供强有力的心理支持。

让我们一起走进经典，掌握经典，最终能自由地让经典武装自己、提升自己。

19.1 SEMMA方法论

SEMMA是全球领先的商业分析软件与服务供应商SAS所提出的数据挖掘商业应用方法论。SAS公司于1976年创建于美国，是目前全世界范围内商业智能市场中最大的独立厂商。

SEMMA这5个英文字母分别代表Sample（数据取样）、Explore（数据探索）、Modify（数据调整）、Model（模式化）、Assess（评价与评估）这5个核心环节。这5个环节可以按照SEMMA的顺序流转，在适当情况下各环节之间也可以相互流转，具体参见图19-1所示的SEMMA方法论示意图。

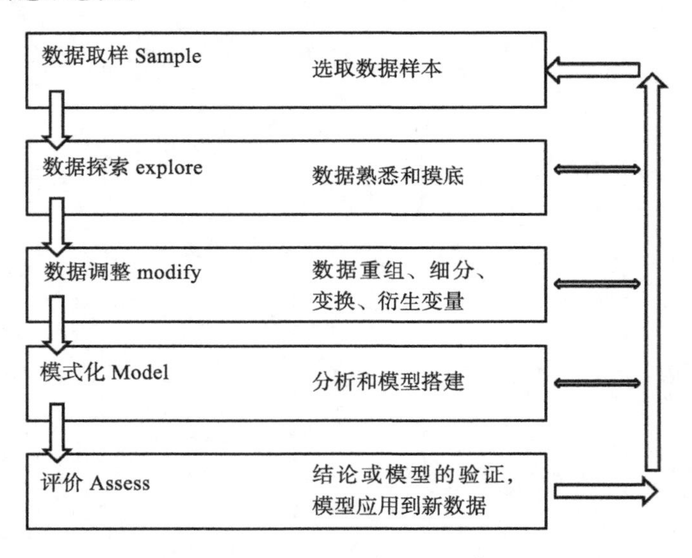

图19-1　SEMMA方法论示意图

从图 19-1 可以看出，主流的分析挖掘流程是左边的箭头所示的内容，即从数据取样开始，依次进行数据探索、数据调整、模式化，最后是评价环节，但是这个顺序不是一成不变的，除数据取样外，其他 4 个环节都是可以逆向回溯的，这种逆向回溯的目的就是为了更好地调整上一个环节，最终能够更好、更有效地完成数据分析结论或者模型搭建。举例来说，如果在数据调整阶段发现了抽取的数据样本不能很好地支持衍生变量的产生，而衍生变量对于所进行的专题分析来说是非常有意义的，那就很有必要考虑新的取数规则，重新抽取数据了，即使得新的数据可以比较有效支持衍生变量的产生。在这种情况下，就要重走流程，从数据取样开始，沿着 SEMMA 的顺序按部就班地进行。

虽然 SAS 提倡的 SEMMA 方法论更多的是为了用户更加有效地使用其大名鼎鼎的 SAS EM（Enterprise Miner）数据挖掘集成平台中的各种挖掘工具，但是这种方法论也被业界奉为数据挖掘的有效方法论。下面来具体介绍 SEMMA 方法论的主要内容。

19.1.1 数据取样

俗话说，巧妇难为无米之炊，对于数据分析和挖掘来说，数据样本就是做饭的米，所以，数据挖掘和数据分析的第一步就是数据取样。如何从数据仓库海量数据中取出足够的有代表性的数据，同时又能有效节约计算资源，也就是说，所抽取的数据既要保证信息的丰富性和足够的代表性，又要尽量减少运算时间并降低成本，是本环节要考虑的核心问题。本环节要关注的核心内容如下：

- 数据的抽取要正确反映业务分析需求。详细内容可参考本书 8.1 节。
- 数据的抽样问题。详细内容可参考本书 8.2 节。
- 样本规模的考虑。详细内容可参考本书 8.3 节。

19.1.2 数据探索

数据探索阶段，就是对于数据进行深入摸底和熟悉的过程。这个过程可以让数据分析师比较有效地熟悉样本数据，大致摸清数据间简单的统计信息，包括数据间的相关性、数据缺失情况和程度等，以及其他与数据内在规律密切相关的一切信息。

通过这个环节，可以让数据分析师大致熟悉和了解样本数据的基本信息，为后续的过程和环节提供有效的基础保障。

19.1.3 数据调整

如果说前面两个环节所针对的数据还是原始数据，那么本环节的核心任务就是把之前所抽取的原始数据进行调整和转换。数据调整和转换的目的主要有以下几点：

- 调整后的数据能更加容易地反映出事物的内在规律和联系。比如增加了衍生变量之后，原来不容易被发现的内在规律就变得比较容易显示出来了。
- 调整后的数据使得模型的建立更加容易、更加有效，或者使得模型的调整和维护更加方便。本书在 8.5 节给出了诸多的相关技巧和提示。

19.1.4 模式化

该环节是数据挖掘的核心环节，也就是模型的搭建和知识的发现环节。

关于如何建模，有哪些关键的注意事项，本书在第 7 ~ 13 章（总共 7 章）中从纯粹的挖掘技术和技巧的角度进行了比较详细的分析；另外，本书在第 15 ~ 18 章（总共 4 章）中从方法、意识、管理等角度对其进行了比较详细的分析。希望这些内容能对有缘的朋友提供点滴帮助。

19.1.5 评价

本小节主要对模型和发现的知识进行综合评价和介绍。包括评价并挑选最合适的模型，即所谓的冠军模型，应用于业务实践、模型应用新数据进行稳定性验证、模型所发现的知识和规律的提炼和总结、冠军模型应用于业务实践并跟踪反馈等。

这个环节是最终体现数据挖掘和数据分析商业价值的环节，其重要性和核心地位无论怎么强调都不过分。

关于对模型的评价，本书在第 7 章给出了比较具体、详细的分析。

19.2 CRISP-DM 方法论

CRISP-DM 方法论全称为 Cross-Industry Standard Process for Data Mining，即跨行业的数据挖掘标准流程。它是以 SPSS、Daimler Chrysler 等几家当时在数据挖掘商业实践中经验丰富的商业公司所倡立的（CRISP-DM Special Interest Group，SIG）组织于 1999 年开发并提炼出来的。CRISP-DM 方法论，目前已经成为世界数据挖掘业界公认的有关数据挖掘项目实践的标准方法论。

按照 CRISP-DM 方法论，一个数据挖掘商业实践的完整过程包括 6 个阶段，分别为业务理解（Business Understanding）、数据理解（Data Understanding）、数据准备（Data

Preparation)、模型搭建(Modeling)、模型评估(Evaluation)和模型发布(Deployment)。

上述6个阶段的顺序并不是固定不变的，在不同的业务背景中，可以有不同的流转方向，如图19-2所示。但是总体来讲，业务理解(Business Understanding)是第1位的，是数据挖掘商业实践过程中的第1环节。

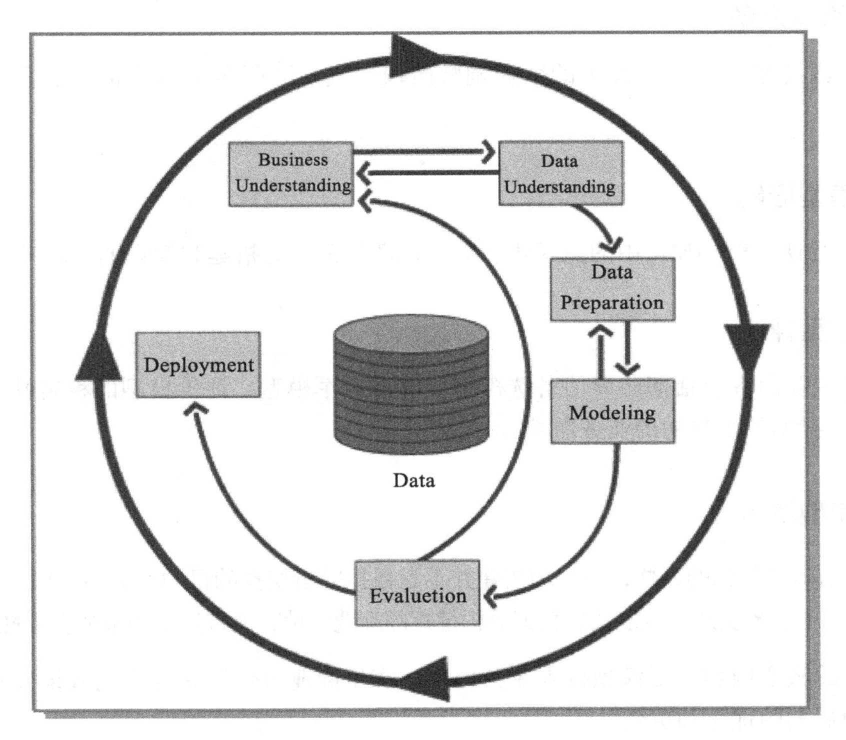

图19-2 CRISP-DM方法论示意图[⊖]

图19-2的外圈象征数据挖掘自身的循环本质，数据挖掘的过程可以不断循环、优化，后续的过程可以从前面的过程中得到借鉴和启发。

下面具体介绍一下CRISP-DM方法论所倡导的6个环节。

19.2.1 业务理解

本阶段为数据挖掘商业实践(项目)的起始阶段，该阶段的核心内容包括正确理解业务背景和业务需求，同时能把业务需求有效转化成合理的分析需求(建模需求)，并完成初步的分析(项目)计划。

⊖ 本图片摘自SPSS官方宣传资料。

19.2.2 数据理解

本环节从数据收集开始，通过一系列的数据探索和熟悉，识别数据质量问题，发现数据的内部属性。

19.2.3 数据准备

这个阶段类似于 SEMMA 中的数据调整阶段，其主要任务是数据清洗、重组、转换及衍生等。

19.2.4 模型搭建

该环节类似于 SEMMA 中的模式化环节，也就是模型的搭建和知识的发现环节。

19.2.5 模型评估

本环节主要内容包括彻底评估备选模型，挑选冠军模型，评价模型的稳定性，确保模型（或结论）正确回答了当初的业务需求。

19.2.6 模型发布

正如本书多次强调的那样，模型的搭建并不是数据分析挖掘的目的，更不是项目的结束。只有将模型应用于业务实践，才能实现数据分析挖掘的商业价值，所以这个环节的重要性不言而喻。

本环节的核心内容包括模型投入业务应用，产生商业价值，并且应用效果要及时跟踪和反馈，以便后期的优化和更新。

仔细对照 SEMMA 方法论和 CRISP-DM 方法论，细心的读者不难发现，两者其实表达的是相同的意思，正所谓英雄所见略同。两大最知名的商业智能品牌异口同声说出来的数据挖掘方法论，难道不值得我们回味吗？

19.3 Tom Khabaza 的挖掘 9 律

Tom Khabaza 是 20 世纪 90 年代著名的数据挖掘工具平台 Clementine[⊖] 的早期核心开发者之一。他总结的挖掘 9 律在数据挖掘业界产生了广泛的反响和认同。本节将简要介绍挖掘

⊖ Clementine最开始是由ISL(Integral Solutions Limited)公司推出，并于1999年被SPSS收购，此后不断完善的Clementine日渐成为了SPSS公司最成功、最闪亮的数据挖掘商业软件产品，也是目前市场上占有率最高的数据挖掘分析软件之一。2009年7月28日（北京时间2009年7月29日早晨），IBM公司正式宣布斥资12亿美元收购著名数据分析统计软件开发商SPSS。

9律的主要内容，供感兴趣的数据分析师和数据分析爱好者参考。

- 挖掘9律之第1律，又称业务目标律（Business Goals Law），业务目标是所有数据挖掘解决方案的本源（Business Objectives Are The Origin Of Every Data Mining Solution）。数据挖掘不是为了挖掘而挖掘，所有的数据挖掘都必须而且应该服务于特定的商业（业务）目的，离开了业务目的和业务应用，就没有数据挖掘的价值。正如Tom Khabaza所说的数据挖掘，首先它不是技术，而是流程，其中存在着一个或多个业务目标，没有业务目标，就没有数据挖掘。
- 挖掘9律之第2律，又称业务知识律（Business Knowledge Law），业务知识是数据挖掘每一步的核心（Business Knowledge Is Central to Every Step of The Data Mining Process）。数据挖掘的本质就是将业务知识、经验和洞察力与数据挖掘方法相结合，从数据中发现有价值的东西。
- 挖掘9律之第3律，又称数据准备律（Data Preparation Law），数据准备能让数据挖掘流程事半功倍（Data Preparation Is More Than Half of Every Data Mining Process）。数据准备在整个挖掘过程中所占用的时间常会超过一半，它包括对数据的熟悉、清理、重组、转换等一系列过程，其目的主要是让数据变动更干净，更能真实体现业务背景，更加容易被模型发现其隐含的有价值的商业信息和商业规律。
- 挖掘9律之第4律，又称天下没有免费的午餐（There Is No Free Lunch for The Data Miner），只有通过实际验证才能发现给定应用的正确模型（The Right Model For A Given Application Can Only Be Discovered By Experiment）。一个模型无论搭建过程如何完美，如果没有在实际数据中经过验证，就没有任何价值和意义。
- 挖掘9律之第5律，又称沃特金斯[⊖]定律（Watkins'Law），总会有模式存在（There Are Always Patterns）。只要有数据，一定是可以从中发现有价值的信息的。
- 挖掘9律之第6律，数据挖掘将业务领域的感知放大（Data Mining Amplifies Perception In The Business Domain）。得益于数据挖掘的技术和流程，使得数据中隐藏的知识和有价值的信息能被发现。
- 挖掘9律之第7律，又称预测定律（Prediction Law），预测将信息从局部扩展到整体（Prediction Increase Information Locally By Generalization）。数据挖掘使得我们可以透过已知的去发现（某些）未知的。这里提到的就是数据挖掘中常见的预测（响应、分类）模型的业务应用场景了。

⊖ 沃特金斯，Clementine的核心开发者之一。

- 挖掘 9 律之第 8 律，又称价值定律（Value Law），数据挖掘的结果的价值并不取决于模型的精度和稳定性（The Value of Data Mining Results Is Not Determined By The Accuracy or Stability of Predictive Models）。还是那句话，模型的价值只能由其所满足的业务需求和商业应用价值来决定，而不是由模型本身的精度和稳定性决定；再精确的模型，再稳定的模型，如果不能解决业务问题，如果不能带来业务的商业应用价值，就是没有价值的。
- 挖掘 9 律之第 9 律，又称变化定律（Change Law），所有的模式都会受到变化（All Patterns Are Subject to Change）。任何模型或者分析结论都是有时间限制的，今天还是非常有价值的模型，或许明天就过时了，所有模型的维护和优化都非常重要。